中国传统民居装饰图形及其传播

冷先平 著

"华中科技大学文科学术著作出版基金"资助

科学出版社

北 京

内 容 简 介

本书在吸收国内外已有相关研究成果的基础上，运用传播符号学的理论和方法，从美学、文化学和艺术学的视角，对中国传统民居装饰图形及其传播进行了系统的研究，力求探索和挖掘中国传统民居装饰图形的艺术传播规律。本书注重理论层次的追求，在内容和体系上进行了新的拓展；论述例证丰富、深入浅出，符合由感性认识到理性认识的认识规律。

本书可供高等院校建筑学和艺术设计等相关专业学生使用，也适合中国传统民居建筑装饰研究者和爱好者阅读参考。

图书在版编目(CIP)数据

中国传统民居装饰图形及其传播/冷先平著.—北京：科学出版社，2018.9
ISBN 978-7-03-058706-0

Ⅰ.①中…　Ⅱ.①冷…　Ⅲ.①民居-古建筑-建筑装饰-装饰美术-中国
Ⅳ.①TU241.5

中国版本图书馆 CIP 数据核字(2018)第 205994 号

责任编辑：孙寓明/责任校对：董艳辉
责任印制：彭　超/封面设计：苏　波

科学出版社 出版
北京东黄城根北街 16 号
邮政编码：100717
http://www.sciencep.com

武汉精一佳印刷有限公司印刷
科学出版社发行　各地新华书店经销
*
开本：787×1092　1/16
2018 年 9 月第　一　版　印张：13 1/4
2018 年 9 月第一次印刷　字数：318 000

定价：108.00 元
(如有印装质量问题，我社负责调换)

中国传统民居装饰图形是中华民族艺术的瑰宝,它以丰富多彩的地域特色、时代特征鲜明的艺术形式传承了中国传统文化的血脉精神,千百年来备受广大人民群众的喜爱。它作为一种文化现象,是根植于传统社会人们深厚的生活基础之上的文化创新的产物,并且被不断地使用和广泛地传播。就其装饰性而言,在20世纪70年代末,英国学者阿洛瓦·里格尔在《风格问题》中已经意识到"装饰研究是一门严格的历史科学"。对实用房屋的文化意义而言,佩夫纳斯的描述则更为具体:"要创造这样一个作品显而易见的方式是对一些实用结构进行装饰:建筑作品=房屋+装饰。由此可见,建筑作为传播文本,它所能够负载意义的实体就是装饰"。

因此中国传统民居装饰图形及其传播的研究,没有局限于"装饰图形"美术史的学科视角,而是运用建筑学与其他相邻学科相结合的理论视野,运用不同学科间视域、对象、方法等优势融会贯通"缀合"的方式,对中国传统民居建筑装饰与装饰图形的营造技艺、符号编码和传播规律进行研究,目的是使建筑学研究的理论得到补充,且更具解释力。同时,对装饰图形在艺术设计领域的当代再设计进行理论和方法的探索,以此促进其"协同"创新的现代设计应用和传播。

本书共分为七章,各章具体内容如下。

第一章 绪论。中国传统民居及其装饰图形的研究是伴随中国传统民居的研究而兴起、发展的。特别是改革开放后30多年间,我国学者、建筑装饰设计师及政府相关部门对此进行了很多有益的探索和研究,在理论和实践上都取得了很大的创新与突破。对其研究的历史和现状的把握,在于发现中国传统民居装饰图形研究的不足以及可以创新的地方,并通过研究的理论工具和内容、研究的思路与方法、研究的目的和意义的理论阐述,确立探寻中国传统民居及其装饰研究的新视角、新方法、新路径,奠定中国传统民居装饰图形的传播学视角的理论基础。

第二章 中国传统民居装饰图形文化信息的内涵特质。本章从中国传统民居装饰图形及其传播的文化信息的视角,系统地分析、研究在历史发展过程中,积淀在中国传统民居装饰图形中的文化传统和内容体系、传播的表达方式及其地域性差异。

第三章 中国传统民居装饰图形的艺术符号系统。本章依据传播符号学理论工具,深入研究作为非语言表达的中国传统民居装饰图形构成的物资材料、符号结构、信息编码及内蕴意义的链接关系,探求中国传统民居装饰图形的符号表达、传播交流的话语功能。

第四章　中国传统民居及其装饰图形的媒介性。本章根据中国传统民居装饰图形艺术生产历史形成特点,从信息传播媒介的层面展开研究,揭示在中国传统民居装饰图形艺术生产过程中,各种信息加工、编码、释义等生成的规律,证实它们作为艺术传播媒介的合理性、科学性。

第五章　中国传统民居建筑装饰图形的艺术生产。本章依据马克思艺术消费与生产关系的思想,从中国传统民居建筑装饰图形的艺术生产关系、主体特征、生产方式等几个主要方面,结合大量的实际案例进行分析,对中国传统民居建筑装饰图形作为一种视觉符号的艺术生产,即其物态的"材料"和"形式"上表现为感性的、客观的、有目的的、对象化的艺术实践进行深入研究,揭示中国传统民居建筑装饰图形艺术编码的内在规律。

第六章　中国传统民居装饰图形的艺术接受。本章从中国传统民居装饰图形传播受众的角度,以聚落场域的社会群体为结构基点,将中国传统的接受观与现代传播学的理论结合起来,展开深入细致的研究,挖掘中国传统民居装饰图形及其传播的使用与满足受众消费特点和发展的历史动因。

第七章　中国传统民居装饰图形及其传播的现代实践。本章在上述研究的基础上形成中国传统民居装饰图形及其传播的结论和现代传播启示。

本书在撰写的过程中,得到了"华中科技大学文科学术著作出版基金"的大力支持,华中科技大学新闻与传播学院张昆教授的悉心指导,以及建筑与城市规划学院相关老师的帮助,在此一并致谢。

由于时间紧迫和作者水平所限,书中难免存在疏漏与不足,恳请专家、广大的读者予以批评指正。

冷先平

2018 年 5 月

目录

第一章

绪　　论

第一节　中国传统民居装饰图形研究的历史和现状

中国传统民居存在的历史源远流长,它的装饰及其装饰形态与建筑共同构建了灿烂的民居文化。中国传统民居及其装饰研究主要可以分为三个阶段。

1. 传统民居研究的奠基时期

它的研究历史可以追溯到 20 世纪 20 年代,中国古建筑研究工作的奠基人、开拓者朱启钤先生,在 1925 年以个人的名义,独资创建"营造学会",开启了中国古代建筑历史的研究先河。随后,营造学会于 1929 年获得中华教育文化基金会资金赞助,并于 1930 年在北京成立"中国营造学社"。这是中国历史上第一个专门从事古代建筑研究的团体,其主要任务是对中国古代建筑的现存实例进行测绘、调查和研究,并对相关的文献资料进行收集、整理,编辑出版的《中国营造学社汇刊》对我国古代建筑历史的研究做出了很大的贡献。由于种种原因,中国营造学社于 1946 年停止活动。在 16 年内,中国营造学社的朱启钤、梁思成、刘敦桢、梁启雄、阚铎、王璧文、单士元和陈仲篪等一大批致力于中国古代建筑研究的仁人志士,广泛地参与了全国多达15 个省 220 多个县 2000 多座古建筑历史遗构的摄影、测绘、调查和研究,形成对唐、宋、辽、金代的古建筑的基本的、整体的了解,掌握了大量的自魏晋到明清时期的古建筑实物遗存资料;在有关古建筑文献典籍的整理方面,这些专家学者通过对浩繁的古代典籍进行梳理、考辨,对自远古至明清时期的中国建筑历史发展脉络形成了较为清晰的认识。这个时期他们所取得的研究成果都汇集于《中国营造学社汇刊》(图 1.1)。《中国营造学社汇刊》不仅是学界后学研究中国古建筑的宝贵财富,也为古建筑研究工作奠定了坚实的基础。

朱启钤先生指出:要用现代科技方法与手段对建筑实物进行调查、文献与实地考察相互印证的研究方法,使中国建筑史学研究无论在研究方法上,还是在学科创建等方面,都开辟出一个崭新的局面。

本时期主要的成果有:20 世纪 30 年代,中国建筑史学家龙庆忠(非了)教授结合考古发掘资料和对河南、陕西、山

图 1.1 《中国营造学社汇刊》

1

西等省窑洞的考察与调查,撰成了《穴居杂考》(龙庆忠,1934);20世纪40年代,刘致平教授以云南古民居为调查对象写就了《云南一颗印》(刘致平,1944);随后,刘致平教授又考察了四川各地的古建筑,写出了《四川住宅建筑》的学术论著(刘致平,1997);这类典型的研究还包括林徽因、梁思成的《晋汾古建筑预查纪略》(林徽因 等,1935);同期,刘敦桢教授在考察了我国云南、四川、西康等地的大量古建筑、古民居的基础上,撰成《西南古建筑调查概况》(刘叙杰,1997),值得一提的是,在该文中刘敦桢教授首次把民居建筑作为一种类型提出来。

上述开拓性的研究和论证为以后的民居研究提供了有价值的图文基础和研究范式[①]。

2. 传统民居研究的发展形成时期

这个时期包括中华人民共和国成立到改革开放之前的一段历史时期。著名传统民居研究学者陆元鼎教授把这个时期划分为20世纪50年代和60年代。50年代当以刘敦桢教授的《中国住宅概要》为代表。他在过去古建筑民居研究的基础上,和其创办于南京工学院建筑系的中国建筑研究室的同仁们一起下乡调查,发现在中国广大农村有很多完整的传统住宅,无论在建筑技术还是建筑艺术上都有着鲜明的特色。《中国住宅概要》完成于1957年,是较早地从平面功能分类的视角来论述中国各地传统民居的著作。它把传统民居建筑提到一定的地位,使传统民居建筑的研究得到全国建筑界的重视。60年代的传统民居研究更为广泛和深入。其广泛性在于这个时期对传统民居进行大规模的测绘、调查、研究,区域遍及全国大部分省(自治区、直辖市);深入性在于研究更为系统,对传统民居的研究提出了明确的要求,"如要求有资料、有图纸、有照片。资料包括历史年代、生活使用情况、建筑结构、构造和材料、内外空间、造型和装饰、装修等"(陆元鼎,2007)。

从研究的内容和方法来看,这个时期的研究在野外调查及文献典籍整理的基础上,把中国传统民居作为一种建筑类型进行调查研究,突出建筑本体、建筑构造技术、物理效能等方面的内容。而在将建筑作为文化的载体,研究它所蕴含的社会、历史、文化、民族、语言、美学等方面则少有涉足,体现了单纯建筑学范围调查观念的局限性。同时,与中国传统民居建筑研究同期发生的西方传播学以及在此视域下的对中国传统民居建筑及其装饰图形的研究处于空白。因此,本书所展开的中国传统民居装饰图形及其传播的研究,对于填补传播学的空白、丰富中国传统民居研究的领域有着非常积极的意义。

3. 传统民居研究系统化和多元化时期

学界通常把它归纳为20世纪80年代至今的这段时期。自20世纪80年代以来,传统民居建筑研究渐入佳境,成果斐然。在这期间,中国文物学会传统建筑园林委员会传统民居学术委员会和中国建筑学会建筑史学分会民居专业学术委员会相继成立,中国民居研究步入有计划、有组织研究的时期。

"2001年底止,经统计,以在报刊正式出版的有关民居和村镇建筑的论著中有:著作217册,论文达912篇。这些数字,还没把港澳台地区和国外出版的中国民居论著全包括在内。同时,也有所遗漏。据初步统计从2002~2007年9月已出版有关民居著作约448册,论文达1305篇"(陆元鼎,2007)。

这些数据充分表明了中国传统民居研究兴盛的现实状况。但是,从中国传统民居建筑装

---

① 范式:一方面,它代表着一个特定的共同体的成员所有共同的信念、价值、技术等构成的整体;另一方面,它指整体中的一个元素,即具体性谜题解读;把它当做模型和范例,可以取代明确的规则作为科学中其他谜题解答的基础(库恩,2003)。

饰的细分来看,"国内仅有建筑装饰(民居装饰)方面的著述,共有三部。依出版顺序分别是:华南工学院建筑系陆元鼎教授的《中国传统民居装饰装修艺术》(1992)、清华大学建筑学院楼庆西教授的《中国传统建筑装饰》(1999)和同济大学建筑城市规划学院沈福煦教授的《中国建筑装饰艺术文化源流》(2002)。三位著者均为执鞭生涯几十年的资深教授。其中陆著为图像集,影像精美,前附万字长文,总结概述了传统民居装饰装修的特征和风格;楼著文字十万,一路写来,驾轻就熟,叙述清晰,图文并茂;沈著试图纵向梳理中国古代建筑装饰的历史源流、沿革和发展概况"(刘森林,2004)。这说明对中国传统民居建筑及其装饰图形研究的成果比较少,同时也显示出在研究理论、方法上存在明显的不足。

在国外,传播学作为理论工具,自诞生以来,就被广泛地运用于很多领域,建筑学也不例外。

基于建筑语言的传播探索可以追溯到古希腊、古罗马时代,在那时人们对传播的语言、符号的性质有着深刻的认识。早在古希腊时代,亚里士多德就提出"语言是观念的符号",认为口语是心灵的经验的符号,而文学则是口语的符号(亚里士多德,1957)。这种观念体现在建筑中,就是通过建筑中的各种不同柱式、精美的雕塑、绘画,气势宏大的凯旋门等视觉语言,以象征的表达形式来传播诸多复杂的内在含义,并形成旷世经典。传播符号学作为一种新型的研究工具,最早开始涉及建筑领域是在20世纪50年代的意大利,20世纪60年代由意大利传入法国、联邦德国和英国等西方国家,20世纪70年代开始在美国流行,并开始扩散到更广泛的范围。其中,1969年由查尔斯·詹克斯和乔治·贝尔德编辑的《建筑中的意义》和1980年由杰弗里·布罗德本特、理查德·邦特和查尔斯·詹克斯编辑的论文集《符号、象征和建筑》两部文献具有重要意义。前者主要探讨了建筑学对传播符号学概念的使用问题,将建筑学问题处理为"语言"问题,使建筑学的语义可以在信息和传播方面得到理论关照;后者则系统地建构了建筑传播符号的理论。它们对当代传播学视角的建筑研究影响深远。因此,尽管国外没有直接的针对中国传统民居装饰图形及其传播的研究,但有关建筑传播研究的理论和成果无疑能够为本书提供研究思路和理论基础。

针对本书的研究对象,作者调阅了1990~2010年中国建筑学会建筑史学分会在全国组织主办的历次全国建筑与文化学术讨论会之《建筑与文化论集》①,由建筑史学分会民居专业学术委员会主持的共十五次全国中国民居学术会议的论文②和相关核心期刊、博士学位论文。至目前为止发现对古建筑民居装饰图式及其传播进行的研究较少,博士论文尚属空白,显示出中国传统民居建装饰图形及其传播研究传播学视角的不足。

第二节 研究的理论工具和内容

一、研究的理论工具

传播符号学是一种跨学科的理论,无论是以康德的先验主义哲学、结构主义思想为基础的

---

① 该学术会议始于1989年的"全国第一次建筑与文化学术讨论会",历时至今12届共12集。
② 记有《中国传统民居与文化》七辑、《民居史论语文化》一辑、《中国客家民居与文化》、《中国传统民居营造与技术》一辑。

索绪尔符号学,还是以实用主义哲学、范畴学和逻辑学为基础的皮尔斯符号学,均作为理论,在"理论的发展过程中,我们总是试图解释一些很难解释的东西,理论的基本目标是把陈述或者命题程式化,使其具有一定的解释力"(塞弗林 等,2000)。也就是说,传播符号学可以用来解决社会科学和人文科学中存在的问题。正是因为这种出自理论的工具性,故作者选择传播符号学作为理论基础,以合理解决中国传统民居装饰图形及其传播中存在的问题。

(一)理论工具选取的原因

选择这样的理论作为本研究的工具的原因有以下几个方面。

(1)传播符号学理论视野开阔,涉猎的领域非常广泛,又不乏理论的普遍法则和概括性,这就能够为中国传统民居装饰图形及其传播的研究提供超越过往研究的启发和新洞见。

(2)该理论不只关注视觉符号表象层面的显而易见的东西,它还关注表象下非语言符号的"内蕴意义",也就是说,其解释能够超越具体的个案而覆盖一系列事件,从理论的高度为本书提供较强的解释力。

(3)该理论在认识论、本体论和价值论上,符合本研究探讨的理论问题和研究方法。使本书得以根据传播符号学理论范式进行研究推行,并利用这种理论的工具性功能,合理地诠释中国传统民居装饰图形及其传播现象。

(4)该理论的普适性、开放性决定了传播符号理论能够与时俱进,体现了在符号学历史中,符号学者研究、思考的理论成果的丰富、扩展和融合的过程。

(5)该研究的启发性价值能够为"中国传统民居装饰图形及其传播"的研究带来创新的思想,有助于提高本书的理论水平。

(二)传播符号学理论建构

1. 传播符号研究的源流

毫无疑问,人类的思维和情感是在创造并使用符号的过程中成长起来的,这一过程可以追溯到人类蒙昧时期的原始文明,诸如史前岩洞壁画、图腾符号等。在人类的活动中,人们凭借各种符号进行信息传播。在漫长的岁月里,人们表达情感、传递信息的方式毫无疑问是使用非语言的符号。

在西方,传播符号学包括语义学、逻辑学、修辞学和解释学四个主要的来源,涉及的人物包括古希腊时代的苏格拉底、柏拉图、亚里士多德,古罗马帝国时期的基督教思想家奥古斯丁及其继承者,以及西欧中世纪后期的安瑟仑、托马斯·阿奎那、培根和奥坎等哲学家。由于符号研究范围非常广泛,几乎涉及所有的包含古文明记号、文字符、讯号符、密码、手语等人文学科。这种研究范围的过分宽泛,导致它在西方的人文学科中没有得到足够的重视。时至19世纪末20世纪初,人们才真正意识到符号及符号传播的价值和意义。

20世纪60年代,得益于多种学科在20世纪获得的重大进步,符号学研究才能快速发展和系统化。

在哲学方面,德国哲学家胡塞尔(1859—1938)的《现象学的主导观念》对符号行为、含义理论和判断理论的独特理解和特别关注启发了符号学概念中的"意义显现"① 表达方式,并从现象学的研究理论中借鉴、吸取了与意指作用概念相关的大部分内容。

人类文化学作为符号学与文化人类学的交叉学科,为符号学提供了诸多研究对象,尤其是苏联形式主义文论家普洛普于 1928 年出版的《俄国民间故事形态学》,在 20 世纪 60 年代极大地推动了符号学研究的进展。

"现代传播符号研究分为两大派别:一派视传播为讯息的传递,它关注的面在于传播者和接受者如何进行译码和解码,以及传播者如何使用传播媒介和管道;另一派视传播为意义的产生和交换,它关注的是讯息以及文本如何与人们互动并产生意义,换句话说,它关注的是文本的文化角色。"(费思克,1995)这两大派别实际上就是以康德的先验主义哲学和结构主义思想为基础的,主要包括以索绪尔、叶尔姆斯列夫、巴尔特、约翰·费思克、索莱尔、克里斯蒂娃夫妇、斯图亚特·霍尔等为代表的语言学派和以实用主义哲学、逻辑学为基础的主要包括皮尔斯、莫里斯、卡西尔、苏珊·朗格等的符号学派。

由于传播符号学流派甚众,理论繁多,本书在研究的理论工具选择上主要以西方符号学理论的集大成者巴尔特的符号学理论为理论范式,并摘取各学派精义以关照中国传统民居装饰图形及其传播的研究。

2. 传播符号学理论成型及其基本观点

（1）索绪尔的符号学理论

费尔迪南·德·索绪尔（Ferdinand de Saussure, 1857—1913）（图 1.2）是现代语言学的重要奠基者,也是结构主义的开创者之一。他的思想及理论受古罗马帝国时期基督教思想家奥古斯丁及其继承者的神学符号研究的影响,在世界文化史中占有重要的地位。1878 年 12 月,索绪尔发表了他的杰出论文《论印欧系语言原音的原始系统》。1916 年出版的《普通语言学教程》是其代表性著作,他的语言学的基本思想不仅在这部著作中得到了集中的体现,而且对 20 世纪现代语言学的研究产生了深远的影响。在这部经典著作中,由于索绪尔研究的视角和研究的方法所具有的普遍性和深刻性,书中的思想成为 20 世纪结构主义哲学流派最为重要的思想来源。

索绪尔的成就在于他从语言学出发,提炼出了结构主义思想和理论,并在这个理论基础上创建了符号学。他指出,语言是一个表示观念的符号系统。符号的特点是:每个

图 1.2 费尔迪南·德·索绪尔

---

① 所谓"意义显现"就是在感觉的范围之内于感觉主体与被感觉对象之间互为基础的关系之中,把意指形式的地位确定为可感觉的与可理解的、幻觉与分享的信仰之间的一种关系空间。格雷马斯在《结构语义学》中明确地写道:"我们建议把感知确定为非语言学的场所,而对于意指作用的理解就在这个场所内"(格雷马斯,2001)。

符号都有它的"能指"(signifiant)和"所指"(signified)两重性质。"能指"即语言是声音印象,"所指"即符号的意义概念部分,由这两者构成的一个整体即称为符号。"他认为语言符号联系的不是事物和名称,而是概念和声音印象,所以语言符号纯粹是心理的。这一观念导致了符号学的创建。"(余志鸿,2007)关于"能指"和"所指"之间的关系,索绪尔认为:"能指和所指的关系是任意的;或者因为我们所说的符号是指能指和意指的联结所产生的整体,更简单地说,语言符号是任意的。等到符号学将来建立起来的时候,它将会提出这样一个问题:那些以完全自然的符号为基础的表达方式,例如哑剧,是否属于它的管辖范围。假定它接纳这些自然的符号,它的主要对象仍然是以符号任意性为基础的全体系统。事实上,一个社会所接受的任何表达手段,原则上都是以集体习惯,或者说,以约定俗成为基础的。所以说,完全任意的符号比其他符号更能实现符号方式的理想;这就是为什么语言是最为复杂、最广泛的表达系统,同时也是最富有特点的表达系统。"(索绪尔,1996)

索绪尔在把语言定义为符号体系时也指出言语是个人的、心理的、物理的,但是作为言语的集合,语言则是全社会约定的符号系统。其语言学理论和符号的基本结构成为符号学的基础。丹麦语言学家叶尔姆斯列夫(1899—1965),作为索绪尔的继承者,通过《语言学理论导论》《语言论集》这两本著作,奠定了结构语义学建立的认识论基础;法国语言学家本维尼斯特(1902—1976),关于"陈述活动语言学"的研究成果,考证了符号学能够借助陈述来掌握意义的可能,由此形成了符号学的相关概念和研究方法。

沿着结构主义的研究路线发展的继承者还有:巴尔特、索莱尔、克里斯蒂娃夫妇等。

(2)皮尔斯符号学理论

查尔斯·桑德斯·皮尔斯(Charles Sanders Pierce 1839—1914)是美国符号学创始人,几乎与索绪尔同期,他独立地提出了符号学理论。1878年,他发表的论文《如何使我们的观念更清楚》标志着实用主义的诞生。皮尔斯生前并没有出版过一本哲学著作,至20世纪30年代,美国哈佛大学出版了《皮尔斯全集》,才使得其符号学思想为西方学术界所关注。

皮尔斯符号理论与索绪尔有所不同,皮尔斯符号理论是以实用主义哲学为基础的,是一种经验理论和认知理论。受康德哲学的影响,皮尔斯更着重于对符号自身逻辑结构的研究。他把符号学范畴建立在思维和判断的关系逻辑上,认为任何一个判断都涉及对象、关系和性质三者之间的结合。与这三项范畴相对应,任何一个符号都由媒介关联物(M)、对象关联物(O)和解释关联物(I)三种关联要素构成①。它们形成一种三角形关系,符号就存在于这种三角关系之中。他再依据符号与它的三种构成要素的不同关联,将符号划分为9种下位符号,由9种下位符号的相互合成构成10种主要符号类别,它们反映了符号所具有的不同性质。

皮尔斯对符号研究的主要贡献在于以下几点。

其一,他给符号以确切的定义,并指出人的一切思想和经验都是符号活动。因此,符号理论就是关于意识与经验的理论。他认为,人的所有思想和经验都必须借助于符号,检验经验的最后标准是实践效果。

其二,索绪尔符号只有"能指"和"所指"两部分,皮尔斯的符号则是一个层层三分的高度一

---

① 值得一提的是,与索绪尔符号学相比较,"媒介关联物"相当于"能指","对象关联物"相当于"所指","解释关联物"是皮尔斯研究符号的独特创建。

致的体系。由"媒介关联物""对象关联物""解释关联物"三个关联物构成的符号,充分说明了人类可以用符号进行抽象思维,认识客观世界,同时也指出,这种认识必须经过作为主体的人的经验的检验,体现出对事物的解释中人的主观因素的作用。因而解释者就成为皮尔斯符号学的核心,"解释"项的创建,使皮尔斯的符号系统成为一个开放的系统。

其三,他的思想影响到许多后来的继承者,主要包括莫里斯、卡西尔、苏珊·朗格等,他们在皮尔斯之后继续沿着实证主义研究道路发展。

(3) 结构主义与巴尔特《符号学原理》

罗兰·巴尔特(Roland Barthes,1915—1980)是法国当代杰出的思想家和符号学家。在索绪尔结构主义理论基础上,他创造性地发展了符号学理论。其理论核心就是符号含有两个层次的表意系统。在巴尔特看来,索绪尔的符号理论,即"能指+所指=符号",只是符号表意的第一个层次,而只有将这个层次的符号作为第二个表意系统的能指时,才会产生一个新的所指——即"内蕴意义",或者说"隐喻"。

巴尔特一生都致力于揭示符号隐匿意义的研究。其著述颇丰,代表作有:《写作的零度》《神话集》《符号学原理》《S/Z》《符号帝国》《文本的快乐》《罗兰·巴尔特论罗兰·巴尔特》《恋人絮语》等。在他的这些著作中,始终贯穿着对语言、代码、符号、文本及其内在意蕴的关注。

巴尔特的符号理论主要集中于《符号学原理》和《神话集》两书中,前者主要着重于符号理论的建构,后者则表现为符号理论的应用。

《神话集》是从传播符号的角度,对法国当时中产阶级和资产阶级意识形态所做的文化批判。在该书中,巴尔特运用了"陌生化"[①]效果把符号学从语言领域扩展到现实世界,来分析当代社会,特别是传播媒介和广告。在法国20世纪60年代,大众传播迅猛发展,各种代码与讯息滚滚涌出。面对如此纷繁错杂的图景,人们往往视其为自然而然的"客观"现象,从而忽略或根本无视其中有一项共同的意义运作在起支撑作用。他无情地剖析了法国大众传播媒介创造的"神话",揭露了它为达到自身的目的而暗中操纵代码的行径。他表明广告符号的实际效果就是说服我们相信消费者社会的某些特定的商品是绝对自然的,而不是人为的和历史的,他们来自于人本身的消费欲望而非其他。通过对这些渗透了意识形态的符号文本的解构和批判,即"去神话"的陌生化过程,揭示"神话"所隐藏的意识形态价值的运作,使人们"彻底丢弃对潜藏在我们置身其中的文化表象里的意识形态的天真幻想"(斯特罗克,1998)。

巴尔特的《符号学原理》创作于1962—1964年,他在巴黎高等研究实验学院为学生开了一门研讨课"意义的当代系统"。1964年,他根据这门课的讲授内容写出《符号学原理》并刊登在大众传播研究所主办的《传播》丛刊1964年第4辑《符号学研究》专号上。《符号学原理》理论的突出贡献是不仅第一次界定了源于索绪尔符号学的基本概念,而且清晰地梳理了符号学的

---

① "陌生化"原产于西方的一种诗学理论,即所谓"惊奇感"。黑格尔认为只有当主体与客体尚未完全分裂而矛盾已开始显现的时候,即人在客观事物中发现他自己,发现普遍的、绝对的东西时,惊奇感才会发生,惊奇感是艺术起源和发展的内在动力与源泉。后来,俄国的形式主义者极力推崇诗语的"陌生化"特性,强调诗的功能在于显现其能指与所指的并不同一,认为艺术的使命不在于毕恭毕敬地模仿自然和社会生活,而在于对之进行创造性的"加密"和"变形",从而使人们感知它,引发对事物的新奇感觉,使人们即使面临熟视无睹的事物时也能不断有新的发现,从而感受对象的异乎寻常,非同一般,感受语言最原初的"诗性本质"。布莱希特把"陌生化"进一步上升到哲学上的认识范畴,认为它是认识事物的一种特殊规律。他曾经把陌生化的实现过程概括为这样一个公式:认识(理解)—不认识(不理解)—认识(理解)。巴尔特借用"陌生化"概念,将其应用于符号学(余志鸿,2007)。

主要理论,提出符号学的四个基本范畴:语言与言语、能指与所指、组合与系统(即横组合与纵组合)、外延与内涵,从而使符号学成为一个独立的学科。巴尔特的符号学理论主要表现在四个方面①。

第一,巴尔特在索绪尔符号学的基础上,明确了符号学研究的对象和范围。"符号学研究的目的在于,按照一切结构主义活动的方案(其目的是建立一个研究对象的模拟物),建立不同于语言结构的意指系统之功能作用。符号学研究所采用的适切性,按定义来说涉及研究对象是意指作用。"(巴尔特,2008a)也就是说,符号学研究的范围要突破语言学领域,应该涉及所有的文化现象,为此,巴尔特把符号学定义为研究所有文化现象中的意指关系,奠定了意指符号学的理论框架。

第二,巴尔特突破了索绪尔符号概念,在"能指+所指=符号"的基础上,创造性地发现了语言符号系统之外的"功能符号"。巴尔特认为:"符号学的记号与语言学的记号类似,也是由一个能指和一个所指组成(例如在公路规则中绿灯的颜色表示通行的指令),但他的内质却可以各有不同。多数符号学系统(物品、坐姿、形象)都具有一种本来不介入意指作用的表达内质,而社会往往把一些日常用品用于意指目的,如衣服本来是用来御寒的,食物本来是用来果腹的,然而它们也可以被用来意指。我们打算把这些本来是实用物品的符号学记号按其功能称为'功能记号'。"(巴尔特,2008a)当这种"功能记号"作为一个新的表意系统的能指时,就会产生新的所指——"内蕴意义",从而使其对符号的解释能够超越具体的个案而覆盖一系列事件,从理论的高度获得较强的解释力。

第三,巴尔特将语言学研究的成果引入符号学领域,以涵指符号学的名义,在符号系统之间的意指关系中区分出两个意指层面,即直接面和涵指面。他在《符号学原理》中为此做了更具体、明确的理论解说。所有意指系统都包含一个表达层面(pland`expression,缩写为 E)和一个内容层面(plan de contenu,缩写为 C),意指行为则相当于这两个层面之间的关系(缩写为 R):ERC。假定从这个系统延伸出第二个系统,前者变成后者的一个简单要素,第一个系统(ERC)变成了第二个系统的表达层或能指:

$$2\ E\ R\ C$$
$$1\ ERC$$

或表示为:(ERC)RC。这种情况即叶姆斯列夫所说的内涵符号学,即第一个系统构成外延层面(de notation),第二个系统(由第一个系统延展而成)构成内涵层面(connotation)。内涵系统是这样一个系统:它的表达层面本身由一个意指系统组成,外延是显而易见的字面含义,内涵是隐而不彰的附加含义(巴尔特,1999)。巴尔特关于涵指符号学中直接面和涵指面的观点,为符号系统之间的意指关系的研究开启了新的视野(陈鸣,2009),对符号内涵意义的分析构成了巴尔特符号学实践的根本。

第四,巴尔特按索绪尔提出的命题,采用二元对立的分析方法,通过对符号和符号系统的研究,提出了符号学系统的四组结构性要素:语言和言语、能指和所指、组合与系统、外延与内涵。从而使对符号的"内蕴意义"的分析更为全面、深刻、科学。

---

① 巴尔特的符号理论主要表现的划分依据李幼燕译巴尔特著《符号学原理》(2008a)、陈鸣著《艺术传播原理》(2009)及余志鸿著《传播符号学》(2007)等文献资料归纳整理。

上述四个方面表明,巴尔特的符号学理论是西方符号学理论的集大成者,他融合了索绪尔、皮尔斯等符号学先驱的观点,并将符号学研究推向成熟,使之成为独立的学科,也为后来的传播符号学研究提供经典的理论范式。

(三)传播符号学作为理论工具的具体应用

1. 传播符号学理论与大众传播

符号学在大众传播中的应用,主要成果在于传播文本分析,即运用符号学方法分析蕴含一定意义的传播文本,这种文本分析的策略跟符号学分析所引起的结构主义/解构主义方法基本相同,如吉兰·戴耶(Gillan Dyer)于 1982 年分析广告,约翰·费思克(John Fiske)和约翰·哈特利(John Hartley)于 1978 年分析电视。

美国学者约翰·费思克在其于 1982 年出版的《传播符号学理论》中将大众传播研究分为两大派别:一派认为传播就是信息的传递,是一种行为,故称为过程学派(process school),它视传播为影响他人行为或心理状态的过程,关注媒介如何编码、受众如何解码;另一派认为传播是意义的生产与交换,是一种产品,被称为符号学派(semiotic school),它关注的是信息与文本如何与人们互动并产生意义,即文本的文化功能,主要的研究方法是符号学。过程学派尝试结合社会科学,特别是心理学、社会学等领域,并将传播定位为一种行为;而符号学派则取材自语言学派和艺术等领域,并将传播定位为一种作品(约翰·费思克,1995)。

上述情况表明在由符号构成的、充满了符号的文本的大众传播过程中,符号学方法和研究范式,对理解和研究大众传播是具有积极意义的。不仅如此,它还对传播内容的分析、理解具有启发意义。

2. 传播符号学理论与视觉文化传播

20 世纪 80 年代,视觉文化作为一种新的文化形态被纳入传播学研究的视野,符号学理论有助于视觉文化传播的理论建构。

视觉文化传播可以理解为以视觉为中心的视觉文化符号传播。在现代传播科技的作用下,传统的语言文化符号传播系统正面临着这种视觉文化符号传播体系的挑战,也就是说它"要用视觉文化瓦解和挑战任何想以纯粹的语言形式来界定文化的企图"(米尔左夫,?)。符号学理论的介入在于揭示视觉文化符号所蕴含的文化意义和其传播形态。

符号学理论为视觉文化符号系统意义的研究提供诠释范式。在视觉已经发生转向的当今社会,从传播学的视角该怎样进行,美国芝加哥大学的学者威廉·米歇尔,在这方面的见解值得注意:"视觉转向发生在英美哲学中,向前可以追溯至查尔斯·皮尔斯的符号学,向后到尼尔森古德曼的'艺术语言学',两者都探讨作为非语言符号系统赖以立基的惯例与代码,并且它们不是以语言乃意义之示范这一假定作为开端的。无论图像转向什么,我们都应当明白,它不是向幼稚的模仿论、表征的复制或对应理论的回归,也不是一种关于图像在朝向玄学的死灰复燃;它更应当是对图像的一种后语言学的、后符号学的再发现……"(米歇尔,2006)。它表明,基于图像文化意义和价值上的分析,符号学理论是有助于视觉文化符号的诠释,是能够体现出对于特定文化背景下的生活方式、文化或隐或显的意义和价值的合理解读。

3. 传播符号学理论与产品形象系统

产品形象系统(production identity system,PIS)是在企业形象系统(corporate identity system,CIS)的基础上,针对市场需求建立起来的一套形象系统。较之于 CIS,PIS 更为灵活、高效,同时在作评估和产品检测时会显得更为直观,更有利于企业的投入控制和战略调整。

作为企业传播符号的具体应用,PIS 有着一体化的、整体的战略模式,包括产品文化内涵定位、产品卖点定位、包装色彩定位、包装主体元素制定及设计、印刷工艺制定及成本测算、终端系列展示及设计、包装形式分类制定、产品视觉风貌制定、广告及媒体的传播视觉设计、试销期产品跟踪测试及年度评估等 11 个具体的方面。

从以上 11 个方面可以看出,PIS 较之于 CIS,更关注的是在销售终端产品的表现能力,以及制定良好的产品形象来促进产品销售的力度。在战略上,通过它能够最大限度地优化和配合企业的整体形象;在目标上,它能促使企业调整明确的市场方向;在形式上,它较之于后者更细化、产品分类更为详细;在投入上,则能用较小的投入和整体合力的作用,迅速启动市场;在传播上,它能以视觉最为优化的方式,将产品以整体的、系列的风貌展现在消费者面前,从而促进产品的销售和市场份额,为企业和产品树立良好的形象。

4. 传播符号学理论与网络表情符号

马歇尔·麦克卢汉的"地球村"如今已经成为事实,正如五十多年前麦克卢汉所预言的那样,作为媒介的互联网技术将我们生存的"这个星球已经结成一个城市",人与人的交流突破了传统的邮件、电话等方式,以互联网为平台的 BBS、MSN、QQ、聊天室、论坛等交流形式渐渐成为人际交流、信息传播必要的联系方式。在这种背景下,作为网络次文化产物的网络表情符号就不可避免地应运而生。

自 1982 年 9 月 19 日,美国卡内基梅隆大学的斯科特·法尔曼教授创建第一个网络表情符号以来,网络表情符号由少而多,由简而繁,由静而动,从单一到多层次递进构成种类繁多的网络表情符号,进而呈现出网络文化的特性。

传播符号学理论对网络表情符号具有较强的解释力。作为媒介的互联网本身即是一种文化形式,不仅与外界文化互动,本身也有特定运用的逻辑。它的文化的表现方式可透过网络语言来塑造,这种语言包括网络文字与网络符号。当我们把网络符号中的表情符号当做一种网络次文化下的产物时,它的文化特征就赋予其内在的含义,由此获得在互联网中的情感表达和传播。在网络表情符号构成上,其言语符号和非言语符号的特质与传播符号学理论有诸多的参照点。例如,索绪尔认为所有符号都带有主观性和随意性。这在网络语境,尤其是网络表情符号运用中也相当明显。同样的一个笑脸,在不同的情境下有不同的意义,如一个面部红晕的 QQ 表情,可以表示腼腆地笑,也可表示幸福甜蜜地笑,也可以只是礼仪性微笑(郑玮,2010)。这样,从传播符号学的视角来解读网络表情符号的本质就较为合理。所以传播符号学理论有助于探究网络表情符号的运作逻辑和背后所隐含的文化意义(何兆伟,2007)。

5. 传播符号学理论与广告传播

广告是为了某种特定的需要,通过一定形式的媒体,公开而广泛地向公众传递信息的宣传手段。广告传播实际上就是信息传播。根据广告信息的语言传播和非语言传播的两个基本特征可以看出,在广告传播中,传播符号是通过策划将繁复的商业信息进行压缩及提炼,并归结成为一个和目标消费者脑海中拟有的消费符号相对应的传播符号。符号是构成广告作品的最基本元素,广告传播的本质体现为对符号的操作,也就是说,在由符号构成的拟态环境中实现与受众(目标消费者)的沟通。

因此,传播符号学理论的方法是从广告符号研究入手,分析广告内部是如何处理符号信息并使之发生效力的,揭示出广告传播赋予产品意义的过程,为广告传播策划和创意提供科学的理论依据。

6. 传播符号学理论与建筑

在传播符号学的意义上,建筑的文化意义可以通过建筑的材料、外观、用途等相关诸多元素来实现。它们从建筑各自的使用功能中,按照其所蕴含的意义被抽象出来,在长期的历史实践中逐渐积累、发展形成类似语言符号系统的非语言符号系统。在这个特定的建筑语汇的系统中,建筑符号依据符号意义生成的规则,进行相互的排列、组合,向人们传递具有内在意涵的视觉信息。因此,建筑符号的意指系统既包含了诸多建筑元素所组成的集合,又包含了由建筑规则所做成的相关代码等。符号通过建筑代码才能生成意义。

建筑符号研究的目的在于挖掘这些符号所隐藏的文化传播功能,通过对建筑符号所蕴含"内蕴意义"的意指系统建构和"重寻失去的能指",从而揭示隐含在建筑符号背后的文化形态。

在 20 世纪 50 年代后期,符号学最初在意大利被引进建筑的研究中,到 20 世纪 60 年代,英国、法国和德国才开始有关于符号学在建筑研究中的应用问题的讨论。在 1969 年,由查尔斯·詹克斯和乔治·贝尔德编辑的《建筑中的意义》,主要讨论了建筑学和城市学对符号学概念的使用问题。由此将建筑学的问题处理为符号问题。同期,符号学在西方也处在发展的兴盛时期。受法国结构主义思想的影响,由杰弗里·布罗德本特、理查德·邦特和查尔斯·詹克斯在 1980 年编辑、出版了专门讨论建筑符号理论问题的论文集《符号、象征和建筑》。这部论文集从符号学的视角探讨了意大利建筑符号学的传统。上述史料表明,建筑学的研究可以在传播学视角得到关照,使建筑的文化意义在传播符号学理论工具的作用下能够得以挖掘成为可能。

二、研究的理论关照点

(一)中国传统民居装饰图形的符号属性

"艺术,是人类情感的符号形式的创造"(朗格,1986)。中国传统民居装饰图形作为一种特殊的视觉艺术符号,是我国劳动人民在长期的劳动和生产过程中创造的结晶,它包含着人类的思维和情感价值。在符号世界中,它们无疑是古老而又独特的符号体系。显然,中国传统民居装饰图形及其传播的研究要从传播符号开始。

以中国传统民居装饰图形为参照的分析基于以下三点。

第一是其文本的语境,也就是说作为装饰图形的视觉符号在能指和所指之间具有相关联性和解释性,即它与其所指涉对象之间构成的不对等关系,需要通过解释项的联结,才能构成有意义的图形符号。

第二是其具有认识功能,即接受者可通过对它的读解,获得对它所存在的那个时代的间接认识。

第三是其作为媒介的感知性,中国传统民居装饰图形的独特性在于感知介质上承载大量的感知信息,是情感经验与感性形象直接相关的、具有感性讯息的艺术符号,在交流、审美过程中呈现出了信息传播本质。

中国传统民居装饰图形的符号结构——艺术符号链。

艺术符号链,是一种艺术符号的审美意指关系,是在艺术作品的创作和鉴赏过程中,通过艺术符号的串联而形成的艺术表达方式和艺术感知方式。从整体上看,艺术符号链可以分为三种模式:形象链、修辞链、意象链(陈鸣,2009)。

巴尔特认为,单位符号系统是由三个结构性要素构成的。即"一切意指系统都包括一个表达面(E)和一个内容面(C),意指作用则相当于两个平面之间的关系(R),这样我们具有表达式:ERC"(巴尔特,2008a)。当符号系统产生意指作用的时候,符号系统之间会形成相互链接的意指关系。根据这种关系,巴尔特在索绪尔的符号二轴链接理论与皮尔斯的符号层级链接理论的基础上创造性地提出了符号的涵指链接和元语言链接的符号链接的关系两模式。

其一,涵指链接表现为在符号意指过程中:"第一系统(ERC)变成表达平面或第二系统的能指。……于是第一系统构成了直接平面(按第一系统扩展而成的),第二系统构成了涵指平面。于是可以说,一个被涵指的系统是一个其表达本身有一个意指系统构成的系统"(巴尔特,2008a)。也就是说第一符号系统的能指和所指指向第二符号系统的能指从而构成其意指的直接面,第二符号系统则构成意指的涵指面。以中国传统民居装饰图形符号为例,装饰图形中的诸多非语言的视觉符号(如点、线、面等)是其第一符号系统,由它们构成装饰图形的直接面。这些非语言的视觉符号能指指向中国传统民居装饰图形及其构造的形式。然而,中国传统民居装饰图形并非是为形式而形式的艺术,它还要求通过装饰图形形式表征审美的"内蕴意义"(即所指)的表达。

其二,元语言链接模式表现为:"第一系统(ERC)不像在涵指中似的成为表达平面,而是成为平面内容或第二系统的所指"(巴尔特,2008a)。巴尔特元语言的概念指符号学领域内,只有语言符号才能解释其他所有符号系统的意义,并由它构成元语言符号系统。那么,上面这句话可以理解为,在符号意指过程中,第一符号系统是言符号(即元语言),第二符号系统则是言符号外的其他符号系统(非语言符号)。当第一符号系统中的元语言记号指向第二符号系统中的非语言符号系统记号的所指时,二者就实现了元语言链接。在本书中拟借用元语言的概念研究,解构出装饰图形的最为基本的非语言视觉符号的物质实体符素——点、线、面、行、体、色等,再从这些被高度抽象化的符素出发,探究由之构成的装饰图形关系中形成的艺术表达方式和艺术感知方式。

元语言链接体现了作为传播符号的两类基本类型的语言符号和非语言符号在传播中相互配置、相互依存的关系,也体现了两大元素能指和意指的相互配置、相互依存的关系。巴尔特元语言符号的确立及引入于非语言符号领域的阐释,实现了传播符号学意指链接功能的开发,为传播符号学提供了有效的方法论。

因此,基于符号系统链接理论在整体上可以使装饰图形的研究获得系统的指导,透过其本身符号链,挖掘审美意指关系,实现"内蕴意义"的解读。

(二)中国传统民居装饰图形信息——艺术生产

艺术作为社会意识形式,具体表现为创造审美对象的精神生产。具体地说,艺术生产作为一种符号形式的创造,它在物态的"材料"和"形式"上表现为感性的、客观的、有目的的、对象化的艺术实践[①],在编码-意义的生产阶段的实践中,艺术家对原材料的选择和加工与其自身的知识结构、生产关系及技术条件等主客观因素有直接关系。虽然形式、意义的生产在编码过程是相对自治的,但它并非一个封闭的系统,它在实践时会在接收、鉴赏过程中获得"有意味的形式"的建构。作为精神生产,它是再现与表现的统一,是在生产过程中,艺术家通过特殊的符号编码排列所要传达的内容;它是符号所呈现的意义,这种意义,首先产生于艺术家对生活原材料的编码,其次产生于观众与其他话语关系——即释码。

从上面可以看出,艺术生产的编码过程就是传播者将自己要传递的讯息或者意义转换为语言声音文字或其他符号的创造性活动。

(三)中国传统民居装饰图形传播的具体要素

中国传统民居装饰图形作为人们创造的一种非语言符号,是人们在长期的生活、生产实践中通过对图形符号以意义和象征的赋予,实现语言的承载和交流功能的。其本质是利用图形来投射信息。这些可以传播的图形符号一经形成就具有相对的、能动的独立性,尤其是在聚落生活中,它通过建筑来建立聚落群体的特有的社会文化系统,影响人们的社会生活和传播行为。

装饰图形符号意义和象征的赋予是以其能指和意指的连接关系为基础的,关系构成的意义认知的"共享性"为聚落群体成员所共有。因此,中国传统民居装饰图形传播的构成要素包括人——即艺术编码、解码和消费者,媒介——物态化的图形文本,信息——图形符号的意指系统,反馈——解码、消费过程中能动的反应。

(四)中国传统民居装饰图形的传播形态

"艺术编码和艺术解码是艺术传播主体围绕着艺术作品而采取的艺术传播活动行为。艺术家运用相应的艺术符码,将艺术作品中使用的符号串联起来,进而在艺术符码的编码活动中创作作品,而艺术鉴赏者也是根据艺术作品所提供的艺术符号,通过审美感知和审美想象活动来解读艺术作品"(陈鸣,2009),实现艺术传播。

巴尔特认为:"可以肯定的是,大众传播的发展在今日使人们空前地关注意指的广泛领域,而与此同时,语言学、信息学、形式逻辑以及结构人类学等学科所取得的成就,又为语义分析提供了新的手段"(巴尔特,1999)。他的话阐明了大众传播与传播符号学之间存在着一定的联系,再结合 Wallace C. Fotheringham(1966)对大众传播所下的定义,即大众传播就是"有关符号的选择、制造和传送的过程,以帮助接受者理解传播者在心中相似的意义"(陈阳,2000)来看,中国传统民居装饰图形的传播就可以理所当然地纳入到大众传播的语境里来加以研究。

中国传统民居装饰图形在它的发展历程中形成了较为独特的、独立的视觉符号体系,建构了其特定聚落社会的文化体系。在这个体系中,传播的图形符号以符号和符号系统之间的二元对立关系为基础,通过其艺术符号链实现"内蕴意义"的解读,实现关系基础下同一文化群体

---

① B.M.日尔蒙斯基从文本层次分析的角度分析了艺术符的材料与艺术形式之间的关系,从艺术作品生产过程中剖析作为作品的文本层次构成,这种关系的分析有助于探讨在艺术传播活动中艺术编码的生存机制。他认为:任何一种艺术都要利用借自自然界的某种材料,艺术要借助属于该艺术的手法,对这种素材进行特别加工;由于加工的结果,本来的事实(素材)提升为审美事实的优秀品质,便成为文艺作品(日尔蒙斯基,2005)。

成员的信息共享。由于"文化传播中传播的功能就是保持个人主义和集体主义力量的健康平衡,提供一种身份的共享感,而这种感觉保持个人的尊严、自由和创造力。在有着共享身份的文化传播中,维持两个次级的传播过程:①创造②确认——的平衡可以得以实现"(爱门森,2007)。这个传播过程实质就是编码与解码的过程。

在中国传统民居装饰图形的传播过程中,由于牵扯到民居聚落中使用的文化代码协商问题,即装饰图形的编码人——工匠(或者设计师)和民居聚落的受众在信息共享上存在冲突,也就是说编码者和解码者之间的对称性发生偏移、扭曲或者中断,导致传播交流双方信息交流的不对等。引起这种不对等的原因是二者不尽相同的背景系统。因此,人们创造出来的这些艺术符号就需要建立图形符号形式本体与其接受解读的合乎逻辑的语言代码(视觉符号语言链接)——"即,历史上制定的,社会中建构的与传播行为相关是概念、意义、前提和规则"(爱门森,2007)。这揭示出中国传统民居装饰图形传播的具体过程。

综上所述,中国传统民居装饰图形作为传播的艺术符号,在历史的发展过程中形成了独特的符号体系。它的视觉语言表达,能够将其所蕴含的传统文化、哲学观念、民俗习惯、象征意义与审美情感等进行阐释,并在人们的生产、生活和交流中广为传播,从而为传播符号学提供许多可供研究的参照点。因此,笔者以为,二者在传播上的这些参照与勾连,使得传播符号学可能成为本书的理论工具。并且,同其他学科的研究方法相融合,为中国传统民居装饰图形及其传播提供科学的研究范式。

三、研究对象——中国传统民居装饰图形概念界定及说明

(一)民居

关于"民居"一词的最早记载可见于《周礼》,是指相对于皇帝的宫殿而言的,统指除皇帝以外的庶民的住宅,其中包括达官贵人的府邸宅院。"民居"一词是在建筑历史发展中形成的。其始时的含义并非很明确,宫室混用,到秦汉时起才有确切的、具体的分类。"中国在先秦时代,'帝居'或'民舍'都称为'宫室';从秦汉起,'宫室'才专指帝王居所,而'宅第'专指贵族的住宅。汉代规定列侯公卿食禄万户以上、门当大道的住宅称'第',食禄不满万户、出入里门的称'舍'。"迨至今日,人们习惯于"将宫殿、官署以外的居住建筑统称为民居"(中国大百科全书出版社编辑部,1988)。

民居作为居住性的建筑,分布在中国广袤的大地上,由于其所处的地理位置和自然环境不同、所属的民族历史传统不同、生活习俗不同及人文条件和审美观念不同,民居在其历史实践中积累的选址布局、结构方法、造型特征和装饰风格等,呈现出民居所处地区最具代表性的、最本质的特征,客观上反映了民居多样化的面貌。

20世纪40年代,中国建筑史学家刘敦桢首次把民居建筑作为一个类型提出来。本书中的民居建筑是指我国传统居民住宅的建筑形式。在我国,自1925年朱启钤开创中国传统建筑及其装饰研究以来,至今为止,在对中国传统民居建筑的研究的三个主要阶段中,每个阶段都取得了一定的研究成果,在60年代的研究中,专家和学者发现了在我国广大的村镇中均有大量的传统民居被保留,并且具有极高的使用价值。就现有的研究成果来看,目前的研究大多在

对传统民居的保护、改造和发展,以及民居与环境、民居与文化内涵等方面。尤其在当下经济与社会发展的大潮下,中国传统民居建筑装饰呈现出亚文化位式的急剧下滑。面对这样的形式,著名人居大师、两院院士、清华大学吴良镛教授尖锐地指出:"面临席卷而来的'强势'文化,处于'弱势'的地域文化如果缺乏内在的活力,没有明确的发展方向和自强意识,不自觉地保护与发展,就会显得被动,有可能丧失自我的创造力与竞争力,淹没在世界文化趋同的大潮中"(吴良镛,2002)。因此,加强对中国传统民居的研究,尤其是对其装饰形态和传播的研究就非常重要。

(二)建筑装饰与装饰图形

1. 建筑装饰

建筑装饰主要是为保护建筑物的主体结构、完善建筑物的各种使用功能、物理性能及美化建筑物,采用相关的建筑装饰材料或饰物对建筑物的内外表面及空间进行的各种艺术处理的过程。它是对建筑的一种美化手段,是针对建筑及建筑构件的艺术加工处理。建筑装饰不仅是为美观而设,同时还蕴含民族、地域、宗教、伦理、习俗及情态意象等文化内容。一座建筑中的装饰全面地反映着建筑的特征,可以说是房屋的精华所在。

装饰是一个含义非常丰富、广泛的词,具有多维度、多向度的包容意指。在建筑语境下,装饰既是建筑完成并满足人们生活不可缺少的一部分,同时,它本身又是一种艺术形式。建筑体上的这些特有的装饰图形符码具有独特的艺术魅力,在历史的长河中绵延传播。

一般而言,建筑装饰包含装饰一词的普遍艺术属性。

其一,装饰必须"以秩序化、规律化、程式化、理想化为要求,改变和美化事物,形成合乎人类需要、与人类审美理想相统一相和谐的美的形态"(李砚祖,1999)。

其二,装饰是一种手段、一种工艺,它是"一种制作技巧,一种工艺方式,一种成型手段,是一个动态的装饰过程"(李砚祖,1999)。

其三,装饰以图形语言为载体,它要符合图形语言的艺术法则,"一种纹样,一个标志,一个美的符号,它有显见的固定规范和尺度"(李砚祖,1999)。

其四,装饰又是文化的载体,"装饰作为人类行为方式和造物方式所具备的文化性和文化意义,又作为饰品类而存在所具备的文化意义"(李砚祖,1999)。

建筑装饰,在符号学的概念上,是从建筑的各种使用功能中抽象出来的,所获得的不同于建筑学的文化意义,从而形成以建筑装饰的视觉符号为主要特点的非语言符号表达的意指系统。在这个系统中,建筑装饰的视觉元素按照意义生成的原则相互搭配、组合,向人们进行视觉信息的传递。因此,建筑装饰符号的意指系统构成包含由许多建筑装饰元素的集合与建筑规则所组合而成的代码,符合经由建筑代码而产生意义。

2. 装饰图形

本书中的传统民居装饰图形主要是以视觉图形为主要特征的非语言表达系统。对图形这样的视觉语言符号概念的界定是比较困难的事情,我们只能在图形的视觉的客观表述理性层面上,把它表述为用点、线、符号、文字和数字等描绘事物几何特性、形态、位置及大小的一种形式。在中国传统民居建筑装饰中,图形具有创造性地表达人的情感、观念和思想的语言功能。

图1.3 湖北丹江口浪河镇饶氏清末
庄园装饰图例

根据图形的符码结构——一种和语言符码相类似的构成原理,即在组织结构上拥有丰富的语法和修辞关系,创造性组合实现、甚至是超越这些图形符码的沟通、交流和传播(图1.3)。

在图形的传播中,"视觉传达与接收的方式多种多样,但'图'是最为核心、最为悠久与最为重要的方式,与文字、色彩、动态、光影等视觉信息传达方式比较,图反映了看的本体价值,是具有视觉表现力与感染力的表达样式"(曹方,2008)。中国传统民居建筑装饰中的图形语言也充分体现了这一历史传承、发展的特点。在它的传承过程中,"人的头脑中有一种固有的图式,人们正是靠图式来整理自然的。当图式和自然格格不入时,人们就要调整图式以便重新应付自然"(贡布里希,2004)。

中国传统民居建筑装饰的图式是图形的应用、发展继承、在扬弃中不断积累、创新的知识体系。它包含着以下需要研究的要点。

第一,它描述的不是建筑装饰的定义,而是人们在建筑及其装饰的历史实践中所形成的高度概括的建筑装饰的知识和规范,就图式既描述客观事物的必要特征又描述其非必要特征的特点而言,建筑装饰图式是在其历史实践中形成的,所描述的知识和规范对后来的建筑及其装饰产生了影响。在中国传统民居装饰的那些非语言符码中,图形对建筑体的语法和修辞关系是以装饰为主要特征,而非功能。因而相应的构建部位的图形安排会延续一定的陈式进行装饰。例如,在建筑装饰中龙凤图案一定只能为皇家所用,民居是不能涉及的。这种概念和装饰的图案符号就可以被看成是一种装饰的图式。

第二,它的装饰样式各不相同,具有抽象与具体、简单与复杂、高级与低级的区分。一个字符可以构成简单的装饰图式,而复杂的图式则有可能需要多个子图式才能够构成。抽象的图式大多倾向于文化观念和意识形态方面,具体的图式所包括的是事物的特征和生活经历,而高级图式与低级图式则表现出图式之间的层次或隶属关系。例如,中国传统民居装饰中,装饰图形要根据装饰结构来设计装饰符码的语言结构,如果说点、线、面是构成图形符码的底层结构,那么由之构成的图案语言则就是这些图形的高级结构。

第三,由于构成的建筑装饰的各组成部分比较复杂,既有恒定不变的部分、又有变量部分,因而决定了它不是各个组成部分简单、机械的叠加,而是各组成部分按照一定规律所组成的有机整体。也就是说,当整体中某部分的变量达到一定量值时,其他变量的取值就会受到约束,不能随意变化。这就要求在建筑装饰过程中,科学地对所加工的装饰图形包含的信息进行评价、优化和拟合。只有通过整体的评估,才能做出最后的决策,达成对建筑体的装饰。

第四,它是在新信息与以往的经验知识相互联系的基础上顺应和同化所形成的,是突破以往经验固有图式并与新信息结合的新的组织形式。在皮亚杰的图式理论看来,同化和顺应是两个非常重要的概念,同化的目的在于将外界的信息纳入已有的图式,使得图式不断扩大;而顺应则是在环境发生变化时,原有的图式不能再同化新的信息,而必须经过调整、改造后才能够建立新图式。在中国传统民居装饰过程中,不是被动地接受旧有的装饰经验,墨守成规地处理相关信息,而是积极地、能动地将新的装饰方法与固定下来的装饰图式进行联系,使新、旧装饰的图式在中国传统民居装饰的发展过程中受到同化、顺应作用而发生变化,从而使低层次的装饰图式通过同化、平衡和协调逐渐向高层次发展,使中国传统民居装饰的图形语言和表达方式得以丰富、拓展。

中国传统民居的装饰图形在漫长的历史实践中,形成了极其丰富多样的内容表达体系;装饰图形所涉猎的范围十分广泛,大到建筑物的整体样式,小到建筑局部细小的装饰,都离不开装饰图形的应用;在表现技巧和表现手法上,遵循建筑装饰的实用性和审美性相统一的原则,对传统民居的装饰赋予实用与审美的双重风格;在精神追求上,中国传统民居建筑装饰图形与中国传统文化相互交融,通过其独特的视觉语言、象征的表达,传播丰厚的民族文化内涵。所有的这一切构成了中国传统民居装饰图形鲜明的特点和民族特征。

(三) 非语言符号——艺术符号

非语言符号是指用来传递意义的一系列行为的总和(李特约翰,2009)。非语言符号包括图像、颜色、光亮、音乐和人的体语等,是人类社会中最重要的传播媒介之一。

现代语言学和结构语言学的奠基人费尔迪南·德·索绪尔认为,包括语言在内的所有符号都带有主观性和随意性。不同的语言运用不同的词语来指代同一个事物,而词语与其指涉之间并不存在任何的联系。符号单位的确定在过去不是一个问题。词作为语言基本单位历来是一个初始的概念,词的同一只是声音和意义两方面同一的综合。不过,索绪尔指出了这个问题的复杂性。他揭示出人们通常视而不见的事实,即人们心理中的一个词在具体使用中具有千差万别的声音和意义,所以词的同一不是简单的声音和意义的同一,不能凭实质确定单位的价值和同一。事实上,单位实体是一个形式实体,它的价值是由它在语言系统中与其他实体的关系决定的,而单位的同一实际上是这种价值的同一。因此,符号实质上就是受制于一定规则的惯例。这些都极大地支持了"语言是一种结构"的学说。索绪尔把语言看作表现现实世界的结构体系,为开创传播研究的结构主义奠定了坚实的基础。

非语言符码的理论是符号传播学的重要组成部分,结构主义取向是传播符号学的核心。

用结构主义的术语来说,语音是按照一定的形式关系严格构建的非物质性系统。语言的形式诸如语音、词汇和语法。在这个系统中,虽然语言结构带有主观性和随意性,但是语言的使用却不是主观随意的。人们是不能随心所欲地使用词语和任意改变语法规则的。也就是说,只有当意义与语言的结构性特征相互联系起来时,语言符号(或非语言符号)才有明确的指代对象。

理解系统结构的关键在于差异性,语言本身所蕴含的各种因素和关系是以差异性相区别的,正是这种差异性的系统组成了语言的结构。不论是在口头语还是在书面语中,人们都是通过语言符号之间的差异来区分其对应的指代物。任何一个语言单位本身没有也不包括意义,只有在与其他语言单位进行对照后,才能形成特定的结构,获得意义。

"在符号世界中,艺术符号无疑是一种古老而又独特的符号体系,是符号世界中被赋予了审美意义和审美情感的意指形态。一方面,艺术符号是审美意识形态的构成要素,人类是在创造和使用艺术符号的过程中从事艺术传播的,并依赖一艺术符号构建起艺术的审美意识形态;另一方面,艺术符号是艺术作品的最基本单位,人类运用艺术符号来生产、传递和接受审美讯息,创造和鉴赏艺术作品"(陈鸣,2009)。

在中国传统民居装饰图形语境下的非语言符码——艺术符号——是以其特定的视觉图式呈现出来的。组成中国传统民居装饰的艺术符号是以图形为载体而存在物质形态。按照装饰归类分为构件装饰:屋顶脊饰、瓦当悬鱼、墙体立面、梁柱斗拱、院门房门、铺首门环、窗牖窗格和匾额楹联;空间隔断:照壁影壁、屏门屏壁、隔断栏杆、顶棚铺地;景观意匠:各种雕刻及彩绘等。这些装饰呈现的物质形态,在符号学所表达的意义上,都能从各自的使用功能中抽象并获得非建筑学的文化意义,从而形成类似语言符号系统的意指表达系统。在这个意指表达系统中,建筑装饰元素依照它们生成意义的规则相互组合,向人们传递视觉信息。

朱迪·伯古恩从结构主义的角度归纳出非语言符码的几个特征。

第一,非语言符码具有模拟性,而非数字化。数字化符码——如数字和字母——彼此之间是毫不相干的,而模拟性的符码是连续不断的,形成一个系列或者范围——类似光谱和音符。因此,像面部表情或者音调这样的非语言符号不能被简单地归入某一个门类中,如声音的高低或者光线的强弱。非语言符码形成的是一个逐级递进的层次关系。

第二,一部分非语言符码具有图像性,或者说具有相似性。应当指出,不是所有的非语言符码都有这样的特征。图像式符码与其所指代的事物具有外形上的相似性,如用手势来描摹事物的形状。

第三,某些特定的非语言符码具有普遍的意义,尤其是那些用来表达情感和威胁别人的非语言符码便具有这样的特征,这是由人类共有的生物性决定的。

第四,非语言符码使多个不同的信息同时传播成为可能,运用身体语言、面部表情和嗓音的变化及其他符码,一个人可以同时传递几个不同的信息。

第五,非语言符码可以引发不受思维控制的自动反应。举个最常见的例子,你一见到红灯,就会不假思索地踩刹车。

第六,非语言符码的传播具有自发性,如当你感到紧张时,会本能地用一些动作来减缓这种紧张的情绪(李特约翰,2009)。

巴尔特在《物体的语义学》[①]中写道:"意义从来都是一种文化现象,是文化的产物;然而,在我们的社会里,这一文化现象不断地被自然化。言语令我们相信物体处在一个纯粹及物的境况中,并将意义现象再次转变为自然。我们相信自己处身于一个由用途、功能、对物体的完全驾驭所形成的实践世界中,而实际上,通过物体,我们也处身于一个由意义、理由、托辞所构成的世界中:功能衍生出符号,而这一符号又被重新转化为功能的展示。我相信正是这种将文化转换为自然的过程才确立了我们社会的意识形态"(巴尔特,2008b)。

对于建筑装饰的那些视觉图形来说,其意义同样如此。建筑在每一个位置的每一个部件及其组合,无疑都具有其特定的使用功能,不仅仅如此,各部件的任何一种具体造型形式,实际上也蕴含着有关建筑及其装饰的历史和经验,具有丰富的表达语义功能。但在当今存在的问题是建筑所要表达的意义往往会遭到只注重实际功用的社会意识的遮蔽,即"被转化为功能的展示"。因此,建筑符号学所呈现的文化功能,旨在"重寻失去的能指",以揭示遮蔽在功能背后

---

① 在"物体语义学"中,他认为物体除了各种具体的使用价值以外,都普遍存在着超越物体用途的意义,即"永远存在有一种超出物体用途的意义"(《物体的语义学》第190页),世界上没有什么东西能够逃脱意义,而且意义还常常是多义的。并把物体的"语义"纳入对象征的坐标体系。对建筑而言,他认为建筑中的每一个建构部件及其组合无疑是具有特定的使用功能的,然而各个部件的任何一种具体形式实际上都蕴含着我们的经验和历史,表达着丰富的意义。

的意识形态。对中国传统民居装饰中非语言符码——装饰图形的研究,无论是在传播学还是在建筑装饰领域都显得尤为重要,具有现实意义。

中国传统民居建筑装饰图形传播的研究是从传播符号学的视角,对中国传统民居建筑装饰图形符码进行系统的研究。资料表明,在我国丰富而浩瀚的传统民居及其装饰的资料里,装饰都是以特定的图形符号语言在建筑中生成的,这些装饰图形的特别符码,构成了建筑形式的语言要素,蕴含着特定的中国传统文化、民俗文化及美学表达,这就使得传统民居装饰图形具有丰富的语言表达力。

（四）视 觉 思 维

视觉思维是美国哲学家鲁道夫·阿恩海姆(Rudolf Arnheim,1904—1994)从审美直觉心理学的角度,在《视觉思维——审美直觉心理学》(阿恩海姆,1998a)[①]一书中明确提出的概念,以此揭示视觉器官在感知外物时的理性功能,以及一般思维活动中视觉意象所起的巨大作用,以化解"知觉"与"思维"、感性与理性、艺术与科学之间的割裂、矛盾和对立。

视觉思维的研究,首先来自于一个古老而又年轻的问题,这就是"知觉"与"思维"的关系问题。在古希腊哲学中,巴门尼德就曾竭力把知觉活动与理性活动区分开来,认为只有理性才能纠正感觉的错误,最后达到对真实的把握。而柏拉图关于感性与理性的分裂的世界观,同样也在昭示人们不要过分相信感性。不过,在崇尚理性的西方文化中,同样也没有忘记直接的视觉是智慧的第一个也是最后一个源泉的道理。正如亚里士多德所说:"心灵没有意象就永远不能思考。"(亚里士多德:论心灵)但问题是,什么是视觉思维? 知觉或视知觉有没有思维的功能? 知觉或视知觉究竟是怎么思维的? 按照传统哲学的观点,所谓思维,有广义和狭义之分。广义的思维与存在和物质相对应,主要是指精神和意识,凡是人的精神活动、意识活动和心理活动都属于人的认识和思维的范畴。从这个意义上说,视觉思维概念的提出有其合理性,这是显而易见的。而狭义的思维,则主要是指概念思维,即以概念为思维元素的思维形态、思维方式和思维方法,而概念既是理性认识的基本形式,又属于逻辑学的范畴,所以又叫理性思维或逻辑

---

① 　美国艺术心理学家鲁道夫·阿恩海姆是较早对"视觉思维"概念进行研究和阐述的学者。

在西方,"知觉与思维的割裂"早在巴门尼德、德谟克利特、柏拉图等古希腊思想家那里就开始萌芽。巴门尼德认为只有理性才能纠正感觉的错误,只有把知觉活动与理性活动明确的区分开来,才能达到对真实的把握;柏拉图主张的理性与感性分裂的世界观告示人们,不要过分相信感性。就连最早提出需要从经验角度入手的亚里士多德对感性经验的态度也同样非常复杂。西方文明史上由知觉与思维割裂所形成的"二分"观,不仅导致人们把世界分为物理世界和心理世界两大领域,而且导致了西方心理学的诞生。到17至18世纪,感性主义哲学家们一直坚持着对原始感性领域的诉求,而以笛卡尔为代表的理性主义哲学家则否定了认识活动中感觉经验的可靠性,就连提出关于感知的新原理的"感性学之父"——鲍姆嘉通也没能超越这种传统的知觉观。

20世纪,西方文化中出现了感性与理性、感知与思维、艺术与科学之间的裂隙,阿恩海姆认为正是由于传统知觉观的"知觉偏见",才导致上述现象的产生。因此,提出"一切知觉中都包含着思维,一切推理中都包含着直觉,一切观测中都包含着创造"等一系列重要思想。并将视知觉定义为视觉思维(阿恩海姆,1998)。在本质上视觉思维是一种创造性思维,阿恩海姆在《视觉思维》一书中,用视觉思维活动中的意象在知觉与思维之间重建了一座桥梁,弥补了感性与理性、感知与思维、艺术与科学之间的裂缝。

在美国,心理学家麦金首次使用了"视觉思维"这一概念,并对视觉思维作出独特的概括和界定。他认为视觉思维借助三种视觉意象进行:即人们观看到的意象、心灵之窗的想象、构绘而成的东西或者绘画作品。将其表示为意象思维、直觉思维或审美直觉思维,从而使得视觉思维定义被赋予可操作性。

思维,是对事物本质的反映。从这个意义上说,所谓认识的感性形式,包括感觉、知觉和表象,显然又不属于思维的范畴。至于思维能否离开认识的感性形式,包括感觉、知觉和表象,则是大家比较认同的另外一个问题。从心理学的视角来看,知觉和思维的区分同样也是明显的。在传统心理学中,所谓知觉,就是对客观事物本质的直接的整体反映,而思维则是对客观事物本质的间接反映。尽管在心理学的视阈中,思维常常被视为一种心理活动过程,但心理学关于知觉和思维的研究又分别属于两个不同的研究领域,这就是"知觉心理学"和"思维心理学"。所以,在传统观点看来,知觉就是知觉,思维就是思维。如果说到二者的联系的话,那么也主要体现在知觉为思维所提供的感性材料方面。思维的器官是人的大脑,知觉的形成固然离不开大脑思维的整合作用,但感知觉器官就是感知觉器官而不是人的大脑。

然而,在阿恩海姆看来,人类和动物的探索性活动与理解活动主要是通过活动及实践来完成的,而不是靠单纯的沉思。"认识"是接受信息、储存信息和加工信息时所涉及的一切心理活动,如感知、回忆、思维、学习等。认识包括知觉,至少从道理上说,没有哪一种思维活动,我们不能从知觉活动中找到。

所谓视知觉,也就是视觉思维。而知觉,尤其是视知觉,之所以具有思维的能力,主要是由知觉尤其是由视知觉所具有的理解力所决定的。而被称之为"思维"的认识活动并不是那些比知觉更高级的其他心理能力的特权,而是知觉本身的基本构成部分。知觉,尤其是视知觉,本身便具有思维功能,具备了认识能力和理解能力。视觉思维是一种不同于语言思维或逻辑思维的富有创造性的思维。根据阿恩海姆的研究,其创造性主要表现在三个方面。

第一,视觉思维是一种直觉思维,源起于直接感知,具有直接感知的探索性。

第二,视觉思维的思维工具是视觉意象,而不是经过加工的词语或概念,所以它易于操作,在认识主体头脑中完全可以对视觉意象进行自由的再生和组合,以此激发丰富的想象。

第三,由于视觉思维是在主体与客体直接交流活动中进行的,因而主体完全有可能在对客体的直接感受和体验中,使自己头脑长期积累的经验和知识突然间与之融合,从而产生某种顿悟,获得某种直觉。因之具有便于产生灵感顿悟、唤醒主体的"无意识心理"的现实性。

中国传统民居建筑装饰图形在将生活艺术化的物化活动中,其信息载量总是巨大的。无论民族精神还是文化的传播,无论个人情感还是审美的追求,这些装饰的非语言符码以物化的方式实现了视觉的表达和传播,在视觉思维上完成了视知觉和创意的双重需求,以理性的形式传承文化,美化生活。

(五)艺术传播

传播指的是某种信息在时间和空间上的移动和变化,进而达到公共化和社会化的过程。

艺术传播是指借助于一定的物质媒介和传播方式,使艺术作品和信息得到扩展和蔓延,并传递给接受者的过程。艺术传播过程是指艺术品经过艺术创造主体——艺术家创造性的构思最终物化成一个物质的东西,实现从意识到物质的转变,然后到达接受主体——读者、观众面前。艺术传播这一术语在我国的出现,是 20 世纪 80 年代。

艺术传播在传播形式上体现为艺术信息在时空中的变动、迁徙和蔓延。在这个过程中,艺术传播对审美的要求和艺术信息公共化或者社会化的表达都有着其特有的规定性。"艺术之所以存在,就是为了帮助我们重新感受生活,就是为了使我们体会到物体,使石头具有石头性,使我们真正感受到是看到了物体而不仅仅是承认了它"(休斯,1998)。因此,艺术传播的研究离不开对传播媒介和艺术符号的认识。这是因为同其他人类所创造的文化产品一样,艺术也是一种符号形式和符号语言。艺术(包括音乐、绘画、舞蹈、电影、雕塑、戏曲、建筑等)主要以可知觉的表象符号为载体,将所传播的艺术信息物化在具体的媒介上,以激发和满足受众对艺术信息的需求。

艺术传播作为传播的分支,不仅仅表现为一个传播的过程,更重要的是它是一个复杂的有机体系,有着自身典型的传播特征。

第一,艺术创作作为面向他者的一种审美创造活动,其传播过程是创作者通过艺术审美的创意途径,以创造艺术作品的方式向艺术欣赏者(受众)输出的过程。也是艺术创作者在艺术创造和传播过程中,理性与非理性、自觉与非自觉性的统一过程。一方面,在艺术审美创意过程中,创作者的灵感离不开客观的环境和外界的刺激,以及艺术受众的需求;另一方面,创作者审美创意的实现有赖于主体创意的心理迹象背后所长期形成的深厚的社会文化背景和积淀的丰富的生活经验与感受。

第二,艺术作品需求他者参与的审美感召。巴尔特认为:"读者的诞生必定要以作者的死亡为代价。"(巴尔特,2002)这里,巴尔特的意图在于强调读者要想真正在阅读中理解文学作品,首先必须使文学作品文本摆脱作者的控制,在阅读中获得独立的位置,才能更好地理解和完成对文学作品的欣赏。同理,在艺术世界中,艺术作品是艺术创造的主体结晶,但无论主体的愿望和意图如何,只有在传播过程中被受众接受和欣赏,才能够实现艺术作品的意义。艺术传播就是艺术的交流活动,艺术作品成为艺术活动的中枢,它将艺术创造主体和欣赏者(受众)连接为艺术传播活动中既同构互动又相对联系的整体,共同作用于艺术作品建构。因此,艺术作品只有在艺术传播过程中才真正得以完成。

第三,艺术传播对物质载体存在着极大的依赖性。一方面,任何形式的艺术作品的生成都必须借助其所依赖的艺术传播媒介,无论是远古时期口耳相传的传播形式还是今天的电子传播,艺术作品,诸如那些出土的陶瓷、敦煌的壁画等,都要通过特定的物质材料,才能将艺术构思状态的艺术符号表征出来。离开了艺术传播的媒介这个容器,艺术作品将无所依附。因此,只有依赖于物质载体才能完成具体可感的艺术作品。另一方面,艺术传播在再现艺术作品的同时,有借助那些物质载体进行现时态的大规模、大范围再现,从而使历史的抑或现实的艺术作品能够深入到大众中,实现艺术传播。

艺术传播的要素包括艺术传播的主体、艺术信息、传播媒介、受传者四个,这四者在艺术传播中缺一不可。艺术传播的方式从大的方面主要分为三种:即现场传播方式、展览性传播方式和大众传播方式。具体来说,现场传播如戏曲表演,通过演员在台上的表演,观众在下面观看,形成一种直接的交流,这是最现场、最直接的传播。而展览性传播则更为普遍,如画展、书法作品展等,这是我们经常会碰到的传播方式。大众传播方式是面向广大受众的,通过最广泛的媒介,如电影、电视等,使之深入千家万户。

艺术传播是艺术重要的本质特性,在实现艺术作品向审美接受的传播过程中,艺术接受者往往不是被动的,而是通过主动的与他者进行审美对话来实现其艺术鉴赏活动。如此,在艺术鉴赏活动中就会存在两个文本：一个是艺术作品，也就是艺术接受者所看到的"作者文本"；另一个则是艺术接受者在审美过程中生成的"读者文本"，或者说是艺术鉴赏过程中的能动反映。"读者文本"的产生说明了艺术接受者与"作者文本"之间的对话具有与他者进行交流、沟通的特性。所谓他者可以这样理解，一方面包含的是艺术作品文本诸如艺术形象、艺术符号和情感等在内的内在要素，另一方面涉及有关艺术创作者的创作背景、创作动机和艺术作品相关联的艺术符码、人们的价值观念、社会习俗等外在要素。"读者文本"的产生是对"作者文本"的补充、发展和完善，是艺术作品在艺术传播中得以实现的不可或缺的环节。同时，在艺术传播中，这种审美的再创造使得艺术接受者在"与艺术的交往中，受到美的震惊，便有可能让人们通过他人来理解自己"（尧斯，2006），从而获得在审美过程中的自我超越。因此，艺术传播活动不能局限于艺术作品的传递和接受领域，还包含艺术作品在传播过程中的再生产、再创造，只有在艺术传播过程中艺术作品的创作与鉴赏达到完美的统一，艺术传播才能说是完全的实现。

面对中国传统民居装饰图形这个特定的对象，装饰语言的非语言符码——艺术符号的传播是建立在一般通道基础上的，同时又有着独特的形式和鲜明的特点。装饰符号是创作者将生活艺术化的物化行为，对于装饰接受的使用者来说，需要的是物化行为的结果。而建筑体充当了媒介载体和传播渠道的双重角色。在这种传播结构中，中国传统民居装饰图形这种非语言符码的艺术性是显而易见的。

第三节　研究的思路与方法

一、研究的思路

（一）基本思路

本书以中国传统民居装饰图形及其传播为核心，通过对明清以来的古建筑民居遗存进行调查、梳理、研究，以人为本，围绕着"中国传统民居装饰图形及其传播"这条主线展开理性的探索。

按照这个思路，拟定从以下几条路径进行研究。

第一，以历史的演进为经，"中国传统民居装饰图形及其传播"在历史的发展中，本身就意味着信息的加工、转换、改造、放大和传递，通过民居建筑及其装饰，在不同的时期传播思想、传播文化、传播文明。

第二，以传播符号学理论研究为纬，展开"中国传统民居装饰图形及其传播"的符号语言的结构体系研究，研究聚落时空下作为主体的人的编码解码的传播活动。

第三，以传播学和民居学研究相结合为特色，通过文献分析法、文本分析法、比较研究等方法和学科交叉、"缀合"的研究方式，对"中国传统民居装饰图形及其传播"在传播学、建筑学、社会学、美学、艺术学等多学科的关照下进行系统的审视，并以各种理论及学说研究为补充，深化本研究理论体系的深度。

（二）研究路径

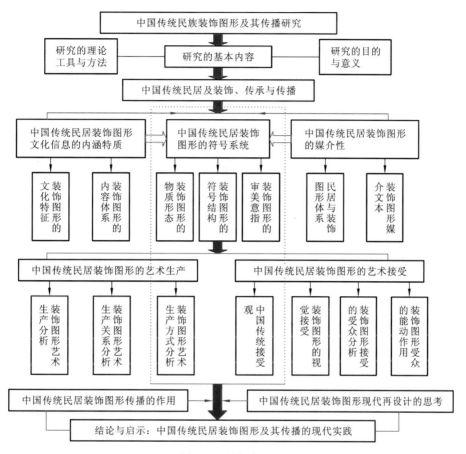

图 1.4　研究路径图

二、研究的方法

（一）调查实证

调查实证的方法就是深入到保存较好的中国传统民居聚落区域，获取第一手材料和数据进行论证的方法。本书从以下几个方面运用该方法来探讨中国传统民居装饰图形内在本质及其传播的规律。

其一，深度访谈法。在访谈中，通过与受访者直接接触、交流以获取本书需求的有价值的资料。作者将在本书对选题的研究中走访"聚落单位层次"营造一线的老工匠、老艺人、民居居民、研究民居装饰的专家学者及民居开发管理者等不同层面的受访者，以获取丰富的第一手资料。尤其是对老工匠、老艺人的访谈，不仅仅因为能从他们那里获取第一手资料，更因为"民居营造，过去在史籍上甚少记载。匠人传艺，主要靠师傅带徒弟的方式，有的靠技艺操作来传授，有的用口诀方式传授。匠人年迈、多病或去世,其技艺传授即中断,因此,总结老匠人的技艺经验是继承传统建筑文化非常重要的一项工作。这是研究传统民居的一项重要课题"(陆元鼎,2007),也是对中国传统民居营造与装饰方法遗存的收集和保留,同时更丰富了中国传统民居装饰研究的方法。

其二,实地调查、考证法。该方法是通过直接观察了解中国传统民居建筑装饰图形、收集其构建资料等相关信息的方式。实地调查、考证的办法是借助民居研究的新方法——民系、聚落考证来进行的。民系的区分最主要是由不同方言、生活方式和心理素质所形成的特征来反映的,中国传统民居建筑装饰图形符号在这个区分的范围内势必会呈现不同的特征和流传方式,这些非语言符码将民系范围内的民俗、文化等符号化了。对待"文化",美国文化人类学家C.吉尔兹是这样看的:所谓文化,即"人类为了传达关于生活的知识和态度,使之得到传承和发展而使用的、以象征符形式来表现的继承性的观念体系"(郭庆光,1999)。民系结构和文化的形成构成了某种必然的对等关系,实地的调查就可以在民系的区域里得到大众传播的广泛基础,从而能够更深入、更客观地了解中国传统民居建筑装饰图形的艺术传播和历史留存。

其三,问卷调查统计法,这是和本书拟完成的目的相关的。中国传统民居建筑装饰活动的主体是人。"结构主义符号学认为:符号本身是一种诱导人做出反应准备的刺激因素,是'思想的工具'。它由能指(符号形式)和所指(符号内容)构成,两者的关系具有任意性"(孟威,2001)。传统民居装饰图形符号总是从属于特定的民系符号系统中,有时也会和其他民系系统的装饰符号语言相融汇,一方面,这些建筑装饰符号是可以理解的;另一方面,这些符号又是需要解释的。即使是同一符号形式,也会在历史中丰富着所指的内涵。本书研究人是如何去参与这些建筑符号体系的具体建构,研究中国传统民居建筑装饰符号演变、发展、类型特征等方面的问题,希望通过问卷调查统计和分析研究,使本选题得到更深入的、跨学科的理论探索,为现代化的、有民族和地方特色的民居建筑服务,促使人们更好的生活。

（二）文献分析法

文献分析法作为一种较常见的研究方法被广泛地应用,这是因为无论是自然科学还是社会科学研究,都要基于现有的研究基础才能更好地进行创新和再深入。离开历史传承的绝对创新是不存在的。人类的知识体系本身就是一个延续体,唯有通过收集和分析一定的文献,才能把握相关领域的研究现状和局限,从而获得在此基础上对研究对象发展脉络的整理和创新。

文献分析法曾被用于古建筑民居研究的初始阶段,20世纪20年代,著名的民居研究学者朱启钤先生"居北平,组织中国营造学社,得中华文化教育基金会之补助,纠集同志从事研究"(朱启钤,1991),开创了中国传统民居文献与实地考察相互印证的全新研究方法,使中国建筑史学研究无论是在研究方法上,还是在学科创建等方面,都出现了一个崭新的局面。在这里,文献分析法功不可没!文献分析法通过"以前别人所做的研究在经历过重新提炼、整理和分析之后,又变成回答新问题是主要信息来源。这种对于以前所收集的资料的重新使用,就是第二手研究"(波普诺,1999)。艾伦·巴比在《社会科学研究方法》中指出,社会科学的研究计划设计应该包括:"开始着手、概念化、选择研究方法、操作化、总体和抽样、观察、资料处理、分析、应用和回顾研究设计","在开始着手阶段,你就应该尽可能的阅读该议题的资料"(巴比,2005)。

因此,文献的收集、阅读、分析是社会科学研究中必不可少的基本方法。

本书拟以符号传播学理论为理论基础,以民系结构下聚落的中国传统民居建筑装饰图形符号为研究重点,来收集整理、阅读分析相关的文献资料。具体来说,本书所涉及的文献包括以下几个方面:第一是中国传统民居形态方面的文献,包括民居营造、民居装饰、民居环境、人文社会等;第二是有关本研究的理论工具——符号传播学研究相关的文献;第三是美术文献,要强调的是,中国传统民居装饰图形研究的历史是以美术学研究为开端的,以绘画为例,中国绘画对建筑的表现同中国画的历史一样久远,中国古代表现建筑的绘画细分为以建筑为主体的"界画",以建筑为配景的山水画,如《清明上河图》等,表现民俗生活或与宗教相关的各种壁画等,这些绘画都可以成为建筑装饰的组成部分,因此,美术文献能为本书提供有价值的文本和理论支持;第四是有关跨学科方面的与本书相关的文献。

（三）象学研究法

民居是人的家,它是生活界[①]的基础。"就现象学来说,家是一种结构。按照海德格尔的解释,居住涵括了我们生存的过程以及身处的地方,是我们个人的与群体的'世界'和'家'"（西蒙,1989）这样现象学就为居住的研究提供了一个出路,让我们回到日常的环境经验与行为的实在本质,而居住活动本身即是一种日常活动。在这个日常活动的世界里有许多习以为常的现象,以至于被忽略,一旦这些现象被关注时会产生"陌生感",或是对现在来说,那些过去的生活就显得有些异常,然而这些现象往往反映了其当时存在的意义,它连接人与环境,关联过去、现在和未来。中国传统民居建筑装饰图形这些在过去时间遗存的人的活动的非语言符码现象的这一结果,蕴含着怎样的真实,现象学研究方法的介入可以为本书提供探究解读的另一条道路,开阔了中国传统民居建筑装饰图形及其传播研究的广度。

现象学研究的方法也能为文献研究提供可供参考的借鉴,仔细研读第二手的文本,如与中国传统民居建筑装饰图形相关的雕塑、壁画、图案、各种记录的历史文献等,我们可以通过探究它们产生的环境、场所和行为精神,通过深思熟虑的反省现象,去洞悉这些建筑装饰图形语言的潜在含义。

（四）文本分析法

文本,查溯词源,其义解为编制的东西。有类似于汉字"文"所表达的概念。所谓"文"取象于人,可谓纹身,亦可谓花纹。《说文解字叙》载:"仓颉初作书,盖依类象形,故曰文。""文者,物象之本。"也就是说客观事物所具有的色彩、肌理、纹路等视觉表象,都可以以"文"来指代。例如,《周易·系辞下》载"观鸟兽之文",记的就是伏羲氏观看鸟兽身上的花纹彩羽事情,该书又将物体的形状、线条色彩相互交错记载为"物相杂故曰文"。这些都是"文"字语义的佐证。

文本是一个非常宽泛而又难以定义的概念,尤其是与传播、阐释等发生关联的时候更是如此。文本,在语言学家看来,就是由一系列字、词串联而成的连贯的语句序列,它们构成作品可以被人们所感知的表层结构;文本,在解释学意义上,按照法国著名哲学家,现象学、诠释学的

[①] 它是现象学先驱胡塞尔提出的一个概念——life-world,国内多译成"生活世界",与之同义的有"周围世界"和"生活周围世界"（倪梁康,1994）。

重要代表,文艺理论家保罗·利科所下的定义则表达为"通过书写固定下来的任何话语"(利科尔,1987);在符号学视角下的"文本"则表现为可以视觉感知的符号。其中,能指表现为实际的语言符号和由它们所组成的字、词、句子、段落等,是语言符号的物质形式;所指是语言符号所反映的事物的概念和意义,是建立在约定俗成的基础上的客观表达。对于可视觉感知的"文本"而言,这些符号的物质形式具体表现为点、线、面、体和色彩等。因此,对文本的解读要体现出以人为本的理念,把握住其开放性、多元性、历史性、现实性、生成性等个性特性,避开文本研究的误区,通过交流实现对文本的理性评判。

文本分析适用于个案研究,虽然它包括多个研究的传统,但共同的特点之一都在于选择特定的媒介内容进行深入解读。文本分析的理论资源来自阐释学和人文主义,早在文艺复兴时期欧洲学者就进行了文学批评,后来发展到很多人文社科领域。文本分析的研究方法之于本书,可以帮助挖掘中国传统民居装饰图形文本的表层下那些不能被解读的深层意义。

(五)"缀合"的研究方式

跨学科的学术研究很难停留在单一学科领域从而实现对研究对象的学术关照。符号传播学视域下对中国传统民居装饰图形研究很难具体区分这样的研究究竟具体归属于哪一个学科,这是其一;其二,在可以归类的学科谱系里,中国传统民居装饰图形仅是建筑学学科一个细小的分支,中国传统民居装饰表面上看似是对建筑体为主体进行保护、美化,实则这样课题势必牵涉到中国传统民居历史的居住形态和居住文化的研究,要求综合各种因素,包括人、自然、社会、建筑的结构、功能等有关的建筑学、历史学、社会学、美学等学科的知识储备来解读表象下的真实内涵,而中国传统民居装饰图形的非语言符码的话语特征和新兴的传播符号学研究的领域在很多方面又有令人惊奇的吻合,在中国传统民居聚落里,建筑装饰图形符码的意义可以引申为地域的代表及人和自然共和谐的象征。这一点和"符号学学者卡西尔说:人是符号的动物。人类的传播活动体现为符号的交流过程,而符号又总是和一定的意义联系在一起。在逻辑学中,符号一般称为概念符号。因此,与概念的内涵和外延相对应,符号也具有内涵意义与外延意义"(郭庆光,1999)基本相同。这些真实意义的获得势必要求多学科之间的合作、交融,决定了本书在研究方法上要有"整体观念",建立以传播符号学、建筑学、美术学为中心的多学科结合的广泛视野,借用学科间视域、对象、方法等优势融会贯通地研究,也就是说将多种学科的学术取向缀合在一起,才能在研究中实现对中国传统民居装饰图形建筑学、传播学、美术学等学术层面的兼顾。

第四节 研究的目的和意义

中国传统民居蕴含着丰富的历史文化遗产,它是文化的物质载体和存在形式。不同时代、聚落的人们生活方式、风俗习惯、审美情趣决定了中国居住文化和传统装饰装修风格的多样性、复杂性。装饰图形通过对民居建筑的装饰,直接反映了普通民众的信仰和理念,极大地丰富了古建筑民居装饰艺术的内涵。中国传统民居装饰图形作为一种艺术语言,保存着大量的文化信息,体现了中华民族文化渊源传承的重要方面,从而最本质地表达着中华文化的血脉精神。

中国传统民居建筑在工程技术上延续了几千年的中华传统,在它的发展过程中,民居建筑本身已经演变为复杂的艺术系统。"民居"一词最早出现于《周礼》[①],意指平民百姓居住的建筑。"民居建筑"的概念源于刘敦桢先生,他在考察我国云南、四川等地的古建筑民居后,于1941年在其学术论文《西南古建筑调查概况》中首次将民居作为一个建筑类别提出。中国古代民居建筑分类已知的类型,如北方的四合院、西北的窑洞、西南干栏木楼、客家围屋、云南民居、江南水乡、徽州民居等,都是代代传承下来的宝贵民居建筑文化遗产。民居建筑的功能在于最大限度地满足普通民众的使用要求,它是特定时代的聚落居民在历史发展过程中,适应自然环境、满足自我需求的自发的营造,这就使得作为文化传播载体的民居建筑及其装饰具有广泛的大众交流和传播的基础。

在民居建筑发展的历史中,中国传统民居表现出丰富多样的构造形式和各异的特点,显示出诸多因素之间复杂的相互作用和影响。根据考古的发现和文献研究,人们可以追溯的已知民居建筑可以到殷商甚至更为久远的年代。田野调查和文献研究表明,隋、唐、宋、元时期的民居建筑实物、遗迹较少,且相关文物、文献有限,现存的传统民居建筑大多为明、清和民国时期所构造,并一直影响着当下人们的生活。中国传统民居建筑作为文化的载体,不仅要依靠群体的规划布局、环境空间的安排、房屋的整体形象的设计来传达其内在的精神气质,同时还需要装饰来提高文化品位和精神境界。事实上,后者在以人的活动为中心的民居建筑空间中,更能体现人本能的需求。各地域、聚落民居装饰明显的差异可以因地理气候条件的不同、地方材料和传统的构造技术与方法的不同、环境的不同、宗教信仰的不同等而使装饰样式的风格不同。但人作为整个构造活动的主体,在长期的生活实践过程中,他们所注入在建筑装饰中的有关社会、历史、文化、民族、民俗、美学等诸多内蕴意义的视觉图形语言——通过艺术生产加工编码后产生意义的视觉符号,会以一种稳固的语言形态被传播、被继承下来。这些深深烙印着中国式审美的装饰图形在表达上以隐喻、象征的手法,把它的内涵合乎逻辑地外延出去。也就是说,民居建筑装饰借助于实物、雕刻、绘画及各种装饰材料等媒介手段,以形象化的图形符号语言来传达其象征的内蕴意义,表现出人们对生命、对其生存的世界的独特解释,实现文化的交流和传播。

在当代社会中,随着生产力水平的提高,人们的物质生活和精神生活都发生了很大的变化。自1984年中国实行现代城市化政策后,在中国大地上掀起了建设的热潮,我们的城市犹如一个巨大的工地,以极快的基建速度、庞大的数量改变着原有的城市面貌。这种现代化建设的进程还以政策规划的形式,将广大的农村纳入城镇化建设的轨道。大规模的城市和城镇的建设充满了机遇与挑战。建筑装饰文化在当今的社会现实中,由于经济建设速度、地区差异、城市化进程不同及人们的思想观念、外来建筑文化与传统文化的冲突等,在新文化建设上面临着许多前所未有的困难,尤其是在中国传统民居装饰的继承和发展的问题上更是如此。不可否认,在设计领域里的普遍主义、民族虚无主义和中国现代建筑设计本身缺乏创新和发展的倾向,导致了中国传统装饰文化发展呈急剧衰微之势,特别是在有些新农村建设项目中粗暴的铲

---

① (汉)郑玄.周礼注疏.卷十.周礼·地官。

平重建的方式,盲目损毁多年保存的传统建筑而代之以千篇一律的砖混结构的方形居屋,彻底割裂了民居建筑的精神传承和文化血脉。这是问题的一个方面。另外,我国城镇化水平的提高是以小城镇全面发展为主要内容和特征显现的。例如,1978年中国改革开放后,在全国范围内设有建制镇 2 173座,至 2004年,建制镇总量达到 19 883座,平均以每年 681座建制镇的发展速度持续增加,在世界城镇化历史上,这种发展速度是绝无仅有的。统计数据表明,2004年全国范围内共有 20 135万人被现行的建制镇所吸纳,占 6亿全国城镇人口总数的 30%,呈现出大城市、中小城市、小城镇三部分城镇人口分布三分天下的格局,在我国城镇化过程中占有相当重要的地位。至 2010年4月,平均每座建制镇镇区人口规模达到或超过 1万人左右。这些数据表明,当下社会消费于建筑装饰文化的人群规模是多么的复杂和庞大。那么,如何构建多元、理性、大众参与的民居建筑消费观念和应用形态也就成为亟待解决的问题。许多专家学者针对上述问题进行了深入研究,产生了一批有价值的研究成果。作为一名对中国传统民居装饰图形有浓厚兴趣和深厚感情的艺术教育工作者,在中国传统民居装饰继承和发展的问题上,笔者给予了长期的关注,并从一些专家学者的研究成果中吸取学术养分,认识到当前研究大多是从建筑学、社会学、美学、艺术设计学等专业领域及人居学研究的视野进行的,而从传播学视角对中国传统民居装饰图形及其传播进行关注,到目前为止还没有发现具体的研究成果。

传播学是 20世纪 30年代以来跨学科研究的产物。它发端于美国,并迅速在世界各地产生广泛的影响。作为一门研究人类传播行为和传播过程发生、发展规律的学科,传播学和其他社会科学学科有着紧密的联系。"传播学之父"施拉姆在前人传播研究的基础上,于 1949年编撰出版了第一部权威性的传播学著作——《大众传播学》。自此,传播学研究的触角探向了更为广阔的学术领域。人们依据传播内容的不同性质,将大众传播划分为政治传播、经济传播、文化传播等,随着传播学具体实践的应用和传播学研究的深入,在与其他学科交融的同时,会产生许多二级学科,如由文化传播学派生出的艺术传播学、传播符号学等。这些使得传播学研究的领域不断得到拓展。传播学自 1978年传入我国,至今已 30多年了,在这短短的 30多年里,传播学研究取得了很多令人瞩目的成绩。毕竟,作为一个外来学科,它在我国研究的历史不是很长,从而导致研究的领域存在许多空白点,如中国传统民居装饰图形及其传播等。作为中华文化瑰丽的宝贵遗产之一的中国传统民居装饰图形历经历史的风雨保存至今,人们大多只是从建筑学、美学、艺术设计与具体应用的视角来研究它的外在形式方面的内容,缺少从传播学视角、从传播符号学的角度加以分析研究人作为主体的编码解码的活动,挖掘图形符号所隐藏的人文精神、象征意义及内蕴意义的信息交流和传播,缺少对装饰图形文本的解读和将其作为媒介的文本研究,从而探究它传播的范式和内在动因。因此,开展中国传统民居装饰图形及其传播的研究,有利于丰富传播学研究的领域,拓宽中国传统民居研究的视野。

通过传播学视角对中国传统民居装饰图形及其传播进行研究,可以丰富中国传统民居装饰图形研究的方法和理论视角。在研究过程中,需要以人为本,超越中国传统民居装饰图形美学规范性研究的范畴,考察它作为艺术的社会效果和文化的功能特性,揭示出特定时代、聚落等既定框架下,民居建筑构造中所体现的由艺术创造和艺术接受共同参与的装饰图形信息编码和译码的交流过程规律。通过研究,我们可以进一步理顺中国传统民居装饰图形符号"内蕴意义"传播表达的观念结构系统,并使中国传统民居装饰图形非语言符号进一步实现普适性、共享性和交流、认知功能的突破,因地制宜,与时俱进,对扩大其优秀文化遗产传承和应用实践的范围,促进开发利用,构建理想人居生活有着积极的意义,从而勾画出中国传统民居装饰图形及其传播的理性画卷。

第二章
中国传统民居装饰图形文化信息的内涵特质

中国传统民居装饰图形,在中国经历了漫长的历史过程。中国传统民居建筑是人类最早、最原始、发展最持久的和人类生活最紧密相关的建筑类型,保留了大量有关政治、经济、文化、生产、生活、哲学、美学、伦理道德、风俗习惯和宗教信仰等方面的信息,这些信息往往以装饰的方式,以传统民居建筑为媒介载体,通过可视的、符号化的装饰图形艺术语言,在几千年的时间和广阔的空间里承载、传播,形成独树一帜的中国传统文化景观。

第一节　中国传统民居装饰图形的文化特征

中国传统民居装饰图形是中国传统民居建筑中非功能性的要素,它表现出人们在心理层面上追求美感、装饰建筑、传承文明的特性,是人们生活和思想观念意识所释放的形式。作为一种装饰艺术,它以理想化、秩序化、规律化等审美形式法则为准则,美化建筑及其相关事物以达到人们对于装饰的精神要求;作为一种文化,它是中国传统文化的重要组成部分,是在中国传统文化发展过程中不断创新发展、与时俱进的文化传播的产物,是不同历史时期人们的社会生活、思想情感、内在信仰及审美以建筑的形态物化的表达。显然,在中国传统民居装饰图形理性视觉图形表象下蕴含着丰富的中国传统文化内涵。表 2.1 为关于中国传统民居分类、分布地区和基本特征的调查表,借此来展开对中国传统民居装饰图形的文化信息特征的分析。

表 2.1　中国传统民居分类、分布地区和基本特征(单德启,2004)

名称	分布地区	平面和空间特征	造型特征	材料、结构、色彩	聚落特征	精神中心或交往中心	备注
四合院	京、冀、晋、辽	中轴对称,前后院,正厢房,平面方整封闭	双坡,硬山,筒瓦	砖木抬梁结构,灰墙青瓦	坐北朝南,街坊胡同式按轴线组合	单体正房祭供奉祖	
闽南四合院	闽东南、粤北、台湾	中轴对称,多层套院,平面方整,封闭,有护厝	多双坡硬山,蝴蝶瓦,屋脊起翘大,封火山墙,优美	传斗木色,有砖,石板、土等多重材料,装饰华丽	散点,三点聚合和街巷毗邻组合	厅堂主灵供奉,聚落有妈祖庙等	院落式建筑
土楼	闽南、粤北	方形,圆形集团民居,中轴对称、封闭式内庭院	堡垒式圆筒或方筒状,外实内虚	青砖青瓦或夯土厚墙,木坡瓦架构	散点聚合	院内有家庙	

名称	分布地区	平面和空间特征	造型特征	材料、结构、色彩	聚落特征	精神中心或交往中心	备注
徽州民居	皖南、赣东北	方整封闭,中轴对称,半敞开厅堂连狭窄天井,多为二层	粉墙青瓦,马头墙组合,大门罩	空斗砖木穿斗架与抬梁架混合结构,多砖石雕、木雕	多沿溪线状组合,聚落密集,街巷狭小,青石板路	厅堂供奉,聚落外有水口,内有祠堂,多石牌坊	院落式建筑
竹楼	滇西南、傣、景颇等地区	矩形,架空二层,多挑台挑廊,开放式院落	歇山式四坡大屋顶,上实下虚	20—40根竹木支撑,穿斗架草或瓦顶,竹墙	村寨团聚组合	二层正房火塘禁忌,聚落井台、庙宇为交往中心	楼居式建筑
干栏木楼	桂北、黔东南湘西、鄂北等地区	矩形,架空二至三层,多挑台挑廊	双坡大歇山顶,多有山墙大坡檐,上实下虚	穿斗架木构木板墙,瓦或树皮顶,瑶族为竹干栏	多沿山坡密集聚合,侗家多住河槽,故寨边有风雨桥	侗族鼓楼和鼓楼坪、戏台,苗族芦笙柱、芦笙坪,均有火塘	
吊脚楼	川西峨眉、重庆;浙东山地水乡等	平面方整但多挑层,加接空间分隔极灵活	带大坡檐,双坡悬山顶	木穿斗架,木或竹编泥墙,小青瓦或树皮顶	沿山坡或河谷走向,灵活组合聚落		
沿崖窑	豫、晋、陕、甘丘壑地区	在天然山坡凿窑,常数穴相通,可窑外围场院	拱券符号	生土券洞券门,亦有以砖石加固保护,黄土色调	沿等高线横向展开多层聚合		穴居式或生土建筑
土筑房	滇中哀牢山彝族地区	矩形平面,一明两暗,土围墙围合场院	平顶或缓坡顶,有山墙或后墙顶上升起耸状	土坯或夯土墙,木架构或硬山搁棕泥顶,黄土色	平原聚落,山丘散点布置		
碉房	西藏、青海、四川藏族地区	内天井周围房屋,二层以上,周边围廊	堡垒状,石岗形象,厚重、较封闭	石块砌筑,木架泥顶,平顶	沿山坡聚集,城镇街坊组合	室内供奉神龛,聚落有喇嘛庙	

一、中国传统哲学与传统居住观

中国传统民居装饰图形是以中国传统民居建筑为基源、以中国传统文化为根基所形成和发展的。自有生民以来,人们一直为追求衣、食、住、行的满足而努力,其中,居所的安定成为其他三者的保障,并在后来漫长的人类发展过程中,逐渐发展出多种多样的住宅建筑样式。

表2.1的调查表明,在我国,那些可供住居的传统民居建筑因为受地域、民族、时间、社会形态等因素的影响,不断演进,成为相互差别、特征鲜明的建筑形式和装饰。

显然,装饰图形作为美化传统民居建筑的富有寓意的视觉符号,是中国传统民居装饰的主要艺术语言和装饰手段,在漫长的历史发展过程中形成了非常复杂的特性。从传播学的角度来审视,装饰图形赋予传统民居建筑功能以外的形象和诗意般"表情";它通过视觉的艺术语言,借助自然物象、民俗生活、生存理念、哲学观点等题材内容,表现出人与人、人与社会、人与自然之间的关系和内在逻辑,实现人们的情感展露;它通过象征、比喻等艺术手法,对包含特定意蕴的表现对象、表现内容进行具象、抽象和符号化的视觉表达,建立起一系列有关中国传统文化的审美传播、交流、接受的法则和艺术符号体系等,以起到人们进行情感交流和装饰传统民居的作用①。总的来说,在它的装饰艺术实践中,它的建造者们根据"于形中立意"的装饰理念,赋予了这些装饰图形以深刻的文化内涵,使每幅图形都有了特定的民俗含义,达到"图必有意,意必吉祥"的境界(李仓彦,1991)。

依据上述调查,在针对中国传统民居装饰图形的研究性分析和思考中,不难发现,与中国传统民居建筑相关的大量纹饰、图案、装饰性绘画和雕刻图像等,是不同时期、不同社会、不同地区和不同观念意识及具体需求的产物,它们往往经由时空的迁徙、历史的变革、文化的融合和艺术的扬弃轨迹,以达到公共化或社会化传播的目的。因此,中国传统民居装饰图形艺术传播,离不开中国传统文化的属性和特质,作为物化的中国传统民居建筑装饰图形,必然受到中国传统文化、哲学观念的深刻影响。下面从三个方面进行分析。

(一)"师法自然"的营造思想

中国传统民居建筑的生态哲理深受传统哲学思想的影响,追求人居环境与自然形态的融合,追求民居建筑"秩秩斯干,幽幽南山"(《诗经》)这样的浪漫意境(图2.1)。在实践中,从最初的居住环境选择与营造,到后来人们居住形式的不断改进,均是在"崇尚自然""师法自然"营造理念指导下的实践行为,体现出在中国传统社会,人们对居住和环境关系的较高水平认识,其中有记载的有以下几处。

图2.1 江西婺源沱川理坑村头

《周易正义·系辞下卷八》载:"上古穴居而野处,后世圣人易之以宫室,以栋下宇,以待风雨,盖取大壮。"

《道德经》第十一章说:"凿户牖以为室,当其无,有室之用。"

《归田园居》(晋·陶渊明)云:"方宅十余亩,草房八九间。榆柳荫后园,桃李罗堂前。暖暖

---

① 装饰的特性,显示了纹饰、图像与人(社会)赋予它们的意义,以及创作者的主体情感、意志之间极为丰富、复杂的关系。奥斯卡尔·古尔夫指出:"'装饰物'不同于'结构物',也不同于'模仿物'。或者说它既不同于机能性的(功能)实用美术,又区别于再现性的造型艺术。从而,在与机能性对立中否定了装饰,又与再现性的区别中确认了装饰的独特价值。"(野海弘,1990)

远人村,依依墟里烟。狗吠深巷中,鸡鸣桑村巅。"

这些思想最为典型,对后来中国传统民居建筑及其装饰的影响极大。

具体地说,人们在营造住宅的过程中,依据"师法自然"的建筑理念,十分重视地形地貌、采光透气、山水距离等环境因素。他们认为居住环境的好坏,不但关系到居者自身的安危、身心的健康,还关系到其子孙后代的兴衰,由此形成了众多的诸如"地之美者,则神灵安,子孙昌盛,若培植其根而树叶茂"的实践经验,并以此来指导营造的实践活动。研究表明,摒开那些营造过程中受到主观因素影响较大的殿宇庙堂建筑,唯有中国传统民居建筑,在营造理念上,以天学、地学、人学为依据,根据不同地域环境、生活方式和民俗习惯,"师法自然"地来构造和装饰风格迥异的民用住宅形式。

(二)"中庸理性"的平衡发展

"中庸之道"是儒家文化的精髓,也是中国文化的精髓。作为一种方法论,它已经深深渗透到了与中国文化有关的每一个元素和成分之中,中国传统民居营造与装饰也不例外。

"中庸"一词语出《论语·雍也》:"中庸之为德也,其至矣乎!民鲜久矣"。在这里,孔子认为,中庸乃至高的道德修养境界,长久以来,很少有人能做得到。对于中庸,一种是汉代的郑玄解注:"中庸者,以其记中和之为用也;庸,用也。"意即中庸就是中道之运用。另一种解释来自南宋朱熹,他认为:"不偏之谓中,不易之谓庸。中者天下之正道,庸者天下之定理。""中庸者,不偏不倚,无过不及,而平常之理,乃天命所当然,精微之极致也。"也就是说,"中"是一种凡事都追求不偏不倚、无过不及的最为恰当的状态;"庸",则是说这样做是不可更易的常理。简言之,"中"是一种常理。这两种解释,在"中"为中道的含义上没有差别,只是在"庸"的含义上存在一点非本质性的分歧。

无论对"中庸之道"的解读怎样,"中庸理性"的平衡发展使中国人的民族性格趋于内向平和、宁静含蓄。在传统民居建筑及其装饰上,也遵从这种理性的精神,"择中而居""居中为大",这样才能达到"中正无邪,礼之质也"(《礼记·乐记第十九》)的目的。在建筑中,"中正无邪"的单体和群体的布局,就容易显示出尊卑地位的差别与和谐的秩序,中轴线的介入,有助于建筑、房屋尊严、礼仪的排列布置,这样就避免了刻意去表现那些神秘、紧张的灵感、感悟和激情的冲动,而是以平衡、理性的发展观提供明确、实用的居住观念和生活情调,儒家宗法礼制的思想据此在建筑和装饰中表现得淋漓尽致。

以北方民居建筑四合院为例,中国传统民居建筑大多数是在"家"的概念的基础上进行的。通过建筑环境的选择,房屋的营造和装饰,把儒家的中庸之道、道德伦理的价值观转化为实用的和审美的意识,将民居建筑和装饰的审美观念纳入理性的支配之下,使儒家精神成为传统民居建筑和装饰的最为重要的特色之一,如图 2.2 所示。四合院的格局一般分为前后两院,前院又称之为外院,设置厨房客房一类,仆从杂役居于此。后院也称内院,为主人和家人居处。在房屋结构和位置安排上,中轴线上的堂屋规模最为尊贵,供奉"天地君亲师",以接待尊贵宾客、举行家庭仪式。处于堂左右的耳房为长辈居室,晚辈则居左右的厢房。内外二门与中门相同。正所谓"男治外事,女治内事,男子昼无故不处私室,妇人无故不窥中门,有故出中门亦必拥蔽其面"(宋《事林广记》)。这些都充分说明,传统四合院在营造上,以"中庸理性"为指导,按照儒家思想的宗法和礼仪制度,依据家族成员的结构(李秋香 等,2010b),组合出有层次秩序的前

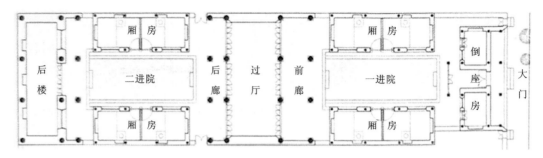

图 2.2　山西襄汾县丁村四合院平面布局图(李秋香 等,2010a)

后院落,在空间格局上确立明确的中轴线,据此表现出民居建筑群体组合中渐次递进的层次感,形成中轴对称,向心朝内的内院家族建筑组合体(图 2.3)。其中,堂屋成为家庭生活的中心,为精神中心或交往中心,是礼仪性建筑。其他居室按尊卑不同,长幼有序,形成一定的对称关系。在众多的庭院中,花园的建造则较为灵活,追求"自然天成"的审美自觉,因而显得较为轻松自由,显示有别于其他建筑部分的特点。在中国传统民居其他样式的建造形式中,这种营造的理念非常普遍。总的来说,中国传统民居的营造不可能脱离"中庸"思维的理性。

图 2.3　浙江建德新叶村有序堂平面布局图

（三）"天人合一"的终极追求

"天人合一"是中国古代哲学思想的重要组成部分。《周易·系辞传》曾经这样描述："天地之大德曰生。"贲卦的象辞上讲："刚柔交错，天文也。文明以止，人文也。观乎天文，以察时变，观乎人文，以化成天下。"汉代硕儒董仲舒在《春秋繁露》中也明确提出了"以类合一，天人一也"的观念。在中国历史上，古人所谓的"天"有多种含义，归纳起来至少有三种：其一是主宰之天——赋有人格神义；其二是自然之天——赋有自然界义；其三是义理之天——赋有超越性义、道德义。由此，"天人合一"的思想即可获得顺应自然、师法自然、神权天授三个层面的演绎，实现人与自然（天地万物）本质同一、主客一体的终极追求。

儒家对天地敬若神明，伦理次序是天地君亲师，其仁政的核心就是天道、人道合一，这种"天人合一"思想体现在传统民居建筑上，表现为强调建筑与周围环境的统一和谐，在建筑的平面布局和建筑空间的组织结构上表现为集中性、群体性、秩序性、教化性和整体性的统一。从上述的传统民居四合院的案例分析中，不难体会到在"天人合一"的终极追求中，传统民居建筑那种等级鲜明、崇高威严的整体性，层次鲜明、秩序井然的秩序性和礼乐相济的教化性的特点，在传统民居的装饰上，也多历史典故、神话传说、民俗生活等题材内容，借此"成教化、助人伦"（张彦远《历代名画记》），达到满足道德教化和美化人们生活的目的。

道家对"天人合一"更是推崇，《道德经》第二十五章中说："故道大、天大、地大、人亦大。域中有四大，而人居其一焉。人法地，地法天，天法道，道法自然。"管子认为："人与天调，然后天地之美生。"庄子亦强调"以人合天"。道家这种"天人合一"的思想同样深刻地影响了传统民居和装饰的建构意匠。一方面，人们借助追求自然天然质朴的美感，在建筑形制和装饰上，通过模拟、仿像的手段来达到目的，建筑装饰中屋脊、檐、墙、门等不乏这样的实例（图2.4）；另一方面，别具匠心，表现为与自然直接融合，与山水环境契合无间，宛若天成，予人以自然质朴、宁静致远的美感。在装饰上，和自然界有关的风雷雨电、日月云霞、虫鱼瑞兽等，都以一种非常自然合理的状态，出现在传统民居建筑之中。

综上所述，中国传统民居建筑及其装饰图形的艺术处理在传统哲学思想的影响下，充分体现出追求"以人为本""天人合一"的创造精神。这样，建筑就不能仅仅理解为人们遮蔽风雨的居住场地，也应理解为人位灵魂的庇所。因为人是在这个空间里面活动的主体，所以中国传统民居建筑考虑"人"在其中的感受更重于"建筑物"的表现，强调"实用理性精神"。建筑的体量以人体尺度为原则，以"适行""便生"[①]为目的，那么，传统民居建筑的装饰就能通过图画、象形、表意、表音等视觉艺术形式表达文化内涵。使"以人为本""天人合

图2.4　河北省井陉县于家
石头村之石敢当

---

① "适行"与"便生"是中国传统建筑中实用的营造观点。"适行"是以"度"为基础的。"度"反映的是建筑物的尺度、体景、造型及施工过程中的重要参数。"便生"则有便于现世的人、便于生活的双重含义。

一"的追求,经由传统民居及其装饰成为艺术化的物化结果。

就中国传统民居装饰图形而言,在装饰手法上,它将自然物象加以规则的变形,通过象征、寓意、比拟、命名、谐音和文字变体等途径赋予题材、内容以某种象征的意义,并以装饰的手法依附于民居建筑。这充分体现了在传统哲学观念影响下,装饰理念对自然、创造主体及审美接受主体之间和谐统一关系的追求。并逐渐形成了汉代古拙粗犷、唐代气魄宏伟、宋代纤巧秀丽、元代雄健豪迈、明清规范化和程式化的装饰特点。同时,在广袤的中华大地上,形成了北国的淳厚、蜀中的朴雅、塞外的雄浑、江南的秀丽、云贵高原的绚丽多彩等地域性特色。

二、中国传统民居装饰图形审美意蕴中的传统文化

中国传统民居装饰图形是伴随中国传统民居的出现、发展生成的。它作为"可技术复制"的艺术样式,有着人数众多的、成分复杂的"异质群体"[①]的受众,具备大众传播的特征。它作为一种建筑装饰,在满足建筑功能需求的同时,起着人伦教化、文化传承、满足人们精神生活与休闲娱乐需求的作用,并运用可复制的技术进行广泛社会化的传播。

作为传播的客体,装饰图形是一种人工化的视觉文本。一方面,它受中国传统文化的影响,是被赋予了意义的人工视觉符号,它通过人们在艺术生产实践活动中所创造的艺术形象,将包含中国传统文化内容的审美意蕴以象征的手法进行表达,从而使它有别于自然的存在物和一般的人工物品;另一方面,它用表象的视觉符号语言——诸如点、线、面、色彩等,将中国传统文化以视觉语言的表达方法在建筑体上具体化、物态化,从而获得"有意味的形式"[②]。

作为文本,中国传统民居装饰图形通过象征等方式以实现意义的传播。英国学者斯图亚特·霍尔指出,表征作为一种构成主义的途径,它"经由语言对意义的生产"(霍尔,2005)。"通过它,一种文化中的众成员用语言(广义地定义为任何调配符号的系统,任何意指系统)生产意义"(霍尔,2005)。"按照构成主义的观点,表征意为创造意义,它通过在三种不同系列的事物——我们宽泛地称为物、人、事及经验的世界;概念的世界,即盘绕于我们头脑的思想概念;以及编入语言的、'代表'或传递这些概念的符号——间建立联系达到的。"也就是说,表征的运作是在:一,现实世界中物、人、事;二,观念世界中的概念、思想和经验;三,符号世界中的符号和符码,这三个世界中创造意义的。据此,中国传统民居装饰图形是可以用来作为表征人们对现实世界的感受的象征符号,以象征手法用来表达中国传统文化精神结构和价值指向的内容的隐喻和表征。

中国传统民居装饰图形的视觉语言是以中国传统文化为基础进行创造的,并构成它进行文化传播象征符号独特的体系和形式。马克思认为:"动物致使按照它所属的那个物种的尺度和需要来进行塑造,而人则懂得按照任何物种的尺度来进行生产,并且随时随地都能用内在固

---

① 所谓异质群体指的是和中国传统民居建筑使用相关的历代有着各种特点、各种职业、各种文化背景的群体成员。

② 这是英国艺术家克莱夫·贝尔著名观点。他在《艺术》一书中指出:"在各个不同的作品中,线条色彩以某种特殊方式组成某种形式或形式的关系,激发我们的审美感情。这种线、色的关系和组合、这些审美的感人的形式,我视之为有意味的形式。有意味的形式就是一切艺术的共同本质。"他强调,艺术的本质就是形式。例如,中国传统民居装饰图形中的抽象几何纹样,它们大多数是经由有具象写实而渐变演化为抽象化、符号化的形式。即由模拟再现到象征表达,由具象到抽象的过程。它直观地反映了由内容到形式的积淀过程,这里的内容就是以中国传统文化为代表的原始自然形式化的形成过程。因此,中国传统民居装饰图形美的形式不是一般的形式,而是包含观念的、想象的中国传统文化精神的有意味的形式。

有的尺度来衡量对象;所以,人也是按照美的规律来塑造"(马克思,1979)。这个观点表明,人们不仅能够按照美的规律来创造艺术作品,也能依据美的规律来欣赏艺术作品。事实上,千百年来,中华民族在其生存的世界里,以卓绝的智慧和辛勤的劳动创造出来的这些传统的民居装饰图形,早已被明确了特定的审美意义和审美情感的意指指向,形成了其古老而又独特的视觉符号系统,并以此来实现传统民众生活理想的视觉展演,传播思想、传播文化、传播文明。

（一）中国传统民居装饰图形审美意蕴中民俗文化

中国传统民俗是中国传统文化的重要组成部分,是中华民族在特定的自然环境、社会结构、经济方式、政治制度等因素的影响下,所创造、共享和传承的有别于其他国家和民族的风俗生活习惯。

英国学者爱德华·伯内特·泰勒(Edward Burnett Tylor,1832—1917)关于文化的定义是:"文化或者文明就是由作为社会成员的人所获得的、包括知识、信念、艺术、道德法则、法律、风俗以及其他能力和习惯的复杂整体。就对其可以作一般原理的研究的意义上说,在不同社会中的文化条件是一个适于对人类思想和活动法则进行研究的主题"(哈里斯,1992)。在中国,文化的概念包含"文治和教化"的意思,使人"发乎情止于礼"。例如,典籍《说苑·指武篇》载:"圣人之治天下,先文德而后武力。凡武之兴,为不服也;文化不改,然后加诛。"南齐的王融,在《三月三日曲水诗序》也道:"设神理以景俗,敷文化以柔远。"

中国传统民俗作为一种特别的文化,一方面,它以物化的形式反映创作者的思想意识、价值取向;另一方面,它又以精神文化来活动主体的发展意识。由此形成中华民族特有的物质民俗和非物质民俗两大存在形态;物质民俗——即以具象形态而存在的民间交流,包括居住、服饰、饮食、生产、交通等;非物质民俗——则指以人们的语言、行为活动等形式存在的民俗文化,包括人们的巫术信仰、道德礼仪、岁时节日、游艺竞技等内容。

中国传统民居装饰图形与传统的民俗文化密不可分,作为内涵极为丰富的视觉形式,民俗文化对其语言的建构有着深远的影响。在它独有的文化含义系统中,它以视觉化的语言建立可供交流的公认的法则系统来传递意思。所谓公认的法则系统是在民俗文化背景下,通过中国传统民居装饰图形图式化的语言符号,建立的民族成员可共同感知的视知觉样式为外在表现形态的文化意指系统。在这个意指系统中,中国传统民居装饰图形作为可以进行传播交流的视觉语言符号,成为涵容一定时代和地区文化信息的载体,与其审美接受者的内在感知和认知过程紧密相连,构成其视觉符号系统中对中国传统民居装饰图形表达语义结构的多层次解读。例如,在我国历代民居建筑的装饰中,人们大都喜欢用赋有象征意义的图形来装饰居室。题材内容十分广泛,其中,"鸳鸯戏水""龙凤呈祥"等吉祥图案可象征婚姻美满、幸福,而"兽吻"装饰屋脊则能驱灾灭祸,鱼饰暗示年年有余,松鹤则表延年益寿,在门上使用铜钱搭扣可比喻伸手有钱,下槛的蝙蝠形插销,则喻有足踩福地之意,凡此种种。这些装饰图形所比喻之意和朴素的意念,都能很好地反映人们运用符号意识,通过装饰图形符号的诸如谐音的民俗约定和象征等公共语言法则进行编码和解码,来表达了他们追求美好生活的希望和理想。

中国传统民居装饰图形所形成的视觉语言法则是长期以来人们"共同生活"交流过程的结果。"文化传播中传播的功能就是保持个人主义和集体主义力量的健康平衡,提供一种身份的共享感,而这种感觉保持个人的尊严、自由和创造力。在有着共享身份的文化传播中,维持两个次级的传播过程(①创造;②确认)的平衡可以得以实现"(爱门森,2007)。民俗文化的影响在人们"共同生活"能够得到全方位的体现,人们的衣、食、住、行等皆能展现民俗文化的烙印,并作为民居建筑装饰的题材内容,折射于中国传统民居建筑装饰的各个方面。传统民居建筑的功能和形制有些就是直接源于民俗文化,人们的节日婚丧聚会、酬神唱戏、祛凶祈愿等民俗活动也直接影响着建筑的造型、空间组织和装饰。尤其是作为表达语言丰富的装饰图形,它们形式多样,内容丰富,分布在传统民居建筑的屋顶、门、影壁、檐柱、窗户、家具等各种部位,充分体现了"建筑处处有图纹"的传统民居特点,反映着中国特色的民俗艺术风格和民族风情。

(二)中国传统民居装饰图形审美意蕴中儒家文化

《汉书·艺文志》载:"儒家者流,盖出于司徒之官,助人君顺阴阳明教化者也。游文于六经之中,留意于仁义之际,祖述尧、舜,宪章文、武,宗师仲尼,以重其言,于道为最高。"也就是说,儒家学说自孔子以来,以"仁"为学说的核心,建构了包括孝、悌、忠、信、礼、义、廉、耻等内容的伦理思想结构,以"中庸"为思辨方法,提倡"德治",重视"人治",维护"礼治"。在后来两千多年的中国社会里,经历代统治者的推崇以及孔子后学的发展和传承,逐渐成为延续最长、影响最大、传播最广的主流哲学思想,并对中国传统民居建筑及其装饰产生广泛而深刻的影响。

中国传统民居装饰图形的建构与儒家文化相辅相成,一方面,儒家文化给中国传统建筑及其装饰注入理性的灵魂,通过对人们思想、观念、情感的影响,形成了儒家文化独有的传统建筑类型、样式和进行装饰的范式要求。另一方面,中国传统民居装饰图形作为传播文化的载体,保存了大量的有关儒家文化的信息,通过它在人们生活中的历史演进,促进了儒家文化广泛的传播与交流。

在儒家文化影响下,传统民居装饰图形的文化建构在建筑上的呈现如下。

1. "礼"制观念的表达

"礼"是儒家文化关于人伦秩序和伦理规范的具体体现。汉董仲舒《春秋繁露·奉本》写道:"礼者,继天地、体阴阳,而慎主客、序尊卑、贵贱、大小之位,而差内外、远近、新旧之级者也"。礼是在古代祭祀活动中形成的有关宗教化、政治化的典章或者行为准则。随着社会发展,逐渐演绎为以血缘关系为基础,以等级为基础的伦理规范,并渗透到传统民居建筑当中(表2.2)。这点,董仲舒在《春秋繁露·天辨在人》中有较为明确的解释:"贵者居阳之所盛,贱者当阳之所衰,……当阳者,君父是也。故人主面南以阳为位也,阳贵而阴贱,天之制也。礼之尚右,非尚阴也,敬老阳而尊成功也。"因而,无论是传统民居的建筑布局还是营造规格,无论是聚落景观的构建还是民居建筑的装饰,无不折射出儒学伦理观念、礼制等级的思想精神。

表 2.2 中国传统民居·宗庙等级制度(陆元鼎,2003)

官爵等级 制度规定	天子	诸侯	大夫	士	庶人
家庙组群制度	三路五进以上	三路五进	一路三进	一路一进	家祭五庙
《礼记》宗庙制度	7	5	3	1	0
家庙建筑开间制度	9	7	5	3	3
宗庙门堂制度	一门四塾	一门四塾	一门二塾	一门二塾	一门无塾
梁柱用色制度	红	黑	青	黄	
刻桷制度	雕刻加细磨	雕刻并粗磨	雕刻	无雕刻	

（1）礼制性建筑及其装饰

在传统民居建筑中，礼制建筑不同于住宅建筑，往往是传统聚落中为维护封建宗法制度、道德人伦秩序所建造的。礼是宗法制度的核心内容和具体体现，其实质是在宗法制度下对人们的政治权力和财产待遇进行的一种分配、确定，并依据宗法血缘关系，来确立每一个人在社会政治生活和经济生活中的身份。正如《礼记·曲礼》中说："君臣、上下、父子、兄弟，非礼不定。"因而作为弘扬礼制精神的建筑在传统聚落中地位突出，样式多样。据实地调查，礼制性建筑包括寺庙、宗祠、祖堂、牌坊、廊桥、文塔等。建筑装饰中具有礼制等级象征性的图形体现在屋顶、斗拱、屋脊的吻兽等很多方面。作为礼制的象征，屋顶的等级排列依次为庑殿顶、歇山顶、悬山顶、硬山顶；在屋脊正脊两端的装饰瓦件中，高等级的建筑物用吻，低等级的建筑用兽，甚至局部的建筑构件色彩都可以作为独立的装饰对象来显示礼制的要求。以柱为例："礼，天子、诸侯黝垩，大夫仓，士黈，丹楹，非礼也。"（《春秋谷梁传·庄公（元年～三十二年）》）这句话就能说明此特征。

（2）住宅建筑的装饰

自汉武帝"罢黜百家，独尊儒术"以后，维护以"君君、臣臣、父父、子子"为中心内容的等级制，其便成为维系"家国同构"的宗法伦理社会结构的主要依托，也是礼制、礼教的主要职能。住宅建筑作为"家"的象征，主要体现出儒家文化对血缘关系的高度重视，因此在建筑和装饰上，充分体现和谐家庭关系的礼的要求。因而在居室建筑的安排上父母居正屋，并且安排在整个组群的中轴线上，居中在上，以显示其在家庭中的至尊。在正屋的两边，对称排列有东西厢房，归子辈居住。正房与厢房有尊卑之序。除此之外，父与子的居室在建筑规模、室内陈设与装饰上也有尊卑之分。

住宅建筑的装饰遵循实用性与审美性统一的原则，因而中国传统建筑装饰图形都不是无用的附加物，它作为民居建筑的重要组成部分，将儒家学说的伦理纲常、礼仪规范演示为一部形象的视觉化的教育读本。住宅建筑装饰中许多像"二十四孝"、"鱼樵耕读"、"精忠报国"、"桃园三结义"（图2.5）、"寒窗苦读"、"岁寒三友"等历史典故，均以形象化的语言来褒扬忠孝、仁义，昭示人伦之轨，儒家之理，以此融入人们生活的每一个角落，使有形的传统装饰图形成为无形的教化，将儒家文化精神物化为可视的建筑装饰图形（图2.6），实现美化和教育的完美结合。

图2.5　桃园三结义——大同落阵营村吕家大院　　　　图2.6　报喜三元图——大同落阵营村吕家大院

2. 执"中"的偏爱

中庸之道是中国传统文化的精髓,作为一种方法论,儒家"尚中"的思想造就了中华民族富有中和情韵的道德美学原则,对传统民居建筑装饰图形的创作思想、整体格局、艺术风格等都有着深刻的影响。中国传统建筑文化在空间上的主要特征是对"中"的空间意识的崇尚,十分强调建筑组群的中轴对称,大到都城规划,小到合院民居,均强调秩序井然的中轴对称布局,以之形成以中轴线为基准、主次分明、均衡对称、有层次、有深度、富有伦理精神的建筑空间,以此形成执"中"的中国传统建筑美学特色。

作为方法论,"尚中"在传统民居图形的创造实践中,逐渐演绎为对称与均衡的形式、美的法则,也就是说很多装饰的图形在设计及制作上,常常会依据图形的中轴线(或中心点),或建筑结构的对称线如门、窗的左右、墙的前后等,在其上下、左右或四周(三面、四面、多面)配置同形、同色、同量或不同形(色)但形量相同或近似的纹样,完成对建筑部件的装饰。在象征意义方面,由于传统民居图形"认识到,所有的艺术创造都是为了满足特殊的意愿,而当这个意愿得到满足后,你就会把这件作品说成是美的,但假如这件作品试图满足的意愿和精神的需求与你希冀的不同,那么对你而言,它就必定显得怪诞和毫无意义"(沃林格尔,2004)。也就是说,在历史发展过程中,中国传统民居图形与传播的儒家伦理文化已经融为一体,实现了人们审美心理的动态平衡。这些可以从传统的连理枝、并蒂莲、蝶恋花、同心结等传统装饰图形的造型中一见端倪。不难看出,其设计表达在力求平衡对称布局以获得和谐感的同时,使局部描绘栩栩如生且极富变化,处处洋溢着浓烈的生命张力和艺术感染力。

3. "仁和"的豁达意蕴

中国传统民居建筑装饰图形的设计、创作活动是一种面向他者的审美创造活动,面向他者的审美包含制作者在保持自己意愿表达的同时,还要受到有关文化与需求者等各方面要求制约的多重含义。在这里,传统民居建筑装饰图形的符号语言同它的接受者会发生文化符号解码过程中释义的碰撞,实现信息的交流。这点正如阿诺德·豪泽尔所言:"真正的艺术品不仅是表达,而且是传播;……艺术家在表达自己感受的时候就是在进行传播,……总是有着某个无名的受者"(豪泽尔,1987)。也就是说,中国传统民居建筑装饰图形的应用就是一种面向他者的艺术传播活动。因为,在千百年来的传承中,它们深受中国传统文化的浸润,有着丰富的文化内涵。

"仁"为儒家学说的核心。"仁"作为最高的道德原则和道德标准,在社会伦理道德方面,以"仁"释礼,将以血缘纽带为特色的社会外在的宗法礼仪规范化为人内在道德伦理意识的自觉要求。这种自觉在中国传统民居建筑装饰图形的象征意义上有很好的建构。《孟子》:"仁之实,事亲是也,"《论语》:"弟子入则孝,出则弟,谨而信,泛爱众,而亲仁"。"仁"表达了亲情对普遍人际、情感的关注。一直以来,家庭被视为文化传播的重要途径,因此"仁"的强化对中国传统民居建筑装饰图形的建构而言便具有了特殊意义。

图 2.7　大同落阵营村吕家大院的建筑装饰

由于"礼"制的限制,中国传统民居建筑的建筑面积、体量、式样等都有一定的规范,因而只能在建筑的装饰上多下工夫,所涉猎的方面十分广泛,装饰部位无微不至。受儒学思想的影响,这些装饰非常注重装饰图形与建筑的整体协调统一。在具体做法上,遵循着主次分明、重点突出的原则。装饰图形应用的部位通常集中在建筑框架的连接部位,如屋顶的屋脊、檐口、梁、雀替、斗拱、门、窗等部位(图 2.7),在重点突出或需要特别观念表达的地方,如书房、堂等地方的装饰,在表现题材内容、制作技巧和艺术风格上更是精心布局,细致入微,时时处处透露出中国传统的文化精神和审美气息,以建筑装饰图形与建筑、庭院草木、室内家具陈设等的相互映衬来实现装饰图形与建筑、环境、人的和谐。

(三)中国传统民居装饰图形审美意蕴中融合和谐的多元文化

"装饰和对视觉愉悦的追求是人类生活中亘古不变的行为"(布莱特,2006)。中国传统建筑装饰图形是人们追求视觉愉悦的产物,也是人们艺术意志的体现。"因为意志的变化,它仅有的积淀物只是一时史风格的差异,那不可能是纯粹任意或偶然的。相反地,它们一定具有一种与发生在人类总体结构中的精神与智性变革相一致的关系,这些变化清楚地反映在神话、宗教、哲学体系、世界观念的发展中"(沃林格尔,2004)。在中华传统文化的语境中,它作为一种文化符号,具有明确指代的功能。传统民居建筑中的每一种装饰都包含"所指"的意义,而且这些意义与传统文化发生直接的关联。

中国传统文化是以农耕生产方式为基础的,具有明显的农业性特色。中国历来"以农立国",有着许许多多农业节日民俗。这些民俗为传统民居建筑装饰提供了大量的题材和可供文化再现的物质形态。民俗是中国传统文化的具象层面的表现形式,在本质上必然脱离不了传统文化以儒学为核心的多元文化交融和谐的文化属性和特质。

作为一个积淀深厚,无所不包的文化系统,中国传统文化具有强大的生命力和开放精神。汉魏以来,历经乱世中多元文化的碰撞与激荡,儒学独尊的文化模式消解,儒、玄、道、墨等多元并存,同时,它不断吸收外来文化中的优秀成果,尤其是佛教文化,使之成为自己文化系统新的因子;至隋唐达到隆盛,儒、释、道三教并行不悖,其融合的程度达到新的历史水平;宋代以后,这种融合逐渐走向成熟。中国传统文化多样性的相互融合意味着民居装饰艺术概念的全面开放,如佛教传入中国后,莲花图案就大量出现在民居建筑的瓦当上,以此来象征祥瑞,表达对佛教的崇高信仰;为表达"天人合一"的理念,在建筑的装饰上使用动物题材,可谓"在天成象,在地成形","众星列布,在野象物",并以此进行观念的传达;植物题材也不例外,诸如松柏象征长寿,牡丹象征富贵,兰草象征幽娴,竹子象征傲骨,菊花象征高雅,荷花象征高洁等;同样,抽象锦纹图案和各种书法文字也被用于民居建筑装饰来表达象征意义。正是由于中华传统文化这种开放与包容的特征对建筑的广泛影响,才形成了中国传统建筑装饰图形兼容并蓄、风格多样、意境隽永的文化品格。

第二节　中国传统民居装饰图形表达的内容体系

中国传统民居装饰图形的思想内涵十分丰富,它的制造者们将雕刻、绘画、书法、工艺美术等的内容和技艺应用到民居建筑装饰中,通过象征这一中国传统美学的最具原创性的话语,使它们获得了复杂的意义结构。象征的契合点是以"通感"为基点来建立可供交流的话语背景的,装饰图形是人们在长期的生活实践中将客观题材对象意义化的结果,通过装饰图形图式化的转换,显示人们进行艺术创作的原创动机、对自然世界的独特解释及超越物质世界的精神情感表达。

中国传统民居装饰图形作为视觉文化符号,具有广义的视觉传播行为特征。也就是说,它并非用单纯的纸质文字媒介和单纯视觉媒介来传播信息,而是以传统民居建筑为媒介,通过其装饰的图形语言来传播信息,以形成有关中国传统文化传播的现象。视觉文化作为一种系统的学理研究,是 20 世纪 80 年代才开始的事情。但中国传统民居装饰图形的文化意涵在中国传统文化的发展历史上早就显示了作为文化传播的高度自觉。

所谓"视觉文化是指文化脱离了以语言为中心的理性主义形态,日益转向以形象为中心,特别是以影像为中心的感性主义形态"(周宪,2002)。"无论图像转向什么,我们都应当明白,它不是向幼稚的模仿论、表征的复制或对应理论的回归,也不是一种关于图像'在场'的玄学的死灰复燃;它更应当是对图像的一种后语言学的、后符号学的再发现……"(米歇尔,2002)。因此,"视觉文化,不但标志着一种文化形态的转变和形成,而且意味着人类思维范式的一种转换"(周宪,2002)。在这里,可以说与中国传统民居装饰图形紧紧相关联的"视觉文化传播"内容,经由装饰图形形成的媒介形成特有的中国传统的视觉文化传播的形态,实现对中国传统文化的广泛传播。

一、天、地、人关系题材内容的理性选择

中国传统的思维方式擅长于从同一性出发,流动地、整体地、统一地认识对象。在思考方法上倚重于发展的辩证逻辑,来考察对象的相互关系及其运动的复杂情形。对于世界的认识普遍持有生命演化的观点,认为任何事物都是有生命的、有机的,生命的形式在于变化,在于动态的演进过程之中。因而在对待"天、地、人"的关系上,能够自觉地建立"天人合一"的系统图式,以求通过了解"天""地"来推知"人"事,达到统一和谐的崇高境界,进而形成一种独特的思维方式,并将其融入中国人的现实生活,将哲学、文化、艺术等精神方式导向求真、求善、求美的统一。中国传统民居的建造及其装饰也不例外。

(一)自然宇宙

宇宙,在中国古代,显示为金、木、水、火、土五种基本元素的构成及其物质存在形式的总和。因而,人们对宇宙的看法也就是对于世界的看法,这种看法往往和中国古代的建筑密不可分。在古代,人们所认识和体悟到的宇宙是从建筑中推演出来的,并依此建立自己的宇宙观。"宇宙"一词,最早出现于《庄子·齐物论》中:"奚旁日月,挟宇宙?""宇宙"的本义是指建筑。《韩诗》:"宇,屋也。"《淮南子》云:"宇,屋檐也。"《易》曰:"上栋下宇,以待风雨。"这些都说明"宇"字最初与房屋有关系,"宙"也同样表示房屋的建筑部分,且二者功能不同。《淮南子·览冥训》:"凤凰之翔至德也,雷霆不作……而燕雀佼之,以为不能与之争于宇宙之间。"高诱注曰:"宇,屋檐也。宙,栋梁也。"的说法非常准确。因此,在先民的看来,"宇宙即是建筑的放大和扩张,建筑即是宇宙的体式和模型"(王功龙,2006)。由此形成了人们的宇宙观念与建筑之间的

辩证关系和对"天人同构"追求。源于建筑对思想意识形态的启迪,通过对"天地之道,极则反,盈则损""曲则全,枉则直,洼则盈,敝则新,少则得,多则惑"的观察领悟事物在发展过程中——即"金、木、水、火、土"五行运动,阴阳两两相生相克是原在动力。这种"阴阳五行"的思想,为中国传统民居建筑装饰图形的产生和发展提供了普遍意义的宇宙观的指导和具体的审美模式,所谓疏与密、动与静、虚与实、藏与露、黑与白的艺术表现手法,均体现了阴阳五行思想在中国传统民居建筑装饰图形的应用;源于五行学说的被古人视为吉利祥瑞的"正色"的"红、黄、蓝、黑、白"五色,成为传统民居装饰的用色标准。

中国传统建筑装饰图形对于宇宙的象征主要是通过日月星辰、五行、八卦等表现的。《易·说卦》谓:"乾,健也。坤,顺也。震,动也。巽,入也。坎,陷也。离,丽也。艮,止也。兑,说也。"八卦以各种动物作为象征:"乾为马,坤为牛,震为龙,巽为鸡,坎为豕,离为雉,艮为狗,兑为羊。"因此,为表达对"宇宙"的看法和"天人合一"的理念,通常会选取各种动物题材的内容,诸如马、羊、天禄、辟邪、螭及称之为"五灵"的麒麟、凤凰、龟、龙和白虎等来进行建筑的装饰。

作为装饰的象征和意义,这些动物题材的内容构成了人们美好幸福生活向往的精神标志。例如,传统民居的大门的装饰多用"狮子"。狮子本是佛的坐骑,具有护法的含义,在民间逐渐演变为镇宅神兽,具有消灾解难、镇凶辟邪的作用。通常是一雄雌、成双成对,来吻合中国传统男左女右的阴阳哲学;在形态上,它们的嘴一张一合,代表吐纳之意,张即招财,闭即守财;公狮脚下踩绣球,象征男性的权力和统一,雌狮下带幼狮,象征母仪天下或子嗣昌盛,人丁兴旺等。因而,狮子的形象被普遍地运用到了千家万户的府邸民居前,成了守卫避邪、镇恶摄威的象征。

除此之外,自然天象纹,如云纹、水纹、波浪纹、火焰纹、喷焰宝珠、山、石、日、月、星等题材内容也广泛应用在传统民居建筑装饰中。

(二) 自我价值

中国传统民居装饰图形的符号语言所显现的形式情感与信息意义,是作为社会的人的主观意识参与的结果,它依赖传统民居建筑的物质媒介和视觉化的形态来进行传播。

在中国,受汉儒学影响,人们的思想情感、观念和生活进一步贯彻了神人同在的理念,在传统民居建筑装饰中也充分考虑到人的主观感受,故而,在其装饰图形的题材、内容选择上,更加注重现实生活和人对自身价值的追求、情感的要求,更加关注以人为中心的选择,具有鲜明的人文精神特征(图 2.8)。

在中国传统民居装饰图形的创造形成的过程中,人的自我价值会影响到装饰图形内容的选择、建构、制作及传播。自我价值表现出来是民居建筑建构关系中房屋所有者与营造者的喜欢和价值观相吻合或者趋同。当然,这种装饰图形营造过程十分复杂,起码涉及装饰图形具体内容的决策者(房屋所有者)、制作者及民居建筑空间的相关人群。作为传统民居装饰图形需求消费的主体,"以物言志"的题材内容更容易表达自我价值的诉求。因此,作为价值理想

图 2.8　福州民居建筑中挡水檐中隐士题材的装饰样式

和人生追求的"五子登科""封猴挂印图""鱼跃龙门""联升三级"等题材内容就得到了普遍应用;"富贵不能淫,贫贱不能移,威武不能屈,此之谓大丈夫"(《孟子·滕文公章句下》),修身、齐家、治国、平天下的道德修养和人格价值的要求,引发对"一琴一鹤""一品清莲""雁塔题名""岁寒三友"等题材的追捧。同样,在儒学思想影响下,作为自我价值实现途径的"学而优则仕""一路连科""路路连科""青云直上",表现"俸禄富贵"思想的"受天百禄""雀禄封侯""玉堂富贵"等题材内容都受到人们的广泛喜爱。

二、中国传统民俗生活的题材内容体系

视觉图形的传播是人们在物质生产过程中创造的一种精神生产活动,中国传统民居装饰图形的创造也不例外。传统民居建筑的装饰图形往往在本质上反映出传统民居建筑的艺术风格。从装饰图形语义结构的建构来看,它们建构了中华民族或者聚落成员所共享的意义系统,包括装饰图形所制定文化成员"共同生活"交流的语言法则、惯例规则及图形视觉形式本身。这些传统的装饰图形在民居建筑上的使用也是其意义外显、传播的过程。值得一提的是,它们与意义的固定链接不仅要从符号获取文化的信息,同时还要从传统文化中得到理解。

在千百年的历史发展中,中国传统民居装饰图像形成了它固有的表现力。这种表现力及其图形传播的文化信息效果,受制于图形建构之初信息生成的方式,也就是一定物质条件下装饰图形所依赖的民居建筑媒介的特性和文化背景。

(一)以"家"为中心的题材内容

图2.9 山西榆次王家大院中的五子夺魁纹样

中国传统民居建筑布局的基础是以"家"为概念单位的,在中国传统文化中,"家"既可以是作为社会细胞的家庭,也可以是构成家庭的成员家人,同时还可以指家人的居所,也就是说,家庭、家人、家居三者关系紧密而又不同。传统民居以家为基础的布局特征鲜明,依据家庭结构进行建造和装饰图形的题材内容选择,研究表明,以"家"为主题的题材内容包含忠孝礼仪、道德伦理及生殖崇拜等类型。(图2.9)

当"家"作为装饰图形传播的主题时,势必要关注其题材内容所构成的世界与它们所象征的意义之间的链接,如果没有一个相对确切的象征对应关系,意义的表达就会显得流于形式和空洞。为了使装饰图形能够凸显意义,那么,营造者们会不约而同地在自然的或传统的民俗生活或者文化中去选择或构建。按照潘诺夫斯基的说法,自然的含义由两部分组成,一是表情性含义,一是事实性含义。题材的选择在这里显得很重要,因为它是决定传播意图能否实现的关键性事物。在这个意义上,选择什么题材实际上就是选择了什么样的传播意义,这也是中国传统民居装饰图形

意义传播的根本之所在。例如,人们为了表达对生殖的崇拜和对子孙满堂的迫切愿望,"观音送子""麒麟送子"等题材内容的装饰选择就会成为常态。同样,"凤凰、白鹤、白头、鸳鸯、燕子"等题材内容的组合,势必要象征儒家严格而有等级的"君臣、父子、兄弟、夫妻、朋友"等五种伦理关系才会有意义。

因此,正是通过家庭氛围的营造,将道德伦理的价值观转化为美的意识,使整个家庭、个人的信仰和价值观都融入建筑中,从而使居所被赋予家庭的灵魂,构筑出一幅家庭关系明晰的、可视的、空间化的全息家族生活图景。

(二)民俗观念和民俗生活的题材内容

在人们的日常生活中,民俗的影响无处不在。民俗是人们在生产和生活过程中,依据生活习惯、情感、信仰等形成的约定,"是由人们某些不断重复的、经常的小动作,以及人们之间按同一方式、同一需要的大量调协行为所构成。当这些行为及其观念一旦为整个集体群所公认并自觉遵守而成为准则后,它就成为社会的基本力量"(森纳尔,1906)。由此可见,民俗具有普遍性、变异性和传承性。具有培育社会一致性的强制和规范的力量,并渗透到人们的社会生活、物质生活、精神生活的方方面面。因此,作为中国传统民居建筑装饰图形传播的内容,民间诸如长寿的观念、富康的观念、价值的观念、婚丧嫁娶的习俗等都会成为关注的对象。

从中国传统民居建筑装饰图形传播的内容来看,装饰图形符号与那些民间观念意义的传播实际上是一种交流和交换民俗文化信息的行为。当民俗文化信息达到装饰图形和意义完全统一,也就是说装饰图形与意义的象征链接准确无误的时候,装饰图形就成为民俗文化信息的外在形式或者物质载体,而象征的意义就成为民俗文化信息的精神内容。因而,作为信息的民俗文化就可以通过装饰图形得到表达和传递。

根据民间观念的不同,中国传统民居建筑装饰图形的立意大多集中在以"福、禄、寿、财、喜"等为主的热点上,同时"婚丧嫁娶"等习俗题材内容与之并行不悖。通过"以象寓意,以意构象"的手法,营造出富有意味的图形形式。例如,在传统民居建筑的窗扇或裙板上,经常使用"五福捧寿"的题材内容,所谓"五福"即:"一曰寿,二曰富,三曰康宁,四曰攸好德,五曰考终命。"古人认为,"康宁"是"无疾病","攸好德"意"善良的本性是好德,故好德必得长寿","考终命"则为"无疾病无痛苦的死亡"。人们运用这些题材内容主要还是为了表达对于疾病、死亡等无法掌控的命运的担忧和对健康长寿的美好生活的期望,以此来装饰自己的居所,无论是从生理还是心理上都能看出装饰图形象征意义传播对人们装饰行为的影响。在传统民居装饰上,类似的以"福"为主题的图形还包括"百福图""五福和合""福寿如意"等。作为"寿"的主题,装饰图形有"松龄鹤寿""松柏常青""人仙祝寿"等。在长期的有关"寿"的民间信息交流过程中,松树、柏树、仙鹤、龟、万年青、"寿"字具体的物象,在象征意义上成为传统民居装饰图形"寿"的标志。

(三)生存方式决定的题材内容

中国是一个传统的农业社会,在立足于自给自足的农业经济基础上所形成的生存方式,使得人们更加注重对自然的依赖并融入其中。人们的生活无须太多人为设计,经验重于理性的认知,务实多于理想的追求,朴素重于浪漫的情感,遵从多于创造的实践,造就了中国人重视身体感觉与直觉经验的特点。在思考方式上,以静观、坐禅、玄览、反省自己的智慧获得对人生的领悟和对世界的看法;在表达上用象征、比喻、虚拟的方式形象生动地把握客观对象,在追求上崇尚修身养性、天人合一、自然无为等精神境界。由于农业生产需要的精神空间比较狭窄,在生存方式和态度上大多很难超越现实生活,只是在实用主义、功利主义、自然主义的范围内徘徊,所形成的宿命论、天命观、天人感应的传统文化观点影响到民生的普遍诉求及住宅的营造。

传统民居建筑作为人们面向现实生活的休养生息之所,人生的许多事情会在那里发生,故而,人们有理由对其地理位置和人文环境做出选择。正可谓:"宅,择也,择吉处而营之也"(《释名》)。在装饰上,为了保证现实生活的安宁幸福,实现贫者求富、穷者求达、卑者求贵、危者求安的追求和愿望,民间"趋吉避凶""禳灾祈福"的题材内容得到广泛的应用。之所以这样,是因为这类题材内容的装饰图形显示的意义为民众幸福思想的内在精神标志,其特点表现为趋向未来的美好愿景,具备无可比拟的传播性和普及性。例如,为了禳灾、避凶,鸱尾、垂鱼、悬鱼及惹草等素材常常会用于民居的脊饰,喻"压火"之意,还有像室内的藻井及"井"字形的门窗棂,借井水可以免去火灾而有了防火的象征等。

三、中国传统民居装饰图形题材内容的象征传播

中国传统民居装饰图形的艺术传播,是以传统民居建筑为媒介基础的,其艺术传播的信息内容是一个因中国传统文化影响而丰富多彩的领域。装饰图形作为传播的艺术符号,既有着一般大众传播的共同特点和传播的方式,同时也因有着很突出的"艺术性"而呈现为以艺术传播为基本特点的视觉传播。受中国传统文化艺术所固有的象征因素影响,其传播的题材内容经由相对应的视觉艺术形象,依附于传统民居建筑的各个部件,如门楼、窗、屋脊、脚线等,以寓意或者象征的方式,采用绘画、雕刻等造型手段,以视觉形象化的语言外显出来,并涵盖传统民居建筑装饰的方方面面,并通过传统民居建筑媒介传达信息,显示意义。

象征是一种艺术手法。在传统民居装饰图形的艺术传播中,象征是通过装饰图形一些特定的容易引起联想的具体的视觉艺术形象,来表达装饰的意图、思想和感情的。从要素上来看,装饰图形的象征包括象征的符号和象征的意义两个组成部分。

(一)象征的装饰图形符号

象征的符号是由装饰图形众多的视觉艺术形象所组成的集合体,是象征意义的表达形式,象征的意义借助象征符号媒介,储存"意义",承担装饰图形题材内容、审美文化等信息的传播任务,从而使这些符号具有反映传统社会人们的思想意识观念、心理状况、抽象概念、文化审美的话语表达力。

在传统民居装饰图形中,那些可视知觉的图形符号以象征的方式来传递信息,它们与所指涉的对象及其意义之间没有内在的必然联系,装饰图形所象征的意义是在中国传统社会中,通过约定俗成而形成的,即在一定的社会生活环境中,象征的符号与所指对象之间有关联意义,并在不断的呈现与再现之中发展演变而成。在指涉关系上,包含着传统装饰图形题材内容的艺术形象,作为视觉符号的象征意义可以获得相近性和多样性的解读。

首先,中国传统社会是一个多民族的社会,存在不同民族、地区及跨越历史的文化背景,自

然会影响到审美接受者对于装饰图形符号的意义的理解。就装饰图形的象征意义——"神话"而言,它不同于作为题材内容的一般意义的本体意义,或者说艺术形象符号能指的直指面,"而是一个社会构造出来以维持和证实自身存在的各种意象和信仰的复杂系统"(霍克斯,1987),是"神话"。那么,"神话言语的素材(语言本身、照片、图画、海报、仪式、物体等),不论一开始差异多大,一旦它们受制于神话,就可被简约为一种纯粹的意指功能"(巴尔特,1999)。也就是说,装饰图形的象征意义在其艺术传播中,经过不断的呈现与再现,被不断地重复和规约。符号本身与文化语境之间的差异在互动中突破原有的樊篱,使传播双方所具有的意义趋于接近,形成共同的"意义空间",实现传播的价值。因此,纯粹意指功能被简约的过程就是在装饰图形象征意义经由"意义-互动-解释"过程中,意义交换的交叉和共同建构过程。受众由此获得对于传统民居装饰图形符号象征意义相近的、普遍性解读的基础。

其次,在传统民居装饰图形象征意义"意义-互动-解释"的生成过程中,传播意义的交叉与接近不等于是一一对应的同一关系。"一个符号不仅是普遍的,而且是极其多变的。我们可以用不同的语言表达同样的意思,也可以在同一种语言内,用不同的词表达某种思想和观念。真正的人类符号并不体现在它的一律性上,而是体现在它的多面性上,它不是僵硬呆板的,而是灵活多变的"(卡西尔,1986)。例如,菊花,作中国传统民居装饰图形常用的题材内容,其艺术形象的象征含义,在中国一直被看为成熟而又寓意深广之花。早在三千年前的春秋时期就有文字记载,《尔雅》中就记有:"菊,治蔷。"屈原在《离骚》中颂:"春兰兮秋菊,长无绝兮终古""朝饮木兰之堕露兮,夕餐秋菊之落英"。陶渊明更是留下"采菊东篱下,悠然见南山"的千古名唱。在中国,菊花被赋予了冷傲高洁、傲霜怒放、凌寒不凋的品格,也成为民俗生活中吉祥如意的象征。正是因为菊花的这些特性,它才能和梅、兰、竹一样,被誉为花中四君子,广泛应用于传统民居装饰图形及其他装饰艺术形式之中。然而,在欧洲许多国家,是禁用菊花的。在法国,黄色的菊花看被为不诚实;拉丁美洲的部分国家,将菊花视为一种妖花,人死之后才会摆放菊花;在日本,也忌用菊花作室内装饰,他们认为菊花是不吉祥的象征。

菊花象征意义表达的案例表明,象征符号的意义一旦被人们所赋予,经过人们普遍的认同和约定后,就会进入信息的传播系统。然而,有一些符号,由于它的物化形式与其所表达是意义之间还没建立起明确的、牢固的联系,也就是说这类符号与内容,即客体的事物、事件,或者象征性意义的联系没有得到普遍的认同,它们传播的功能、象征意义都是有条件的、受时间、地点、空间和对象等因素的制约,从而使符号获得多层次、多视角的多义性解读成为可能。

(二)象征的装饰图形符号意义

象征的意义则表现为装饰图形符号的内涵,即隐藏于象征符号之中的而且被传递出来的意义。在意义结构上,传统民居装饰图形符号至少具有双重意义:其一,即装饰的图形题材内容视觉上符号的本义,也是其理性意义;其二,是装饰图形的寓意或象征意义,即通过装饰图形符号审美的意指链接而发生的装饰图形符号与意义之间的关联。

应当承认,符号的意义源于符号的组成部分,源于符号在其同一系统中与它者的关系。其意义与"概念纯粹无区别,不是受正面内容界定,而是受体系的其他措辞的负面关系所界定"(索绪尔,1996)。也就是说,在二元对立的最为基本的符号结构系统中,符号至少要有一个对立的它者,即能指↔所指,才有存在价值和意义。同时,作为象征的符号,其意义的产生与它所处的文化背景息息相关,特定的文化背景决定着符号的被制造、被建构,也决定着它的意义生成。中国传统民居装饰图形并不例外。表2.3是在中国传统社会发展历史中,装饰图形符号中艺术形象与其所代表的相关联意义的结构图表:

表2.3　中国传统民居装饰图形部分艺术形象及其寓意对比结构

艺术形象	象征寓意	艺术形象	象征寓意	艺术形象	象征寓意
龙凤	权力、地位	蝙蝠	吉祥、福气	竹节	节节高升
蝴蝶	永恒、不朽	鞋	万事顺利	佛手	福寿
鲤鱼跳龙门	嬗变	猪	富足愚智	青莲	清廉
莲与鱼	年年有余	蟾蜍	招财进宝	葫芦	魔力
知了	功课进步	鱼	金玉满堂	荔枝	利市大开
桃子	长寿	羊	吉祥	石榴	多子多孙
白菜	清白传家	八卦	自然力	太极	阴阳调和
寿字	长生不老	喜字	吉庆	福字	好命运
装饰部位与视觉形式	传统民居建筑需要装饰的所有部位,彩绘、雕刻等艺术手法				

从表2.3可以看出,作为艺术传播的中国传统民居装饰图形,它使用一系列诸如雕刻、彩绘等结构性的视觉符号和这些艺术符号的视觉象征,将从现实生活众多题材内容中得到的精神体验——意义,放到它所表现的有意味的艺术形式去呈现,从而实现装饰图形内在意蕴的传播。这个过程是意义化的过程,意义是不能独立呈现的,它必然依附于一种装饰图形与意义的链接关系,也就是装饰图形的视觉元素与象征意义的对接,使传播的题材内容信息服从于传播表达的主题。在这个层面上,选择题材就是选择传播的意义。因为,人们一旦在传统民居建筑装饰中把诸如和宇宙观念、价值观念、家庭观念等题材内容相关的人、动物、自然景物及许许多多的视觉形象在装饰图形的作品中传达出来时,那么,基于这些题材内容的视觉艺术形象在民俗社会及其传统文化中的概念和地位和其艺术象征符号[①]诸多特征的满足,装饰图形就会获得象征的意义。

象征以其复杂的意义结构,成为中国传统美学最具原创性的核心话语形式。费迪南德·莱森说:"中国人的象征语言,以一种语言的第二种形式,贯穿于中国人的信息交流之中;由于它是第二层的交流,所以它比一般语言有更深入的效果,表达意义的细微差别以及隐含的东西更加丰富。"在这里,象征意义代表了一种非推论符号的意指。例如,在传统民居建筑中的在书房或者厅堂,常常会选取"岁寒三友""渔樵耕读""竹林七贤"等内容的图案进行装饰,通过这些图形符号象征意义的表达,实现符号表层意义向第二层意义的转化,潜移默化地对人们进行道德伦理的教化。这种转化是实现基于人们精神生活的深层非推论符号的运作,而不是简单的某种内在的类比和联想。初始的这种运作是经验性的非理性创造,符号的象征意义是在人们

---

① 德国哲学家、文化哲学创始人卡西尔认为象征符的特点必须是人工符号,是人类社会的创造物;不仅能够表达具体事物,而且能够表达观念、思想等抽象的事物;象征符不是遗传,而是通过传统、通过学习来继承的;象征符是可以自由创造的。

长期的生活实践中反复使用,并在传播交流过程中获得社会性约定而成为符号意指固定部分的,凝结着人类智慧和对生活理性感悟的那些内容。由此形成可供"共同生活"进行的交流的语言法则。因而,当看到"梅、兰、竹、菊"这样题材的中国传统民居装饰图形时,人们不会把它的符号意义同植物花卉联系,而是与读书人的崇高气节相联系——因为"梅、兰、竹、菊"在中国传统文化中的象征意义与人们的精神追求已经形成了固定的链接。

因此,中国传统民居装饰图形在它的发展历程中,形成了自身完善的图形表意的系统。通过其题材内容的选择,这种系统越来越完善、越来越强而有力,由此人们通过装饰图形符号就能获得既定的意义和认识。在这里,装饰图形具有了概念性的含义,这是一种约定俗成的含义,由内容到形式,由题材到形象,传统民居装饰图形的处理方式是在各种题材所依附的外部形式的基本架构上进行最大化演绎。歌德在《论拉奥孔》中曾经说过:"题材与表现它的方式,还必须与明显的艺术规律有联系;那就是:和谐、清晰、匀称、对比等;这样,艺术品看上去就会变得美丽,或者,用通常的语言来说,给人以快感。"因而,那些传统民居建筑的能工巧匠们,运用巧妙的构思对各种装饰的艺术形象做多角度、多形式、多位置的单元聚合或形式组构,以使装饰的图形能够依据建筑的构件有效地通过穿插、挪移、叠合、并列、回旋、呼应等建构环节,以获得独立的存在或同其他建筑部件保持一种合作结构和审美关系,在有限的建筑空间内,完成题材内容、表现主题和艺术形式之间完美的结合,实现对建筑的装饰和意义的表达,并逐渐形成蕴含中国传统文化特有信息的象征传播体系。

第三节　中国传统民居装饰图形的地域差异性

中国传统民居装饰图形与地域文化是密不可分的。作为历时传播的符号,它所蕴含信息的产生与传播,离不开包括其地域性、民族性和时代性在内的优秀文化基因相互联系、相互统一的作用。在其符号内涵孕育的过程中,地域文化特色不仅决定了中国传统民居建筑的类型与特点,而且决定了装饰图形的符号形式,充分体现出装饰图形在营造过程中因地制宜和对中国传统文化的普遍遵从,并逐渐形成装饰图形蕴含中国传统文化信息的内容体系和表意系统。因此,中国传统民居装饰图形不仅具有中国传统民居建筑装饰文化传播的共性,而且因地域、文化和时代的影响具有典型的地域特征。

一、中国传统民居装饰图形与地域文化

(一)中国传统民居装饰图形地域差异性研究的内在动因

地域,通常指面积相当大的一块地方,如地域辽阔。同时,也特指本乡本土,如地域观念(中国社会科学院语言研究所词典编辑室,2002)。对此,中国科学院和中国工程院两院院士吴良镛认为:"所谓地域,既是一个独立的文化单元,也是一个经济载体,更是一个人文区域,每一个区域每一个城市都存在着深层次的文化差异。"故而地域可以被理解为具有特定时空和具体自然地理范围的地方。它既可以小到一个具体的乡村聚落,也可以大到一座城市乃至一个国

家甚至更为广大的区域。在这个地方,自然地理和社会文化都具有相对稳定的地域性特征,并在长期的历史演进和社会变迁中形成独特的地域文化——特定区域内独具特色、源远流长、传承至今仍发挥着作用的文化(顾晓锋,2014)。

地域文化作为一个最能够体现特定空间范围内独具特点的文化类型,它的形成是特定区域自然地理、生态等自然因素和诸如经济、政治、宗教、艺术、民俗等人文因素综合作用的结果,具有独特的地域性。就建筑而言,地域文化不仅造就了建筑地域文化的特色,而且铸就了地域性建筑的灵魂。

地域文化从文化大系里划分出来的首要前提就是必须和其他周围区域有较为明显的差异。假如某一地域文化与它相邻或者其他地域没有足够的、明显的差异,就没有地域性,那么,对这一地域文化的划分也就没有意义。因此,基于这种差异所表现出来的文化地域性实际上就是"对当地自然条件和文化特点的适应、运用和表现"(罗小未,2004),是地域特征的外在显现。需要强调的是,文化的地域性所体现出来的一方面是关于地域文化中自然环境与人文环境等各种要素之间的相似性;另一方面就是地域文化的差异性,即"每个地方的文化都有自己不同于其他地方的特征"。地域文化差异性的形成并非某种单一因素所致,而是众多关系复杂的因素共同发生作用而显现出来的结果。具体到建筑文化的地域性上,它是"在具有一定的自然地理或社会文化意义的空间范围内,建筑所表现出来的共同特征"(何镜堂,2012)。以至于"当我们想起任何一种重要的文明的时候,我们有一种习惯,就是用伟大的建筑来代表它"(詹森,2013)。由此可见,具有地域性特征的建筑反过来又成为地域文化的重要标志。

对受地域文化影响的中国传统民居建筑及其装饰图形的地域性而言,它的地域性可以被定义在一定的时间和空间范围内,具体表征中国传统民居建筑及其装饰图形与所在地域特定自然条件和社会条件相关联而表现出来的共同特征。例如,广东开平的碉楼、福建客家人和土著人造土楼等。

在我国,关于中国传统民居建筑研究的历史并非久远,尤其是对中国传统民居建筑及其装饰图形的地域性的研究。从目前的资料来看,仅见少量硕士、博士研究生的毕业论文《巴蜀湖广会馆雕饰与传统木版画形式语言的比较研究》(王颖,2011)、《中国传统民居装饰图形及其传播研究》(冷先平,2013)、《重庆"湖广会馆"建筑装饰艺术探究》(何慧群,2013)等为数不多的研究。在研究方法上,这些研究大多都是建立在对传统建筑研究的一贯范式之下,注重千门之美、屋顶造型、雕梁画栋、户牖之艺和台基雕的资料采集、记录和美学意义的探索。这就使得对中国传统民居装饰图形的研究很难满足文化向纵深方向探索的需求。地域文化研究的地域性视角,反对用静止、孤立、片面的视角来看待建筑,而是将建筑放到与地域环境的真实联系中去研究和探讨,地域性关注的是在一定范围内的相对特殊性,以此作为对单一的普世价值观和全球化的抵抗(张彤,2003)。这一视角无疑包含着大量的、更全面、更复杂和更具体的文化信息,能够弥补中国传统民居装饰图形在营造技艺、设计方法、符号体系、媒介权力和传播规律等方面的图形解析与设计的跨学科研究的严重不足。文化学方面,聚焦于民居建筑装饰作为文化资本,尤其是将其作为文化基因,在促进地域建筑设计的文化自觉和发挥文化软实力的研究不足。因而,这一视角的转向成为中国传统民居装饰图形地域差异性研究的内在动因。

（二）中国传统民居装饰图形的地域文化特征

一般来讲,文化作为人类的创造物,其内涵是一个日益丰富的动态、历史发展过程。因此,地域性、民族性和时代性构成文化的三个最为重要的特征。在历史性意义上,这些特征共构了特定地域范围内民族或者群体逐渐形成和完善起来的文化传统,并深刻影响民族或者群体的共同思维方式以及行为习惯。

（1）文化具有地域性,同时,还具有超越地域的普遍性。文化的地域性造就了中国传统民居建筑及其装饰图形地域差异和地域特色。

在中华大地上,不论哪一个地方、哪一个区域,都有着各自独特的地域文化。特定地理环境对文化的个性形成有着不同的影响,并给予文化特定的地域印记。例如,荆楚文化、巴蜀文化和岭南文化等,都是在中华大地上,在特定区域范围内独具特色、源远流长并传承至今仍发挥作用的文化传统,都带有明显的地域性特征。在我国,地域文化不仅是中华文化的源泉和构成要素,而且还是有别于中华文化主流的分支和个体。在五千年的文明发展史中互相碰撞、相互影响,逐渐形成中华文化"百花争艳,绚丽多彩"的特色、"海纳百川"的胸怀和"和而不同"的鲜明个性。在地域文化的影响下,中国传统民居装饰图形的地域差异性体现了建筑与建造地点的地理、人文、技术和经济关联的一致性,并显示了其独特的艺术魅力。

从中国传统民居建筑与装饰历史发展来看,民居建筑历来就存在两个独立发展的系统:一为穴居,另一为巢居。对此,相关史料均有记载。从先秦到汉、魏时期的一些古籍,对二者之间的关系有很多不同的看法,可谓"近世固有穴居之似,亦有巢居之类,以古代传说,穴居巢居同时并有言之,中国文明之究为南来,究为北来,亦一耐人思味之问题矣"(陈登原,1958)。近代有学者对这些看法进行了分类,具体来说包括:冬居穴夏居巢说、巢居与穴居均非定居说、先有穴居后有巢居说及南方巢居北方穴居说四类(谭继和,2004)。其中,"南方巢居北方穴居说"这种南、北地域分类的方法不仅诸如:《博物志》(晋·张华)"南越巢居,北朔穴居,避寒暑也";《始学篇》(《太平御览》卷七十八)"今南方人巢居,北方人穴处,古之遗俗也"等有记载,而且,也为现代学者所支持:吕思勉认为,"穴居多在寒地,巢居则在潮热而多毒蛇猛兽之区","可见其一起于南,一起于北"(吕思勉,1982)。当然,也有学者不同意这种"南北"地域的区分法而主张"东西"说,王献唐认为,"穴居开于西方,造屋肇于东土"(王献唐,1985)。实际上,这两种说法也是统一的。因为从东方到东南沿海直至长江流域及其以南广阔地域,既可称为"东土",也可称为"南方",二者是一致的。大体说来,西方和北方盛行穴居,东方和南方盛行巢居,这是大致正确的(谭继和,2004)。上述文献资料充分说明了"中国南北气候悬殊,东西山陵海河地理条件各不相同,材料资源又存在很大差别,加上各民族、各地区的风俗习惯、生活方式和审美要求不同,这就造就了我国传统民居鲜明的民族特色和多样的地方风格"(陆元鼎,2003)。

在装饰方面,中国传统民居装饰图形与民居建筑如影随形,民居建筑的装饰既是对建筑及建筑构件的进一步加工与保护,也是对建筑的美化。装饰图形蕴含地域、民族、宗教、伦理、习俗及诸多人文意象等文化内容,以可视觉感知的符号语言,全面地反映着传统民居鲜明的民族特色和多样的地方风格。例如,在徽商兴旺时,扬州巨贾多为徽州人,徽州人把天下第一的扬州优秀建筑特色搬回家乡,至今在皖南,还可以看到精雕细刻的砖雕、玲珑华美的木雕、浑圆天成的石雕(李少群,1998)。从而使得地域特色鲜明的徽派传统民居建筑的装饰风格,在历史的演进中得以广泛的交流、传播。

另外，文化的超地域性，即"文化超出原有地界，带有一种普遍性质"①。这种性质的形成主要在于人。一般来讲，人作为文化创造的主体，对自然的改造是积极主动的。尤其是随着生产力水平的提高，人对文化的创造性也显示出越来越多的能动作用，从而使得文化超越地域的局限，带有一种普遍性质，具有普遍性。中华文化"多源同归，多元互补"（袁行霈 等，2014）的特点也是中国传统民居装饰图形蕴含文化超越地域的普遍性存在的体现。例如，广东西关骑楼装饰，在近代西方建筑文化影响下，一方面，在外观上采用巴洛克风格进行装饰，建筑的楼身设计及其装饰的图案多具古罗马装饰特征，如卷曲花纹、罗马柱等；另一方面，还会因地制宜地融入如中式清水砖材料，满洲窗——由很多细小的彩色玻璃组合而成的方形窗等中国传统民居建筑的元素，甚至将顶部的山花挑檐融合中国特色柔和的拱形顶进行装饰。这种超越了岭南地域限制的带有中华文化普遍性的建筑装饰元素与西方建筑文化的融合，并没有使其建筑装饰的岭南建筑地域文化特征消失，反而显得更加突出、更加鲜明。由此可见，中国传统民居装饰图形文化的地域性，是在营造过程中将外来文化与特殊地域自然环境、文化相融合创造的结果，而且，这种创造对地域建筑文化独特性因袭式创新的延续意义重大。

（2）文化的地域性具有时间和空间的双重维度，充分影响到中国传统民居建筑及其装饰图形保持地域特色的传承和发展。

地域文化的形成是一个生生不息的、动态发展的时空过程，它的发展既包括一个表达时空文化的概念，又体现出特定地域范围里内相关文化在时间延续上的历程和诸多历史文化的积累。在这个过程中，"人民的思想就像宗教的一切法则一样，也有它们自己的纪念碑，人类没有任何一种重要的思想不被建筑艺术写在石头上"（刘先觉，2008）。故而，"地域文化的积累会形成地域化的审美价值观，好的建筑根植于地域文化之中，属于地域文化的一部分"（祁斌，2011）。

就中国传统民居装饰图形的形成与发展而言，它作为传统民居建筑地域文化信息承载与传播最为鲜明的媒介，其符号化的意蕴离不开在时间和空间两个维度上的文化建构。

时间上，中国传统民居装饰图形在地域文化的历史积淀中提取灵感和符号，讲究"图必有意，意必吉祥"，从而在程式化创新的基础上得到传播。例如，云纹装饰纹样的演变，在生产力水平低下的年代，自然界中云和雨的状况对古代人们的生活有着重要的影响，云纹的产生既是古人对自然崇拜、敬畏之情的表达，也是对生命对无限延续的期盼。在我国，原始彩陶常常会出现旋纹的装饰，从旋纹的造型来看，颇有"云"的意味，与随后的云雷纹（商周）、卷云纹（先秦）、云气纹（楚汉）有着一脉相承的关系，并逐渐在几千年的发展演变中得到不断的丰富和发展，而且，不同的历史时期各具时代的风貌，最终成为独具中华文化话语表达的吉祥图案，不仅在传统民居建筑装饰上有应用，而且还被广泛地运用到其他的装饰艺术领域。

空间上，中国传统民居装饰图形的营造必须结合地域范围内相关地理气候、场地条件、材料工具等进行创作，即自然空间中的艺术生产。另外，伴随着自然空间中的艺术生产，还存在着社会空间的影响。这种空间在法国学者亨利·列斐伏尔看来："空间具有生产资料属性：城市、地域空间不仅是消费的场所，城市、地域、国家或者大陆的空间配置增进了生产力，利用空间就如同利用机器一样；空间具有消费对象属性：作为整体的空间在生产中被消费；空间具有

---

① 暨南大学：中国传统文化概论。http://www.taodocs.com/p-63516987-2.html.（2017.12）。

政治工具属性:国家利用空间确保对地方的控制;空间具有社会冲突属性:种族冲突和阶级斗争的介入"(列斐伏尔,2003)。受地域文化社会空间属性的制约,中国传统民居装饰图形符号象征的表达,才能够在社会约定俗成基础上被加工成为具有传递功能的空间系统,传播文化意义。

由此可见,中国传统民居装饰图形所处的时空环境会影响到其地域文化的内涵和视觉符号的呈现。

(3) 文化具有超越个人性的民族性,民族与民族之间不同的特征,直接决定了中国传统民居建筑及其装饰图形的艺术形式和艺术创造。

美国学者克鲁柯亨在人类学奠基人泰勒关于文化概念的基础上,进一步提出:文化是历史上所创造的生存样式的系统,既包含显性式样又包含隐形式样;它具有为整个群体共享的倾向,或是在一定时期中为群体的特定部分所共享。表明人作为文化创造的主体,在文化创造过程中必然会结合成一定的群体,建构成一定的社会组织模式,从而使文化具有超越个人性的民族性。也就是说"文化是群体创造的,个人不能创造文化"。

因此,文化所要体现的是人的群体本质、群体现象及类的本质和类的现象,具有民族性。具体到中国传统民居建筑及其装饰图形,一方面,它要体现个人对物质和精神的追求,以使在相同的地理条件下的民族群体,在创造文化时,依然会表现出种种差异,促成异彩纷呈的传统民居建筑装饰风格;另一方面,个人的营造离不开个人所处的社会环境和民族群体意识的潜在诱导和熏陶,个人营造的主观能动性作用又会影响到装饰图形所代表的地域文化民族性的表征。

例如,我国白族民居建房的思想就非常讲究"正房要靠山,才能坐得起人家"的传统,在造型样式上多以家庭为单位,形成"三坊一照壁""四合五天井""六合同春"等自成院落的构造;装饰色彩上,以白为美,民居外观主要以黑、白、灰三种色彩进行装饰,甚至一些诸如山墙等部位的装饰纹样都以水墨画的方式直接表达。在大理古城和喜洲等地白族民居建房流传着"金包玉"砌法,即在山墙的山花和墙体的转角处贴上很薄的灰色面砖进行包裹,不仅使建筑墙体的转角更加坚固,而且使整个外墙显得简洁、美观。这一经典的做法,在沙溪只是将转角处的墙体线脚处理成为弧线,然后进行粉饰涂刷,而有些民居因经济条件制约并未施行粉刷呈土质的本色,因这种色彩的差异形成了白族民居装饰色彩的丰富肌理。这些都充分体现出白族人民传统的审美意识和文化信仰。

二、中国传统民居装饰图形地域差异性分析

(一) 中国传统民居装饰图形地域差异性的形成与演变

中国传统民居装饰图形是中华文化的一种重要的承载物。在幅员广袤的中华大地上,由于自然环境的差别、经济发展的方向与水平的差异及地域文化的不同而呈现出丰富多彩、风格迥异的地域性差异。作为规模巨大、体系复杂的文化载体,这种地域性差异既是地域文化浸润的结果,也是它本身所固有的属性。具体体现为在一定的时间和空间范围内,与传统民居建筑共生而成的,并和所在地域自然环境、社会环境相关联的共同特征。

从文化的地域性特征及其影响来看传统民居建筑及其装饰图形的形成与发展,中国传统民居及其装饰图形所蕴含的地域文化,反映了它所在地域范围内的人们在长期的劳动生产和社会生活过程中的有关生产、生活方式、社会风俗、价值观念、社会行为等日常生活的方方面面。一方面,不同的地区,有着不同的地域文化,不同的地域文化对人们的思想、行为、心理及生活方式都会产生不同的、潜移默化的影响;另一方面,随着地域经济、文化联系的加强,各地域文化之间相互融合,从而使地域文化既具有中华文化共同的性质,又保持着各自的特色与差异。正是由于上述种种的不同,中国传统民居装饰图形营造主体才能够结合不同的地域文化,造就出独具特色的地域文化纹饰和图样。

例如,广东开平碉楼,作为中国地域性民居建筑的一个特殊类型,是一种集居住、防卫、并融中西建筑艺术于一体的多层塔楼式建筑。开平碉楼的兴起与开平市的地理环境和清朝初年的社会环境密切相关,目的在于防涝防匪。在构造上,它高于一般的民居,为多层建筑。窗开口小,并外设铁板门窗,整体坚固厚实。碉楼上部四角均建有各种各样的角堡,凸显防卫功能。在造型与装饰上,将西方建筑中的穹顶、山花、柱式等建筑元素与中国传统民居建筑的元素相融合,既保存了中华文化住宅建构"天、地、人"和谐共生理念的共同性质,又保持了建楼主人个体的文化追求和审美情趣,形成了开平碉楼千楼千面的建筑式样和地域特点鲜明的装饰风格。

这个案例表明,中国传统民居装饰图形的地域性差异,是在漫长的封建社会的演变过程中,随着社会变革及生产力的发展而形成的。可以说,不同的地域文化土壤可以孕育出不同的传统民居建筑及其装饰图形。因此,中国传统民居装饰图形的形成与发展,与地域文化之间是紧密联系的,体现为相互影响、相互推动、共同演进的过程。

(二)中国传统民居装饰图形地域差异性成因

中国传统民居装饰图形是经过长期的历史发展演变而成。其题材的选取、造型的样式、色彩及装饰的材料和装饰的部位等,会因地域的不同而存在着很大的差异,具有明显的地域性特征。这种地域之间差异的形成主要是受自然地理环境、文化冲突与地域文化的差异、地域经济及其技术等因素综合影响的结果。

1. 自然地理环境因素

自然地理环境包括地理区位和诸如土地、河流、湖泊、山脉、矿藏、气候及动植物资源等自然条件。它不仅是人类赖以生存的物质基础和文化产生、发展的自然基础,而且也是影响中国传统民居建筑形态及其装饰的主要因素。

具体而言,受地域的地理位置、气候及地质结构等自然环境的影响,中国传统民居从建筑的结构到材料的选择、从建筑的地域特点到装饰图形的风格等,历来都主张顺应自然,非常注重建筑与自然的适应协调性。在民居建筑的外部造型及其装饰的选择上,充分显示出与自然环境相协调的意念,体现出人与自然和谐相处的生存本质。这就不难理解为什么我国北方平原地区民居多砖砌结构,装饰以砖雕、石雕见长,装饰的色彩简洁、明了;而南方多山地区则以木屋结构居多,装饰以花格镂窗的木质雕刻等为鲜明特点,装饰的色彩丰富多样,均显示出鲜明的地域性差异。因此,不同的自然地理环境往往会催生出适应地域自然条件的传统民居,导致传统民居装饰图形的地域性特色产生。

2. 文化冲突与地域文化的因素

我国自然环境十分复杂,这为我国传统文化的发展提供了得天独厚的优越条件,丰富多样的地域文化特征反映了不同地域之间自然环境的特点,并渗透到作为文化载体的传统民居建筑及其装饰上,使人们的"建筑活动与民族文化相牵连,互为因果"(李少林,2006),促进中国传统民居装饰图形地域性特征的形成。

一般来讲,地域文化的形成是文化冲突的结果。文化冲突是指两种或者两种以上不同性质文化之间所产生的矛盾和对抗。在中华大地上,不同的地域自然地理环境、不同的社会结构、不同的民族,不同的阶级与群体,孕育出的地域特色文化也不尽相同,这些不同的文化在传播、接触的过程中,必然会产生文化冲突。文化冲突是文化在发展过程中不可避免的一种现象,其原因是由文化的"先天性"或者文化的本性所决定的,冲突的结果,或是相互影响、相互吸收,或是融合,或者取代对方,由此产生新的文化模式或类型。例如,发育于黄河和长江流域的农耕文化,在长达几千年的时间里,与内蒙古及西北地区多省的游牧文化之间南北对峙,周期性碰撞与融合,并出现三次明显的冲击,形成民族文化融合的高潮,并在融合过程中各自充实、各取精华,发展出新的地域文化特质。

对中国传统民居装饰图形而言,忍冬草纹样中国化就是一个很好的文化冲突的案例。忍冬草纹样是伴随佛教艺术一起传入我国的一种外来样式。作为传统的装饰纹样,是由掌状叶纹演化而来,其基本构成为三瓣叶或者四瓣叶图形,并以波曲状骨架的组织形式构成有节奏的图案。考察忍冬草题材装饰纹样的源流时可以发现,随佛教传入我国的这种纹样亦非印度原创,而是从古希腊的建筑和陶器等装饰中获得创造的源泉。在我国,六朝时期的忍冬草纹样通常是三个叶片和一个叶片相对排列,整体给人感觉比较倩巧清瘦,传承趋于程式化;北朝时期则较为简洁;隋朝在继承前朝的基础上形式有所创新;到唐代,忍冬草纹样结合了中国传统的莲花纹、云纹等样式,演化、形成当时流行的、新的、颇具中国特色的卷草纹纹样。而原来的忍冬纹样式在后来则较少使用,至宋元时期就已基本消失,而由忍冬草纹样所演化的、在中国传统民居装饰图形中所使用的植物花卉图案,或"香草纹"、或"缠枝花"等名称各异,兴盛不息沿用至今。由此可见,忍冬草纹样的中国化过程,不仅充分反映了中华文化的开放性、吸收性,而且还反映了文化冲突对中国传统民居装饰图形的形成和传播所带来的影响。

3. 地域生产方式等因素

自然环境对中国传统民居装饰图形的艺术生产及其文化传播的影响,要受到生产方式的制约。生产方式是生产力诸生产要素的结合方式,也即人类借以向自然界谋取物质生活资料的方式,是生产力与生产关系的辩证统一。它在生产过程中形成的人与自然界之间、人与人之间的相互关系的体系,会因为地域的不同而有所差别。由于"物质生活的生产方式制约着整个社会生活、政治生活和精神生活的过程"(中共中央 马克思 恩格斯 列宁 斯大林 著作编译局,1972a),地域生产方式对地域范围内的经济、文化和生态系统等具有决定性的影响。因此,地域生产方式的差异决定了区域经济的社会发展水平不同,并直接造成传统民居装饰图形的地域性差别。

例如,明清时期的汾河平原一带,许多山西人外出经商致富后,将获得的财富带回家乡,并在家乡大兴土木,筑舍以显耀宗族,造就了许许多多的闻名遐迩的晋中大院。这些民居建筑外观上十分注重对建筑的屋顶、檐口的装饰，室内则雕梁画栋，极尽奢华。其中，以祁县和平遥二地堪为代表性。无独有偶，在南方的皖南，明清时期大批徽商返还家乡后，尽管地处偏远的山地，但由于他们经济实力的雄厚和在外闯荡所受到的文化熏陶，使得他们对文雅、清高、超脱的田园生活有着普遍的追求，因而构建的住宅院落大都高墙深院、粉墙黛瓦、巧妙布局、精致雕饰，尽显传统民居建筑之精粹。再从这两个地区民居建筑装饰的构造技术来看，用于进行民居装饰的诸如刀、斧、斫、刨及涂绘的笔和刷等劳动工具变化，决定了传统民居建筑及其装饰技术进步的快慢。在晋中、皖南这样经济基础条件较好的地区，往往汇集了大批能工巧匠，他们作为劳动力，是最活跃的因素，加快了传统民居装饰图形营造工具的改进和技术的提高。不仅如此，还推动了装饰图形的艺术展现，从而使得它超越了物质生产的范围，成为一种艺术和中华文化的传统。而这些地区的普通民宅则受制于经济条件，注重建筑的居住功能，少有装饰。由此可见，经济基础对传统民居建筑及其装饰图形艺术生产起的催生作用。

（三）中国传统民居装饰图形地域差异性的具体呈现

中国传统民居作为一个地区的产物，其装饰图形的艺术生产总是扎根于具体的环境之中，在当地地域文化的影响下呈现出独特的形式和面貌，体现出地域性差异。从我国地域文化的七大类型：中原文化、东北文化、江南水乡文化、山地文化、绿洲文化、草原文化和雪域文化来看，与每种类型文化均有相对应的传统民居建筑，中原文化对应有北京四合院、山西民居和陕北窑洞等中原民居；东北文化对应有以满族"口袋房、曼子炕"为代表的东北民居；江南水乡文化对应有皖南民居、客家民居、闽南古厝及吴越枕水民居等江南民居；山地文化对应有滇黔贵地区的干栏式建筑，鄂西、湘西的吊脚楼，彝族的土掌房和傣族竹楼等山地民居；绿洲文化对应有新疆维吾尔族的"阿以旺"等绿洲民居；草原文化对应有蒙古包、藏式帐篷等草原民居；雪域文化对应有藏族、羌族的碉房和藏寨木楼等雪域民居（赵新良，2007）。从这些民居的类型来看，可以清晰地发现民居建筑所使用装饰图形的地域性差异性。

（1）受自然环境和地理区位的影响，中国传统民居装饰图形在建筑材料、造型样式及色彩等方面上存在着差异。

一般来讲，中国传统民居装饰图形主要建构于民居建筑的屋顶、墙体，大、小木作的诸如柱子、柱基、梁、枋、撑拱、驼峰与门窗、天花、栏杆、挂落及台基部位与铺地等部位。自然地理因素还决定了中国传统民居装饰图形在物质层面上的自然属性。

首先，在建筑所使用的材料上，地域性建筑材料的选取造就了中国传统民居装饰图形的地域性差异。传统民居建筑一般体积较大，用材繁多，花费较大，且运输困难。在营造上必须因地制宜、就地取材，因而陕北地区多筑土窑洞、中原地区多砖瓦结构的四合院、云南傣族多竹楼、滇黔贵地区多木构的干栏式建筑等。这些地域性建筑材料的使用不仅最大限度地发挥其构造的功能，而且还促进形成建筑材料通过装饰展现的美学特征。

其次，在造型的样式上往往会呈现南繁北简、南奢北朴的差异。北方民居防风保暖是对居屋的最基本要求，因而建筑多采用砖瓦结构，这就使得能够精于装饰雕刻的木质构建的区域受到局限，而砖雕、石刻的发挥空间较为巨大，从而使得北方民居装饰造型显得质朴、粗狂；南方民居装饰恰恰相反，民居建筑中大量木质材料的使用为南方繁缛、精雕细刻的装饰提供了营造的空间，容易形成造型生动的装饰图形。以蝙蝠纹的装饰应用来看，在梅州地区客家民居的装饰中,依据民居建筑所装饰的部位和结构特点,分别在外轮廓的造型上出现诸如方形、圆形、三角形、菱形等各种不同的、复杂的适形变化。例如,在距离人们可以便利观察到的隔扇部位,通常在格心部分会采用方形,精雕细刻、造型生动;在梁架部位的木雕蝙蝠多以倒挂式为主,外轮廓造型则为三角形。而在北方民居中的应用则服从民居建筑的功能,造型则较为简单。

最后,在色彩上常常是因其材、显其色,体现出不同地域传统民居装饰色彩对本色的追求。一方面,自然地理因素是传统民居装饰色彩面貌形成的最为直接原因。传统民居建筑大多就地取材,除砖瓦等人工材料外,大多采用原始的天然材料,这些材料大都是材质本色的呈现,直接以材质本色来表现建筑物色彩的做法一直贯穿于整个建筑的发展过程中(郑爱东,2014)。就传统民居建筑材料本身而言,无外乎天然材料,即土、木、砂、石、竹、苎麻、茅草、麦秸、糯米等自然界的材料和人工材料,即砖、瓦、石灰、水泥、琉璃、金属、油漆等人工加工而成的材料。这些不同的材料都具有各自的色彩属性。另一方面,政治、经济、文化、宗教信仰等也影响到传统民居建筑的色彩装饰。例如,迥异于宫殿建筑色彩的制度,"庶民庐舍,洪武二十六年定制,不过三间五架,禁用斗拱饰彩色"(明史·舆服志)。也就是说,传统民居建筑装饰的色彩受到封建礼制的约束,不能够随便进行超越制度的色彩装饰,转而重视地域性材料的色彩搭配和装饰,较少施加其他颜色。

由此可见,中国传统民居建筑装饰的色彩在很大程度上依赖于建筑材料本身,正因为对民居建筑材料本色的追求,才成就了中国传统民居建筑装饰色彩语言在黑、白、灰基础上的无限丰富性。无论是粉墙黛瓦的徽派民居、还是黑白相间的客家情怀;抑或"青瓦出屋檐长,穿斗白粉墙"的巴蜀民居、灰色与土黄色结合的山西民居、民族特色鲜明与色彩绚丽的滇缅民居等,都极富浓郁的地方色彩。

(2)受地域文化和民俗传统的影响,中国传统民居装饰图形在题材的选取和话语表达上存在着差异。

中国传统民居建筑多聚族而居,以家族血脉、民俗及民族文化传统为民居建筑的地域性组成部分。长期以来,中国封建统治阶级利用宗法血缘为纽带,将国与家联合起来,主张修身、齐家、治国、平天下,并以"三纲五常"的教化来维护社会的伦理道德、政治制度,推崇君权至上,将世卿世禄演化为官僚制。上述社会、政治结构要求人们在日常生活中顺应自然,服从礼仪,克制情感、欲望,乐天安命,由此形成了以伦理道德为核心的传统文化。在幅员广阔的中华大地上,由于文化积淀的地理位置和历史背景不同,不同地域的文化传统对中国传统民居装饰图形在题材的选取和话语表达上的影响是有差别的。

以福建福州、湖南湘西和西藏日喀则的民居建筑装饰图形为例,福州传统民居装饰受以伦理道德为核心的传统文化影响较大,建筑的等级制度特征明显,尤其是在封建社会的鼎盛时期,十分重视民居建筑在装饰上对礼制的遵从,故而在民居建筑的装饰题材上多见鹿、鹤、狮子、麒麟、鸳鸯等动物题材,梅、兰、竹、菊等植物题材,以及"竹林七贤""桃园结义"等人们所喜闻乐见的人物形象,而鲜见日月、古代帝后、圣贤人物、犀、象等象征王权等级的题材。湖南湘西地处长江中游,受楚文化的影响,其传统民居建筑装饰的题材无不充溢着楚巫文化浪漫飘逸的神秘色彩,因而在装饰中带有大量的楚巫符号和巫术神性意识的图像、纹样,正所谓五溪之地"风俗陋甚,家喜巫鬼"。例如,在武陵山区的土家族民居中,永顺谢家祠堂的顶梁上雕有太极和神龙题材的图案,门檐上装饰有八卦和狮子,檐檩下边是鳌鱼、雀替以象征神水镇避火灾

（龙湘平，2007）。西藏日喀则地区的藏式民居，题材选取多以宗教内容为主，在民居建筑的门上或绘制日月祥云图，或悬挂风马旗，是其富有宗教意义的最醒目的标志，与此同时，装饰题材中的八瑞相，即宝瓶、宝盖、双鱼、莲花、右旋螺、吉祥结、尊胜幢、法轮的和八瑞物，即宝镜、黄丹、酸奶、长寿茅草、木瓜、右旋海螺、牛黄、朱砂和芥子所构成的藏式民居建筑题材的鲜明地域特点。

（3）受营造技术等因素影响，中国传统民居装饰图形的艺术风格存在着差异。

中国传统民居装饰图形的艺术生产是人们最基本的生产活动之一，它既是一种劳动成果，也是技术的一种存在方式。需要依靠技术手段来改变与控制其建构活动，这种建构活动构成社会生产方式的重要组成部分。一般来讲，在生产方式所包含的生产力与生产关系的两个方面中，生产力起决定作用。生产力代表人类的一种能力，与一定科学技术相结合，以生产工具为主的劳动资料是其物质标志。因此，科学技术的进步可以改善生产力的运行要素，促进生产工具的不断更新，对生产方式产生影响。

就中国传统民居建筑及其装饰的营造技术而言，诸如斧、锯、凿、刨、锹、镐等劳动工具的更新，和营造技艺如宋代的《营造法式》、明代的《鲁班营造正式》、清代的《工程作法》及近现代的《营造法原》等，都始终处在一种承传与变化相交织的动态发展进程中，始终贯穿于整个中国传统民居建筑及其装饰的历史演进的过程中。在这个过程中，由于技术的发展引起中国传统民居及其装饰营造活动中相关社会生产力体系的各个基本要素的变化，尤其是对工匠们劳动手段的影响更加显著，技术的专门化和装饰营造经验、规律的积累，使得不同地域、不同族群的工匠对民居建筑及其装饰的内容、模数尺寸及其加工与装饰方法，乃至建构中的禁忌和操作的具体仪式等都烂熟于心。

例如，明清时期湘南郴州市永兴县板梁古村民居窗棂和隔扇的装饰，受"江西填湖广"移民运动文化传播的影响，工匠在营造过程中往往会依据所需要装饰的部位，来选取有关人物、事物或故事的题材，作适形变化，创造出形式多样、结构完整的装饰图形纹样。在装饰雕刻手法上，不拘减地雕刻的古法，而是先将作为底的底纹背景刻好，然后再将预先加工好的木刻构件叠加镶嵌于底板之上，以形成多层复合叠加的组合，使所装饰的图案纹样产生主次分明、层次丰富、虚实相宜的独特装饰风格。从单一题材的应用来看也是如此，"悬鱼"装饰构件受营造技术和地域文化的影响，在中国传统民居建筑的使用上就有很大的地域差异。尽管因地域和民居构造等方面的原因，悬鱼在一些北方民居、徽州民居和岭南民居的建筑中少有装饰；但在中原、浙闽、三晋、西南等地区的传统民居中还有普遍的应用，并呈现出豪放、大气、浑厚的北方的装饰风格，雕刻精细、尽显材质本色的浙闽装饰风格，色彩艳丽的、最具民族特色的云南民居的装饰风格和"悬鱼"不见鱼的四川凉山彝族民居神秘的装饰风格等。上述案例都能充分说明中国传统民居装饰图形在艺术水平、风格上的地域性差别。

（4）受文化传播的影响，中国传统民居装饰图形的地域差异性不会缩小，反而会更加特征鲜明。

中国传统民居及其装饰图形在物质形态地域差异是十分明显的，作为地域文化的重要组成部分，由它们所代表的地域文化如同其物质性一样，具有向四周传播、扩散的特性，并且在历史发展的过程中通过这种地域性建筑文化的传播绵延至今（图2.10～图2.12）。其原因就在于传统民居建筑文化的地域性差异不是限制其文化的壁垒，而是促进不同地域文化之间传播、流动的动力。

图2.10　安徽黟县西递传统民居五福题材门饰的艺术样式　　图2.11　山西平遥王家大院中的蝙蝠纹样　　图2.12　湖北通山宝石村古民居中的蝙蝠纹样

　　众所周知,中华民族文化丰富多样,共荣共存,不仅在本民族范围内能够相互影响,而且具有善于吸收外来文化的特点。在历史上,印度佛教是东汉以后传入的,通过陆上、海上"丝绸之路"的文化传播与原有的儒家文化、道教文化融合,形成具有中国特色的佛教文化,在中国传统民居建筑装饰图形的艺术形式上留下过深刻的烙印。随后的伊斯兰教、基督教的传入拓展了与外来文化交流的空间。这些来自于西亚、欧洲的外来文化的渗入,无疑使中国传统民居建筑及其装饰图形所蕴含的地域文化原有的特质受到冲击和影响。因此,中原文化、江南水乡文化、山地文化等文化类型的传统民居建筑装饰图形的营造都会吸收外来文化的特质,特色更为鲜明。

　　例如,云南白族传统民居装饰中的木雕艺术特色明显,尤其是被誉为"木匠之乡"的剑川木雕。受中原文化的影响,白族传统民居所装饰的木雕遍布于大木作诸如柱子、柱基、梁、枋、撑拱等和小木作诸如门窗、天花、栏杆、挂落等各个部位。其中"格子门算是最具地方特色的了:'中堂'门称为格子门,一堂通常为六扇,寓'福禄'之意。每扇格子门由天头、上幅、玉腰、下裙和地脚五部分组成,寓意'五福'齐全"(张春继,2009)。这里"福禄""五福"的寓意与中原地区人们对美好生活的追求十分一致,但在象征物上却差异甚远。众多的民居建筑遗存和相关文献的记载表明,白族传统民居装饰图形的取材多来自中原地区的龙、凤、牡丹、鹿及马等传统题材,并融合白族人民的生活情趣和审美追求。可见独具民族特色的"二龙抢宝"等图案纹饰都是在文化传播过程中得以产生和发展的。广东骑楼的装饰是近现代中、外建筑文化交融的典范。20世纪初,受外来文化的影响,广州骑楼开始出现。一方面,在骑楼的楼顶、楼身和楼底各部位的装饰上,西方巴洛克、洛可可的建筑风格与岭南特色的纹饰相互融合,形态多样、异彩纷呈;另一方面,室内装饰中西建筑装饰语言混搭、相互穿插、相互渗透。由此可见,两种不同文化在装饰上冲突、影响不仅没有使广东骑楼的地域特点消失,反而是通过二者非常完美的融合凸显出岭南地域建筑的特色。

　　总的来说,自然地理环境条件对中国传统民居及其装饰的影响,存在于其自然属性所决定的材料、结构、式样等物质层面上,而地域文化和营造技术的进步,则影响到传统民居建筑居住者的生活品味、审美追求和民居建筑装饰的地域风格产生,进而造就中国传统民居装饰图形地域特点鲜明的理性的图画。

第三章
中国传统民居装饰图形的艺术符号系统

　　中国传统民居装饰图形,在千百年来的历史演进过程中早已形成了独特的话语表达体系。作为视觉图形,它们是人们意识形态与中国传统文化建构的产物;作为传播的艺术符号,它们绝非纯粹的未经艺术处理的自然物象,而是在传统民居营造过程中,以满足不同的功能、目的、要求所刻意制作和装饰的结果,也是人们主观意识参与的结果。它们依赖民居建筑媒介而得以显现。

　　从中国传统民居装饰图形传播的内容分析来看,装饰图形与其意义的传播表现为一种交流和交换的信息行为。信息是装饰图形符号和意义的统一体,装饰图形传播的信息受制于图形建构之初的信息生成方式,也就是说,在民居建筑及其营造工艺的物质条件下的符号化媒介特性,这些装饰图形的语言在对所表现的题材内容或者某种事件的叙事描述上,具有特定的时空视角和高度的概括性,而缺少对时间延续的多方位综合的表达力。简单地说,一旦装饰的图形被确定下来,便同其所装饰的建筑构件对建筑发生作用,因而,装饰图形的构造者及其相关人员的认知、喜好、意图等都会左右装饰图形信息的生成。另外,装饰图形符号是信息的物质载体,意义则表现为信息传播的精神内容。以上情况表明,信息必须通过装饰符号来传递和表达意义。因此,要把握中国传统民居装饰图形传播中人们信息交流的特性,就必须考察传统民居装饰图形符号系统的结构及其意义的指向。

第一节　中国传统民居装饰图形传播的物质形态

　　恩斯特·卡西尔认为,"人是符号的动物",并以此构成其符号形式哲学和文化哲学的最基本原理。根据这一原理,人类的一切创造活动都可以理解为符号化的过程。建筑作为人类活动的容器,人们可以从建筑中解读出不同时代的特点和人们存在的方式,以获得对建筑"人格化"的解释①。不难理解,"建筑是以一定的建筑技术和美学规律构建起来的,它是物质的、技术的、实用的,一般地与大地结合在一起的,是人的文化态度、哲学思虑、宗教情感、伦理规范、艺术情趣与审美理想之综合的一种物化形式。它是物质的存在,又是精神高蹈于物质之上的一种'文本'"(王振复,2001)。在佩夫纳斯看来,"建筑作品实质上是带有美学附加成分的实用房屋。创造这样一个作品的显而易见的方式是对一些实用结构进行装饰:建筑作品＝房屋＋装饰。由此可见,建筑作为传播文本,它所能够负载意义的实体就是装饰"(卡斯腾·哈里斯,2001)。装饰是建筑艺术的表现形式,同时,构成建筑装饰的诸如壁画、雕刻、彩绘等艺术形式,

---

　　① 西方早期建筑理论家吉狄翁提出"建筑是对我们生活时代而言是可取的生活方式的诠释"。

均具有的历史性和直接的表意功能,从而能获得文本的媒介特性(图 3.1、图 3.2)。

图 3.1　安徽黟县宏村承志堂室内的门饰之一　　图 3.2　安徽黟县宏村承志堂室内的门饰之二

　　中国传统民居建筑极为重视装饰。由于封建礼制等级的限制与约束,传统民居建筑的面积、形式等都有一定的规范,因而只能在装饰上花费财力、人力,精心构思,巧妙施工来满足人们的需要。可以说,作为传播文本的中国传统民居装饰图形从它形成之初就会受到社会、经济、政治、历史、文化等的影响,受到诸如自然条件和制作技术、工艺的制约。从其艺术发生作用的角度来看,其具象或抽象的有意味的艺术形式的信息传播,在很大程度上影响着中国传统民居建筑的风格特征。下面对传统民居装饰图形可感知的物质形态进行具体分析。

一、装饰图形的色彩物因素解析

　　海德格尔认为所有的艺术作品中都存在"物因素"(孙周兴,1996)。中国传统民居装饰图形建构所需要的各种石材、木料、色彩等物的因素,都是装饰图形存在的基础,它以这些物质因素为媒介,通过点、线、面、体、色彩、光影、肌理、空间等艺术手法的处理,产生可以被视觉感知的图形形式,实现对建筑装饰的目的。

　　在古代,中国原始建筑很少进行人工装饰。以半坡遗址的住房建筑为例,在已经发现的46 座建筑中,布局有的是圆形,有的是方形或者长方形,形式上有的是半地穴式建筑,有的是地面建筑。在房子的门道和居室之间都筑有泥土堆砌的门槛,房子中心有圆形或瓢形灶坑,周围有 1~6 个不等的柱洞。在装饰上,居住面和墙壁都用草拌泥涂抹,并经火烤以使坚固和防潮。其色彩多显露为草木、泥土等建筑表皮的本色,质朴而原始。稍晚一段时间,人们开始使用白土、红土、蚌壳来对建筑进行装饰和防护。随着后来生产力水平的提高和审美意识的增强,以及像石绿、朱砂、赭石等建筑材料的出现,人们逐渐能够依据自己的喜好、文化传统、风水堪舆以及图腾象征来主动运用色彩对其所生活的空间进行装饰。

　　发展到后来,中国传统建筑装饰图形用色越来越丰富多彩,绚丽多姿,并有着鲜明的伦理化的中国特色。礼记中规定:"楹。天子丹,诸侯黝,大夫苍,士黄。"在周代,规定以青、红、黄、白、黑为正色。宫殿、柱墙、台基大多涂以红色。并且,这种以红色为高贵的传统一直延续下来。至汉代时,在宫殿与官署建筑上大量使用红色,故有"丹楹""丹墀""朱阙"之称。汉以后,黄色在尊贵等级上超过了红色。这个时期,人们对青、红、白、黑、黄等色彩进行多种组合和对比,以此对建筑物的彩画图案做出具体的规定:"青与赤谓之文,赤与白谓之章,白与黑谓之黼,黑与青谓之黻,五彩谓之绣",为后世所遵从。实际上,这种规定不能简单地看为色彩之于建筑装饰的应用。从传播学角度来看,色彩的应用包含着更为复杂的内涵。

色彩作为中国传统民居装饰图形表达的物质媒介,具有特殊的表情功能和象征意味。运用色彩作为装饰美化建筑的手段,原因在于"色彩的感觉是一般美感中最大众化的形式"(中共中央马克思恩格斯列宁斯大林著作编译局,1972b)。从色彩的媒介性功能来看,除了色彩的表情功能和象征功能外,色彩还具有认知功能。它影响着人们的知觉与情感,当人们客观地知觉色彩时,人们看到的是色彩真实的颜色再现;当人们主观地知觉色彩时,人们借助色彩的诸种传播功能在头脑中混搭,构建符合主体愿望的表达。因此,资讯性、表现性、构图性成为色彩艺术传播的三个主要特点。

(一)作为功能与资讯的传播

传统建筑装饰图形中,色彩的使用是为满足保护木材及其他功能性的作用而存在的,在使用中将桐油和木漆相互结合,目的在于使装饰的部位更加稳固、牢靠。发展到后来,研制出更多的诸如银朱、朱膘、洋绿、樟丹、赫石、土黄、石绿、铜绿、石黄、雄黄、雌黄、铅粉、黑白脂等矿物质和胭脂、藤黄、墨等的植物质颜料,用来配制成绘彩颜料以满足建筑彩画的需要。另外,色彩对于装饰图形而言具有较强的附丽作用,它依赖于装饰图形的造型形式而存在,让传统民居装饰图形熠熠生辉的色彩是魅力的一部分。"毋庸置疑的是,色彩以其独到的方式让被知觉的对象生动起来"(大卫·布莱特,2006)。

(二)作为表现与意涵的传播

在色彩的象征表达上,受中国传统文化的影响,像青、红、白、黑、黄这些经典的色彩,在历史发展中早已形成了它们各自明确的意指:青色是平和永久的象征,赤色是幸福喜悦的象征,白色是悲哀和平静的象征,黑色是破坏和肃穆的象征,黄色是力度、富裕和王权的象征。在阴阳五行学说中,人们认为天地万物都是由金、木、水、火、土五种基本元素构成的。季节的运行、方位的变化及色彩的分类,皆与五行密切相关。色彩的分类皆与五行说相印,与五种基本元素相应的青、赤、黄、白、黑五种颜色中,青对应为春天、方位居东,赤对应为夏天、方位居南,白对应为秋天、方位居西,黑对应为冬天、方位居北,黄色则相当于土而位居中央。在这种观念的影响下,传统民居建筑装饰色彩的使用是非常谨慎的。通常"是多用白墙、灰瓦和栗、黑、墨绿等色的梁、柱、装饰,形成秀丽雅淡的格调,与平民所居环境形成了气氛协调、舒适平静的佳境,在色彩处理上取得了很好的艺术效果"(王东涛,2006)。

(三)作为形式与情感的传播

色彩在中国传统民居装饰图形的营造上有着不可忽视的地位。在传统民居装饰图形的设计、建造过程中,色彩按照立意、构图的要求以一定的色彩比例,突出画面的主体色调,通过色彩造型的处理,让装饰图形的色彩统一于构图和造型线的分割区域中,造型元素之间的色彩关系在统一中有变化,有着丰富的色彩对比效果,营造出图形结构清晰严谨的造型感觉,使装饰图形达到和谐,促进画面主题的有效传播。

色彩的情感表现与其他视觉媒介相比则显得更为丰富。作为情感的语言和眼睛的诱饵,通过色彩,人们的心理活动和精神诉求都能够反映出来。杰奎琳·利希滕斯坦认为,色彩是"摆脱语言霸权地位的艺术表现手法中不可消减的成分……使文字能够诠释色彩及激发情感的作用瓦解……在阻碍语言通常表达过程中的视觉现实面前,显示了更为本质性的混乱"(布莱特,2006)。"色彩不能作为任何话语的对象并不一定意味着其本性的残缺;而是语言表达有限性的标志,因为文字在描述色彩的效果及影响力时显得那么贫瘠无力,在色彩中,话语失去了它所钟爱的秩序,其象征意义也达到了极限。色彩总是及所有散乱的模式于一体"(布莱特,2006)。这里,尽管利希滕斯坦主张"色彩是纯粹的装饰",但还是充分肯定色彩具有超越语言的表达和传播能力。

事实上,色彩的情感表现是由它与人们的关系决定的。现代心理学和生理学的科学实验表明,色彩不仅能够引起人们对于大小、轻重、前进、后退、冷暖、远近等心理感觉,而且还能唤起人们对色彩情感的联想。图3.1与图3.2是安徽黟县宏村承志堂室内的门饰,元宝形的门楣配以金色的图形装饰,大抵是能够反映出主人对于财富的追逐和祈求的心理愿望的。这或许能够证实色彩各有其语言,不同的色彩会产生诸如热烈兴奋、华丽富贵、欢庆喜悦、朴素大方等不同情调。它们都能引起人们的心理活动,使人们对美好生活产生联想和情感上的共鸣。同时,色彩的情感表达的复杂性是因人而异的,作为人们能够共识的符号语言,它具有世界性。它所表达的情感有着人类互通的交流背景,表达过程中,个性的体验往往和共性象征意义在色彩的外化形式与人的内在情感表达上达到统一。

二、装饰图形艺术传播的物态形式解析

李格尔在论及"艺术意志"的时候说:"在那个时代,艺术意志总的来说仅采取一个方向。这种力量等同地主导着所有四种视觉艺术部门,使所有的目标与材料契合于艺术含义,并以其固定不变的独立性,在任何情况下选取合适的技术为所构思的艺术作品服务"(阿洛瓦·李格尔,2001a)。他将罗马晚期的工艺美术归入视觉艺术的范畴,认为视觉艺术有两种形态,即具象的形态和抽象的形态。前者包括绘画、雕刻,后者则为建筑和工艺。上述"四种视觉艺术部门"就是指的建筑、雕塑、绘画和装饰。中国传统民居装饰图形作为以视知觉器官来感知把握的艺术表现形式,李格尔所论及的内容同其视觉感知的直观艺术形象极为相似。在长期的发展历史中,中国传统民居装饰图形以各种不同艺术形势,诸如以砖、石、木、色彩等建筑物质媒介材料为载体的艺术形式表现出来,形成了传统民居建筑装饰独有的装饰构造体系和作为视觉形式表现的图式与范型。下面通过对中国传统民居装饰图形的几种艺术形式的分析,探讨装饰图形作为媒介载体的物态形式。

（一）彩画

彩画是一种古老的建筑装饰工艺,有着悠久的历史和卓越的艺术成就。一方面,作为一种功能,它使用各种色彩、油漆对传统建筑的梁枋、柱、檩、斗拱、天花等构件进行装饰,以保护木质结构,起到防潮防腐防虫蚁的作用;另一方面,作为视觉语言,其所形成的视觉图式和范型,

在意义上,也是对中国传统文化精神的有效传播,而非仅限于视觉表层的美观、装饰。

1. 壁画

壁画的历史源远流长。考古发现,壁画可以追溯到久远年代的岩画和洞穴壁画。西班牙阿尔塔米拉洞的野牛和法国拉斯科洞顶壁画都是很好的佐证。在我国,春秋战国时期就有鲁庄公"丹桓公之楹,而刻其桷"的描述,以及鲁国大夫"臧文仲居蔡,山节藻梲,何如其知也"(《论语·公冶长》)之说。这些描述都是用来解释建筑房屋构件上装饰彩画的。夏是我国历史上的第一个朝代,据《尚书》记载的这个时期"筑寝宫、饰瑞台",可以推测出建筑壁画在该期已经初具规模。至秦汉时期,像"橡榱皆绘龙蛇萦绕其间""柱壁皆画云气、奇葩、山灵鬼怪"这样记载建筑装饰的文献比比皆是。也就是说,壁画作为建筑装饰的一种,随着建筑的发展而兴盛起来,到这个时期已经相当发达。

根据壁画表现的视觉形式和表现技法,壁画可以分为绘画型和绘画工艺型两大类。

(1)绘画型

绘画型壁画(图3.3)一般指借助绘画的手段,用手绘的方式直接在建筑墙壁上完成的艺术形式。其所依托的绘画基底包括泥壁、石壁、木板、金属板、编织物及其他材料。通常采用干壁画、湿壁画、油画①、蛋彩画、蜡画等。例如干壁画,它是直接在干燥的墙壁上进行绘画的。在制作程序上,先用粗泥抹底,再涂细泥磨平,最后刷一层石灰浆,干燥后即可作画。这种方法简单,易做,成本不高,在传统民居建筑装饰中深受欢迎。

图3.3 姜太公垂钓渭水
注:广西桂林朗山瑶族传统民居——周氏祖宅

(2)绘画工艺型

绘画工艺型(图3.4)是指通过工艺制作手段来完成最后效果的壁画。由于在制作过中,采用了一些手工工艺和科学的制作手段,使各种用于制作的壁画材料在质感、肌理、性能上有别于绘画,更为坚固、耐久,艺术表现力更为强烈,达到绘画手段所不能达到的艺术效果。它是壁画在发展过程中与时俱进的结果。也是其艺术魅力的所在。它包括壁雕、镶嵌画、彩色玻璃画、陶瓷壁画等多种样式。

---

① 此处的油画不同于西方的油画艺术。在中国的传统工艺中,壁画制作常常以木漆和桐油作为媒介,调和一些矿物或者植物颜料进行艺术创作。

图 3.4　鲤鱼跃龙门
山西平遥王家大院

　　壁画能在传统民居建筑中受到广泛的青睐,是和人们的生活观念以及文化传统有关联的。壁画是一种非常有效的传播手段和工具。例如,在汉代它常常起着"成教化、助人伦"的作用。研究汉代的壁画表明,汉代的壁画通常具有说教意义,它以通俗易懂的视觉语言和人们耳熟能详的故事典籍教化人们明辨是非、约束行为;在有些墓室壁画中,它能以其特有的视觉语言,记载墓主人的对现世生活的留恋和时候升天的美好愿望,这种语言能够将他们所拥有的财富——房舍、牲畜、田产等,和日常生活状态——庖厨、宴饮及乐舞百戏表演等,都事无巨细地表现出来。当然,作为一种装饰的艺术形式,壁画也经常用于宫廷和道、释建筑之中。

　　总的来说,壁画是和建筑紧密相连的视觉艺术形式。建筑为壁画提供存在的条件,是壁画的载体和传播文化信息的媒介。壁画又以其独特的文本形式,美化、丰富着传统民居建筑的内涵。

2. 梁枋彩画

　　梁枋彩画指绘于建筑的梁、枋、桁等处的彩画。中国传统建筑在色彩的搭配上是非常谨慎的。例如,在屋檐下被阴影遮挡部分的彩画,用色大多为碧绿、青蓝一类的冷色,略加金点点缀,以求和谐。因为彩绘具有装饰、标志、保护、象征等多方面的作用,彩画常常会根据建筑的等级、用途以及环境的不同,选用不同的图案,形成固定的表现模式。据此,梁枋彩画可分为:和玺彩画、旋子彩画和苏式彩画三大类。

　　(1) 和玺彩画

　　和玺彩画(图 3.5)是传统建筑彩画中规格级别最高的彩画。以龙凤为主要题材,配以吉祥花草、五色祥云,绘于宫殿的梁枋之上。它保持了官式旋子彩画三段式基本格局,即用折线划分枋心、箍头、藻头三部分。以青绿为地,纹样全部沥粉贴金,华贵富丽。至清代,其彩绘的线路和细部花纹又有较大的变化,在花纹设置、工艺做法和色彩排列等方面也形成了明确的制作规范,例如"升青降绿""青地灵芝绿地草"等,并逐渐完善成为规则,最后形成极为严谨的彩画形式。和玺彩画根据不同内容,可以分为"金龙和玺""龙凤和玺""龙草和玺"等不同的种类。由于和玺彩画级别非常高,普通民居建筑是不能直接采用的。但其装饰艺术对传统民居建筑装饰影响的深刻性是客观存在的。

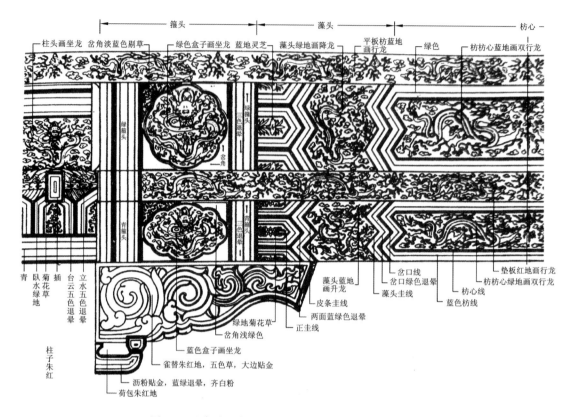

图 3.5　和玺彩画各部分图案结构与名称(高阳,2009)

（2）旋子彩画

旋子彩画(图 3.6～图 3.8)是中国传统建筑装饰史上起源最早,应用范围最广的彩画品种。它是以圆形轮廓线条构成花纹图案,形似漩涡,画于藻头部位的一种彩画。根据其造型特点,又称"学子""蜈蚣圈"。其最大的特点是在藻头内使用了旋子,即一种带卷涡纹的花瓣。形式上表现为"一整二破式",即由一个整圆形和两个半圆形组成完整的图案。

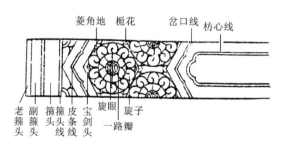

图 3.6　旋子彩画　　　　　图 3.7　旋子彩画部分图案与名称(局部)

旋子彩画在建筑构件的画面上,将彩绘区分为枋心、藻头和箍头三个部分。这种构图方式早在五代时虎丘云岩寺塔的阑额彩画中就已存在。宋《营造法式》彩画作制度中"角叶"的做法更进一步促成了明清彩画三段式构图的产生。明代旋子彩画受宋代影响较为直接,旋花花心

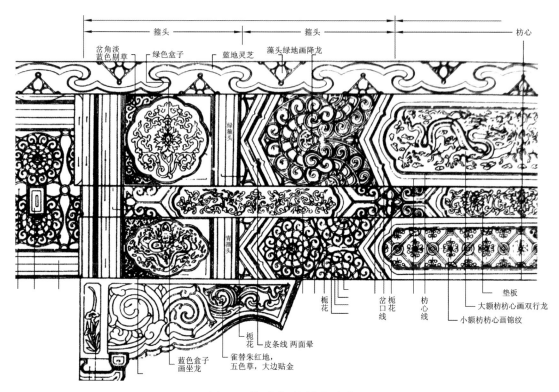

图 3.8 旋子彩画图案与名称

由莲瓣、如意、石榴等吉祥图案构成,构图自由,变化丰富,具有对称的整体造型特点。这些旋花纹样和构图来源于宋代角叶如意头做法。该时期旋子彩画使用的金量比较少,贴金仅限于旋眼(花心部位),其余部分多用碾玉装的叠晕方法做成,色调明快大方。枋心用青绿颜色叠晕,不绘任何图案;藻头内的图案根据梁枋高度和藻头宽窄进行调整;通常箍头一般较窄,盒子内花纹丰富。至清代,旋子花纹和色彩的使用逐渐趋于统一,图案更为抽象化、规格化,形成以弧形切线为基本线条组成的有规律的几何图形。并在普通的民居建筑中得到广泛的应用。

(3) 苏式彩画

苏式彩画(图 3.9、图 3.10)源于江南苏杭地区民间传统做法。相传南宋时期,因苏州匠人装饰的迁都临安(今杭州)的南宋王朝宫殿彩画风格独特得名,又称"苏州片"。苏式彩画汲取了江南灵动清秀的艺术风格,构图生动活泼、色彩雅致和谐、形象真实具体、内涵丰富、格调高雅。有着相对固定的格式。

在制作方式上,大多采用白色、土黄色、土朱(铁红)等作为底色,色调偏暖而温润,表现技法生动而灵活,题材选取广泛。具体做法是:在建筑开间的中部形成枋心构图或包袱[①]构图,在枋心、包袱中均画如人物、山水、花卉、翎毛、鱼虫、走兽等各种不同题材的画面,在此形成整

① 苏式彩画:由于南方气候潮湿,彩画通常只用于内檐,外檐一般采用砖雕或木雕装饰;而北方则内外兼施。北方内檐苏式彩画与和玺、旋子彩画相同,采用狭长枋心,外檐常将檩、垫、枋三部分枋心连成一体,做成一个大的半圆形"搭袱子",又称"包袱"。

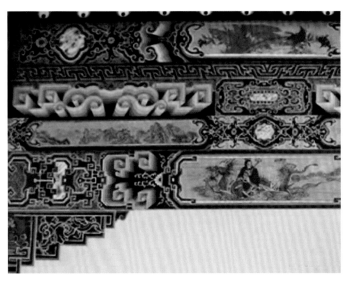

图 3.9　苏式彩画实例

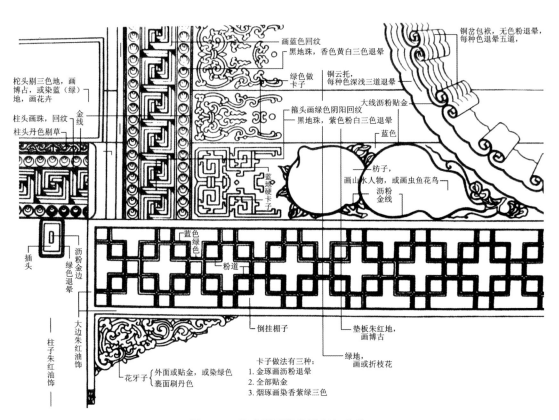

图 3.10　苏式彩画部分图案与名称

个装饰的重点。根据绘画的题材不同,包袱一般分为"花鸟包袱""人物包袱""线法套景包袱"等。在艺术处理上,包袱的轮廓通常是用若干连续折叠的线条构成,并做多层叠晕。外层以黄

（土黄、樟丹）、绿、红三色为主，称"托子"；内层以青、紫、黑三色为主，称"烟云"。包袱的轮廓大线采用金线或者墨线勾勒。其两侧的藻头若为青地，则画硬卡子、聚锦；若为绿地，则画异兽、软卡子或者折枝黑叶子花。这是对苏式彩画"硬青软绿"制作规范的遵从。包袱的内心则是以传统的中国画的艺术手法表现，题材多为人物山水、花鸟虫鱼、神话传说、历史典故等，生动细腻，融艺术装饰与文化传播于一体。

苏式彩画所营造的浓郁的生活气息以及清新自然的艺术风格，深受民众的欢迎。由于没有封建等级营造的限制，通过它的装饰，使传统民居建筑与优雅的人居环境、美丽的自然风光交融一体，营造出中国传统民居建筑装饰的美妙意境和宽松的传播氛围。

3. 天花彩画

天花彩画指绘于建筑屋内顶棚部位的彩画。根据顶棚制作的方法不同，天花彩绘可分为海墁天花和井口天花。

（1）海墁天花

顾名思义就是在天花板上自由地描绘图案进行装饰的方法，不受等级制度的限制，既可以仿造井口天花或藻井的构图样式进行绘制，又可以依据传统的四方连续如流云、水纹等纹样进行绘制，自由洒脱，多为普通民居建筑装饰所采用。

（2）井口天花

通常依据建筑顶部的结构形状，以四条装饰线组成"井"字形状，彩画多绘制于由四边所组成的方光、圆光、支条等部位，在支条交叉的"十"字处绘圆形的轱辘图案，四边则绘燕尾图案或锦地图案。"井"字中心的图案最为醒目，题材内容依据建筑的等级有着严格的限制（图3.11，图3.12）。

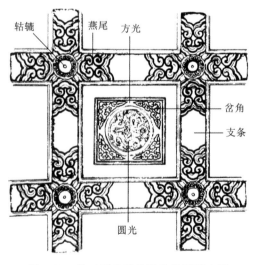

图3.11　井口天花结构及装饰图形实例

图3.12　井口天花彩画各部分图案结构与名称

中国传统建筑对天花板的装饰是非常重视的，除了绘制彩画外，还常在天花板的中心位置做出一个或圆形、或方形、或多角形的凹陷部分，然后进行装饰，这也就是通常所说的藻井，其限用于宫殿和寺庙建筑。藻井在传统建筑中不仅装饰作用，还有着重要的防火功能。《风俗通》云："井者,东井之像也;藻,水中之物,皆取以压火灾也。"故在题材内容的选取上多是能起到灭火的瑞兽及藕茎类的水草植物,常见的有龙、菱角、荷花或莲叶等。当然,这也只是人们一种美好的愿望。

4. 斗拱彩画

斗拱彩画(图 3.13)指绘于斗拱和垫拱版两个构件处的彩画。它根据大木彩画基本规则"斗拱:墨线斗拱"来决定。通常在一攒斗拱中,斗拱彩画由线、地、花三个部分组成。线:线画在斗拱构件的角边线上,颜色有金、金银、蓝、绿、黑五种;地:地画在各线的范围内,常用丹、黄、青、绿等四种颜料,其中青、绿最多;花:花画在地上,色彩分配较为随意,所画题材内容有西蕃草、夔龙、流云、墨线、宝珠、莲花等纹样。

图 3.13 太原晋祠圣寿寺

斗拱刷色是以角科、柱头科、青升斗、绿翘昂为准,并以此向里逐渐推为青翘昂和绿升斗,或青绿调换;当遇双数时,中间两攒可以刷同一种颜色,压斗枋底面则一律刷成绿色。垫拱板的装饰同斗拱一样,也由线、地、花三部分组成,区别在于线是画在垫拱板边缘上,地的颜色多与斗拱色反衬,以和斗拱相对应,形成统一和谐的装饰效果。

5. 椽头彩画

椽头彩画(图 3.14)是绘于椽头、椽子、望板上的彩画,是传统建筑彩画的主要组成部分之一。椽头彩画,图案丰富多彩,做法也多种多样。清代椽头彩画分为老檐椽头(檐椽的端面)彩画与飞檐椽头(飞头的端面)。它们在做法上基本和清代各种大木彩画做法相统一,其设色的主要特征也是以青、绿色为主要色调,一般飞檐椽头的底色设绿色。其中,最常见的飞檐椽头彩画一般有五六种;老檐椽头彩画则多达十余种。在图案纹样选取和色彩处理上,依据大木彩画的等级不同,椽头彩画做法也不同。由

图 3.14 福州民居建筑中挡水檐博古图题材的装饰

此便形成了椽头彩画多种变化的图案和色彩丰富的表现。

（二）雕刻

中国传统民居建筑装饰以木雕、砖雕、石雕等三种雕刻形式著称。作为艺术传播的物质媒介,它们的产生是和人类社会发展的各个时期、不同区域人们的思想意识、行为规范、相互之间的关系及发展规律有关的。

从传播学的角度来看,不同的物质生产时期,不同的年代,社会群体会以不同的语言作为

交流手段。那么,作为视觉传播语言的传统民居建筑雕刻的出现,并非是人们的主观意志和好恶的反映,它是由物质进步的条件决定的。它们的内涵源于深厚的中国传统文化背景。中国传统文化的力量在于,人们通过这些传统文化的学习、交流而获得动力,从而达到物质世界和精神世界新的人文成就。"中国的建筑是世界上历史最长,生命最久,散布最广的一系建筑。……而中国建筑却自有史以来是永久赓续的活动。虽然中华民族在思想上受过外来宗教的影响,在政治上受过异族的统治,但中华民族却仍保持其数千年的特征,自成一个伟大的民族。以整个的中国建筑讲,它所反映的正是这个民族的伟大的性格"(梁思成,2001)。正因为如此,建筑雕刻装饰这种视觉语言形式能够很好地继承和表达特定时代下人的观念、精神生活和审美追求,使中华民族的伟大精神得以绵延不断,源远流长。

1. 木雕

中国传统民居建筑结构体系为木质构架,人们出于对架构工艺的要求和对建筑传播精神文化的需要,就在这些木质构件上进行精美的艺术加工,即产生了传统民居建筑木雕装饰艺术(图3.15)。这种对建筑进行装饰的现象究竟源于何时,恐怕一时难有定论。但传统民居建筑是在历史发展过程中逐渐生成的、具有多层次、多向度和真实的文化背景及独特的结构体系是无可争辩的事实。建筑从人们最初的以遮蔽为目的的要求发展为肉体对建筑空间的精神需求的真实性依恋,通过人在不同建筑中的活动,促进了人们因建筑而产生的人与人的交流、人与建筑的交流。建筑也由此获得了作为传播媒介的特性。木雕之于传统民居建筑的装饰恰恰满足了人们对物质、功能需求和精神文化需求的双重需要。

图 3.15　安徽黟县传统徽派民居
窗饰的艺术样式

传统民居建筑木雕有装饰的作用,因而其所选择的纹饰和图像都是由人或者社会赋予了意义的象征语言,它们以传统建筑为媒介,将所获得的"意义"在建筑所架构的空间内进行传播和交流。因此,木雕作为"'装饰物'不同于'结构物',也不同于'模仿物'。或者说它既不同于机能性的(功能)实用美术,有区别于再现性的造型艺术。从而,在与机能性对立中否定了装饰,又与再现性的区别中确认了装饰的价值"(野海弘,1990)。也就是说建筑木雕传播的特性和实质不能仅仅看它作为实体的形式结构和表达的具体内容,而应该是在创造物质形态过程中发挥装饰美的形式和表达主体意识的自觉,通过装饰载入和完善建筑的形式和内在意义。因此,其在题材选择、构图布局、形象塑造等建造方式上与传统的姊妹民间艺术和工艺美术互融互通,并形成自身在象征、审美、教化、祈福、谐音、风情及图案的模式化等方面鲜明的中国特点。

传统民居建筑木雕装饰,在不同的地域、不同的文化、不同的风俗习惯的影响下,雕刻的形式和雕刻技法的运用也不尽相同,木雕风格呈现出各自的特点。但总的来说,这些复杂的雕刻技法基本可以分为以下几类。

（1）线雕

线雕是指在木质的建筑构件上进行装饰的一种艺术形式。通常用阴线或者阳线作为造型语言，以刻线的方式来表现木雕的题材、对象。线雕利用雕刻的纹理、细腻的刀法，对题材纹样及动物、人物等不同的形象的勾勒起着重要的塑造作用，具有很强的装饰效果。例如，东阳木雕中的"满地雕刻"浅浮雕，就是在建筑构件或者门、窗等需要装饰的地方，以刻线的表现语言满雕纹饰，而且装饰题材丰富多样，像花鸟虫鱼、民间传说、历史典故、吉祥图案等均为选取的对象，画面充满了民俗幸福生活的气息，形成独具一格的艺术风格。

图 3.16　安徽黟县宏村传统
徽派建筑构件

（2）镂空雕

镂空雕（图 3.16）是指用凿子将木板刻穿，造成上下、左右的穿透，并施以平面雕刻的一种工艺技术。镂空雕刻配合浮雕，习惯上又称透雕和镂空雕刻。这种雕法需要有高超的技巧，一般要经绘图、镂空、凿粗坯、修光、细润等一系列复杂的操作工序，刻成的作品要求视线不受障碍，雕刻的图案正反两面都可观赏。尤其是植物花卉题材的作品，枝叶穿插流畅，花瓣翻卷自然舒展，极富于装饰。此种雕刻形式常见于花罩、挂落、雀替、木门窗的装饰中。

（3）剔地雕

剔地雕是传统木雕中最基本的雕刻技法，通常指的是剔除题材内容造型以外的木质，以突出画面形象的雕刻。剔地雕雕刻工艺分为两种：一种为半混雕刻法，即将题材内容的造型做很深的剔地，再将主要形象进行混雕，成为半立体形象，常用于建筑的额枋上；另一种是浮雕刻法，即在题材内容造型周围剔地不深，使形象不是很突出，然后再在形象上做深浅不同的剔地，以表现出形象的起伏变化，或者在形象上做刻线装饰，勾勒造型，增强被装饰部分的装饰效果。这种雕刻多用于裙板、装板的雕刻中，使装饰富有生命的活力。

（4）浑雕

传统民居建筑中的混雕又称为立体雕。通常是在撑拱、垂花等部位采用圆雕的技法，对形象从前、后、左、右、上、中、下全方位进行雕刻，以获得多方位、多角度、三维立体的欣赏。表现手段极为简洁、精练，经过高度概括的形象非常精细，充满生气，通过象征和寓意，它们都能表现出建筑装饰的主题，予人以难忘的回味。雕刻题材内容也丰富多彩，可以是人物、风景，也可以是动物、植物。

（5）贴雕

贴雕是传统建筑装饰中一种新的雕刻技术，通常先用薄板镂出所需图案加以雕饰，再于底板上剔出浅槽，再将做好的图案贴嵌上去，完成对建筑构件的装饰。贴雕工艺一般针对那些比较难以剔地的刻件、轴对称的构件和便于批量雕饰的纹样（如连续纹样）。优点是省时、省事、省料、便于制作和批量化生产，艺术效果也不亚于其他形式的雕刻装饰。

2. 砖雕

砖雕(图 3.17)是在特制建筑构件砖上雕刻物象或者花纹的一种装饰。通常有两种雕刻方法:一种是预先在砖的泥坯上进行压模或者雕刻,然后再行烧制,由于是在泥坯上实施装饰的,所以这种砖雕较为纤巧细腻;另一种方法则是直接把已经设计好的图案花纹直接雕刻在烧制好的青砖上。在民间,砖雕一般制作的程序是首先用砖蘸水磨平进行修砖,然后在砖面上贴上图案纹样,并用小凿描刻出花纹轮廓,再行打坯即依次凿出图案纹样的四周线脚,对主纹、底纹进一步细雕,最后磨光处理,如砖质有砂

图 3.17 安徽黟县传统徽派民居建筑门楼上的各种砖雕

眼,还用猪血调砖灰修补,直至最后完成。较之于前者,后者给人的感觉更加粗矿、雄浑,予人以朴素厚重的感觉,这种砖雕应该才是真正意义上的砖雕。

砖雕是在汉代画像砖和东周空心砖、瓦当的基础上发展而来的,是传统民居建筑雕刻中很重要的一种艺术形式。砖雕的材料、色泽虽然不如木材、石材,但它比较省工、经济,所以在民间能够广为流传。砖雕大多是作为建筑的构件或大门、屋脊、墀头、墙面、影壁等处的装饰出现在民居建筑中,多属室外部分。传统民居建筑中,砖雕装饰应用最多的部位是墀头。墀头位于大门两端山墙与檐口交接部位,作为一个组件,它的功能是支撑前后出檐,通常是从上到下依次为戗檐板—二层盘头—头层盘头—枭砖—炉口—混砖—荷叶墩。大的墀头可高达 2 m,小者也有 20 cm 左右,整个墀头从上到下,由粗到细,一气呵成,成为大门外观装饰的重点。例如,徽派民居建筑便是如此,砖雕在建筑的门楼、门套、门楣、屋檐等处广泛应用,是徽派建筑艺术风格的重要组成部分。苏州砖雕的门楼也非常典型,砖雕门楼字碑大都为名人所题,那些精美的书法作品和秀美、典雅的苏派砖雕往往相得益彰,从而使苏州砖雕增添了许多浓厚书卷气。

砖雕在传统民居建筑装饰中有着广泛的应用,在我国根据地域的不同有如下七种主要的

图 3.18 山西传统民居

流派:北京砖雕、天津砖雕、山西砖雕、徽州砖雕、苏派砖雕(苏州砖雕)、广东砖雕、临夏砖雕(河州砖雕)。

3. 石雕

在传统民居建筑中,石雕(图 3.18)有着广泛的运用。它的使用起初多为仿木架结构,这是由于传统民居建筑多以木结构为主,但木质材料经风吹雨打易于腐烂,因而很多重要的木构建筑多用石质材料替代,像很多的建筑的外檐立柱都使用石柱,在满足建筑功能的前提下进行装饰,后来逐渐形成了它所独有的艺术风格。石雕工艺在民间有着广泛的应用,主要体现在庙宇、祠堂、牌坊、桥、塔、亭、民居住宅、墓等建筑的局部和构件上,如台基、门楣、栏杆、石柱、柱础、望柱、拴马石、抱鼓石等部位。

在我国,石雕艺术的历史非常悠久,最早可以追溯到史前人类的打制石器,从石器时代起,石雕就一直和人们的生活息息相关。在石雕漫长的发展、演变历史中,它的艺术创作和艺术形式也是在不断地变化、更新和进步,不同的历史时期,石雕的样式风格和存在的类型都有很大的差别。不同的地域、不同的社会制度、环境和不同的民族习俗,对石雕也有着不同的需求。早期,人们打制石器仅仅只是为了满足其使用功能。后来,伴随着人们石材加工技术的提高和审美水平的提高,打制石器的时候,在满足使用功能的基础上,人们开始在石器上进行装饰,早期的石雕大多造型简洁,刀法洗练,艺术风格古朴。到商代,基于当时社会中所盛行的万物有灵的原始宗教观,动物作为神灵被时人所崇拜,因而动物题材的石雕在该期非常的普遍。例如,在王都安阳殷墟,随处可见动物题材的石制雕刻。秦汉时期,大型墓前石质雕刻开始出现,神话故事、羽化登仙、历史人物、现实生活、孝义事迹、烈女故事、祥禽瑞兽等,都成为石雕所表现的题材内容。从隋唐时期的历史遗存来看,石雕多为在石窟和寺庙之中的大型佛像。到五代和两宋时期,石雕中的浮雕艺术形式也在建筑构件如柱础、石柱等中得到应用。至明清时期,中国建筑艺术迎来高度发展,从而形成建筑石刻艺术创新成就的新的高峰。可以说,建筑石雕的历史是一部文化内涵丰富的人类历史。

传统民居建筑石雕的种类非常的繁复,按传统雕件表面造型方式的不同,它们可以分为浮雕、圆雕、沉雕、影雕、镂雕、透雕等;按用途可以分为宫殿、宅第、园林石雕、石阙、牌坊石雕等。无论哪种雕刻,它们在制作工艺上是基本相同的,都要经过石料选择、模型制作、坯料成型、制品成型、局部雕刻、抛光、清洗、制品组装这一流程。常用到的传统手工工艺技法有以下4种:

(1)"捏",即打坯样。通常是在石雕创作设计过程之初,对设计方案进行预先的泥质草图设计,或石膏模型的制作。

(2)"镂",是根据设计方案,将内部无用的石料挖掉的技法。

(3)"剔",也可称之为"摘",是按石雕设计的图形,使用工具剔去外部多余的石料。

(4)"雕",是对石雕进行仔细的琢刹,通常出现在雕件成型的最后环节。

总的来说,中国传统民居建筑中的装饰艺术形式不是孤立的存在,它们之间互相对比,互相衬托,相得益彰,形成一个统一的艺术氛围。在"精心构思巧妙设计的雕梁画栋间,蕴藏了丰富多彩的文化内涵,体现了中国传统的道德文化和审美情趣"(穆雯瑛,2001)。借用中国传统建筑研究的开拓者朱启钤先生的话说就是:"中国之营造学,在历史上,在美术上,皆有历韧不磨之价值"。"吾民族之文化进展,其一部分寄之于建筑,建筑于吾人生活最密切。自有建筑,而后有社会组织,而后有声名文物。其相辅以彰者,在可以觇其时代,由此而文化进展之痕迹显矣"朱启钤,1930。[①]

第二节　中国传统民居装饰图形的符号结构

中国传统民居装饰图形的符号化视觉语言形态,在信息传播并不发达的中国传统社会,不仅仅是满足一种功能,即对建筑的装饰,而且因传统民居建筑及其装饰图形媒介性的存在,它

---

① 朱启钤。中国营造学社开会演词。北京:中国营造学社汇刊,1930,1(1)。

们还可以被理解为是更具社会属性的"视觉性"艺术传播。

笛卡尔曾经说过："没有图形就没有思考。"斯蒂恩也曾说："如果一个特定的问题可以转化为一个图像,那么就整体地把握了问题,并且能创造性地思索问题的解法"(苏恩泽,2000)。科学研究表明,人们在与外界事物的交流中,通过视觉途径所占的比重比听觉、味觉、嗅觉等都大得多。而且,在图形、文字、数字等交流形式中,人们对图形最为敏锐。也就是说,通过图形,人们能够更直观地解读事物的本质。因此,当中国传统民居装饰图形被当做"视觉性"文化概念时,它体现出来的就应该是人们认知的经验模式。这个时候,那些装饰的图形已不再是物态化了的人造符号,而是嵌入了人类社会性的意识形态与情感的视觉语言,所有的装饰图形的符号元素,无论具象还是抽象,必然是其所指对象意义的特别约定或者象征。通过这样的语言,人们便可获得对于传统民居建筑装饰符号视觉表象下深层次内涵的理解和文化的解读。

然而,这种认知的经验模式的形成,在中国传统民居装饰图形悠久的发展历史中,不可避免地要面对装饰图形与意义表达的人的思考和思辨,面对装饰图形表达的情感与象征在人们的经验世界里的意义渗透与转换,也就是说,其能指和所指的事物之间关系复杂。因而,有必要全面地、深入地探索装饰图形符号的结构及其传播规律。

一、中国传统民居装饰图形的第一层表意结构

中国传统民居装饰图形是传统民居建筑装饰中重要的视觉语言符号,在体现对传统民居建筑装饰功能的同时,它还具有创造性表达人们思想观念和情感的语言传播功能。这种符号化的装饰图形语言常常被作为隐喻或者象征某种意义的替代物,从而使得其信息意义与它的物质表现形式相融合,具有与言语文字相同的交流、传播功能。同言语文字一样,在构成原理上它们非常相似,即在组织结构上有着丰富的修辞和语法关系,通过装饰图形符号的符素、符号和关系的创造性的组合来实现它们的沟通和交流作用。

结构主义符号学认为:符号本身是一种诱导人做出反应的刺激因素,符号意义本质上是人为建构的。它由能指和所指构成,两者的关系具有任意性。这种"任意性"不能被片面的理解。索绪尔认为:"任意性这个词还要加上一个注解。它不应该使人想起能指完全取决于说话者的自由选择(一个符号在语言集体中确立后,个人是不能对它有任何改变的。)我们的意思是说,它是不可论证的,即对现实中跟它没有任何自然联系的所指来说是任意的"(索绪尔,1980)。事实上,值得注意的一点是,并非所有的人都可以平等地建构能指和所指,在阶级社会里总会带有浓郁的阶级色彩和特权阶层的优先权。在符号这种二元结构模式中,巴尔特继承了索绪尔的理论并对符号结构进行了更深层次的挖掘。在他看来,索绪尔的"能指＋所指＝符号"只是符号表意的一个第一个层次,而只有将这个层次的符号作为第二个层次表意系统的能指时,产生的新的所指,才是"内蕴意义"或者"隐喻"的所在。按照这个符号结构的理论,在研究传统民居装饰图形的时候发现,作为传播的装饰图形符号,一方面可以通过直观的视觉感知获得表层视觉形式的理解,另一方面对由装饰图形符号的符素、符号和关系组合的深层形式(或者说构成关系)则需要诸多逻辑上的意指和解释。因此,在二元结构的框架下,皮尔斯在索绪尔关于符号结构基础上提出的承担解释的第三项理论的介入,有助于中国传统民居装饰图形较为全面的符号学解读,更科学、深刻地考察这个符号系统的结构特征。

（一）能指——中国传统民居装饰图形的表层视觉形态

作为传播的符号,中国传统民居装饰图形同其他的传播符号一样,是由形式(能指)与内容(所指)组成。有着可感知的视觉符号形式和可供分析的符号内容。在索绪尔看来,符号形式的能指和符号内容的所指是语言相互依赖的构成成分,是一对相互依存的概念。在由之构成的符号系统中,每个成分的价值是由同时存在的其他成分决定的。内容是由除它以外与它同时存在的东西决定的。作为系统的一部分,内容不仅被赋予了意义,而且更重要的是被赋予了价值(郭鸿,2008)。因此,中国传统民居装饰图形的形式和内容的组合,决定了其符号的实体和意义。

1. 底层结构——点、线、面、色彩等语素构成的艺术语言

丹尼尔·钱德勒在《符号学入门》中认为,任何符号的编码都有两个结构层,高一层次的是"第一分节层";低一层次的是"第二分节层"。在低层次的层面上,符号被分为像音素一样的最小功能单位,它们本身没有意义,但可以在符号编码中反复出现。当它们的组合结成有意义的符号单位时,就构成符号系统中最基本的语言单位,形成高一层次的分节层。由此双重的分节使人们能用少数几个低一层次的语言单位,构成无限个意义的结合体。按照这个理论,传统民居装饰图形符号可以分为底层结构和上层结构两个部分。

图 3.19　安徽黟县西递西园石材窗花

传统民居装饰图形,现在已经被普遍接受为人造的视觉图形语言符号。它的能指有一个突出的特征——物质性,这是由符号的本质属性所决定的。作为传播的视觉语言符号,它具有能为人们感知的特性,能为人们所看见、所触摸,也可以通过其视觉语言的编码、组构获得表达形象的再现(图 3.19)。在装饰图形符号的语言结构中,图形本身不是符号语素,而是作为能指的"物质实体"和"形式实体"。"物质实体"通常是指那些构成装饰图形符号的具体物质材料或物质的运动状态,包括诸如点、线、面、色彩及其依托的木质、石质建筑材料等。"形式实体"则作为表层视觉形式的装饰图形的如木雕、石雕、壁画、彩绘等物质存在方式。在这里,"点、线、面、色彩"等高度抽象的语素,组成了传统民居装饰图形建构中最为基础的底层结构。

在底层结构中,语素既是构成装饰图形的最小语言单位——元语言,作为个体,它们又都是完全的符号,而且都由各自的能指与所指构成。在由这些语素编码、组合所构成的上层结构中,它们是上层结构语义所寄托的中介质。也就是说,人们总是习惯从形式着手去掌握所指的内容,因而,透过这些介质以待挖掘隐藏在能指背后的所指。与言语符号中的最小功能单位音素不同,作为视觉符号语言,装饰图形底层结构中的点、线、面、色彩等语素,在社会历史发展中早就形成了许多约定俗成的内容。它们在图形编码中是有意义的最小结构单位,它们都有完整的信息并能传达一定的意义。

一般来说,能指背后的意义是多元分歧的,是"浮动的意义"①(贡布里希,1987a)根据语言符号最本质的特征是任意性的理论,也就是说符号作为人类社会传达意义的工具,能指的中介并非是一条直接连接所指的途径,而是基于"浮动的意义"的不确定性,那些借助文化传承和社会的公众约定俗成的"意指"就会出现,以遏制意义的浮动,剔除不确定的、多余的信息,获得对符号的确切解读。因而对"点、线、面、色彩"等底层结构的语言要素意义的挖掘显得很重要。

(1)线

线作为传统民居装饰图形底层结构中最基本的语素之一,在装饰图形的建构中起着重要的作用(图3.20)。从装饰图形符号构成视觉要素的角度,线条是没有意义的组成图形的要素。几何学中的线,是一个看不见的实体,它"产生于点自身隐藏的绝对静止被破坏之后"(康定斯基,1987),由静止向运动状态的跨越。也就是说,线是点在移动中留下的轨迹。线作为装饰图形的造型手段,它能够通过其丰富的语言手段和强烈的造型表现力,塑造无与伦比的艺术形象。

图3.20　安徽黟县西递西园室内装饰花卉题材作品线性分析

按照丹尼尔·钱德勒符号分层的理论,线不仅是高度抽象化了的建构装饰图形的最小功能单位,同点、面一样,由于视觉语言符号的特殊性,线还具有自身的符号意义。由此显示线作为装饰图形符号编码、组合语素的超强能力。以线的象征意义为例,几何直线具有明了、直率的性格,显示理性的特征。自由的曲线则富有个性且不易重复,由于在表现过程中加入了表现者的主观感受,自由曲线更具有柔和、灵巧、生动的艺术特性。从线的方向上来说,水平线给人以静止、安定、平和、辽阔的感觉,垂直线则是予人以刚直、向上、主动、正直、庄严、崇高等的联想等。

由于线拥有装饰图形造型语言和视觉符号的双重身份,在装饰图形中有着广泛的应用。在西方艺术史中,线的透视奠定了二维平面中三维空间的艺术表现的基础,物体的空间的特性可以从轮廓边线中得到体现,显然,线也就能够成为人们观看世界、表现世界的一种方式。这一点正如沃尔夫林所说:"一种风格的线描的特征并不是由线条存在这个事实决定的,而是由——正如我们已经说过的——这些线条用以迫切使眼睛去注视它们的力量决定的。古典的设计的轮廓发挥着一种绝对的力量:正是这种轮廓向我们吐露出事实真相,而且作为装饰的图画也依赖于这种轮廓。它充满了表现了,而且包含着所有的美。我们无论在什么地方看到16世纪的图画,一种明显的线的主题就涌现在眼前。在线条之歌中形式的真实性被揭示出来。"

---

① 所谓"浮动的意义",是指传播符号特别是非语言形式的传播符号存在某种不确定性。因为非语言形式的传播符号在能指和所指之间不像语言符号那样具有全社会的约定规则,而且不具有很强的历史传承性,它们往往是一种行业约定,或者是受传双方的特别约定,或者是随着传播需要而出现的临时约定,所以作为能指和所指的中介项意指很难被理性地确认,不能成为所有的受传者的共识(贡布里希,1987)。

（沃尔夫林,2004）

从功能上看,线在装饰图形符号建构中的功能主要表现在:线是装饰图形造型的重要手段、线表现出装饰图形不同的艺术风格、线是美感产生的源泉、线在装饰图形中具有丰富的情感表达力等四个主要个方面。例如,在传统民居建筑装饰中的彩画,常常是将很多明丽鲜艳的色彩组合在一起,为了使它们之间搭配合理,和谐生动,"线"便成为色彩之间形成默契和联系的桥梁,一种做法是在各种色彩之间加黑线道,使反差很大的色调有了统一的色彩轮廓,缓解色彩之间的视觉冲突;另一种是沥粉贴金,即沿着不同色彩的边缘轮廓沥粉贴金,达到色彩之间统一调和的目的,使画面看起来辉煌夺目,富丽堂皇;还有一种是晕色处理,即利用色彩造型所形成的白色线道,将各种不同色彩的纯度做适当的减低,使明度上从深到浅依次减低来构成色彩之间的和谐关系。这些"线"的艺术处理手段,缓解了原本不协调的彩画色彩之间的视觉效果,也充分体现了古代工匠们驾驭"线"的高超技巧和能力。

（2）点

点,在几何学上,康定斯基将它定义为:"点是一种看不见的实体。因此,它必须界定为一种非物质的存在。从物质内容来考虑,点相当于零"（康定斯基,1988）。康氏的定义很有玄机,"点是一种看不见的实体"却并非完全的物质虚无,它在视觉上表现出的是一种位置的占有,它没有具体的大小、长短、宽窄等,但可以作为线的起点和终点。因此,任何视觉符号在满足这些条件后,便会获得"点"的意味。也就是说,作为装饰图形符号的构成要素,点有着它丰富的形态,而非某一固定不变的形状（图3.21）。

图3.21　北方传统民居建筑（四合院）院墙上开设的形状各异的什锦漏窗

从点的功能和意义上来看,"点本质上是最简洁的形","一个点即可造就一定的主张"（康定斯基,1988）。点在视觉形式上表现为各种各样的形状,它们有的规则,有的不规则,其中形状越越小的,点的感觉越强,视觉张力则显得越弱,作为装饰图形的要素,可塑性和表达力就越大;点逐渐增大时,趋于面的感觉就越强,这时,点在装饰图形中呈现为抽象的几何形或者具象的形象。点在建构装饰图形符号中,遵循形式美的法则,依据造型的要求,通过点的形状与造型形象的面积、位置、方向等诸因素的关系,以规律化的形式对形象进行建构,或者以自由化的表现手法,来获得对形象的刻画（图3.22）。

图3.22　山西平遥王家大院外墙装饰

点在装饰图形画面空间中,具有很强的向心性,能形成视觉的焦点和画面的中心,显示了点积极的一面。例如,在传统民居建筑装饰图形中的"多福多寿"这一案例,在图形建构上常常将"寿"字进行圆的适形化处理,将其置于图形的中央,然后与环绕其周围的蝙蝠、寿桃等造型元素相互联系,使"寿"字演变的点与画面的其他元素和谐统一,形成一幅优美的祈福多寿的画卷。值得一提的是,由于点在形态上的不确定性和相对性,点的语言表达力会随其周围条件的变化而变化,其内在的意义要根据装饰图形的具体情况进行分析。

(3)面

面,在几何学上通常被定义为线移动的轨迹。在形态学中,面是具有形状、大小、色彩、肌理等要素的造型元素,它是不同于形象但又接近形象的"形"的元素。在传统民居装饰图形中,面经常呈现为以下几种类型。

几何形:即用数理的构成方法,通过直线、曲线或直曲线相结合形成的面,故又称无机形,如特殊长方形、正方形、一般长方形、三角形、梯形、菱形、圆形、五角形等。在表意上,它们具有数理性的明快、简洁、冷静和秩序感,因而被广泛地运用在传统民居建筑装饰的门、窗、花砖装饰、地面镶嵌的装饰图形中。

有机形和不规则形:与几何形相对,它们是指由人自由创造所构成的图形,主观随意性强。在传统民居装饰图形中,许多人物题材的画像石、木雕等均有应用,这种语言形式有着很强的造型表达力和鲜明的艺术特征。

在意义表达上,面的感情是最丰富的。传统民居装饰图形往往随着"面"所塑造的形状、大小、位置、虚实、色彩、肌理等变化而形成复杂的造型世界(图 3.23)。

在传统民居装饰图形的底层结构中,"点、线、面、色彩"等语素在建构图形的过程中不是孤立地发挥作用的,而是根据题材内容及表现的主题进行综合应用的结果。在建构装饰图形符号的时候,人们往往是从中国传统文化所约定的意义基础上得到创新和突破。也正是这种创新精神,才使得中国传统民居装饰图形不断绵延传承。

图 3.23 山西平遥王家大院

2. 上层结构——语素编码、组合后的艺术形象

传统民居装饰图形的上层结构,是由底层结构的语素及其组合所形成的形、义同体的视觉符号和符号系列,它是建构装饰图形信息的核心,是中国传统民居装饰图形的表层视觉形式。在这层结构中,装饰图形通过语义符号的有机组合实现意义的表达。实际上,上层结构语素的编码及其组合的过程也是装饰图形造型塑造、艺术处理的过程。具体表现为语素所塑造的形象、纹样及其组织排列、色彩等同依托的媒介、材料之间的关系。无论是抽象还是具象的图形表现形式,在编码、组合过程中必须遵从一定的规律。因此,处于底层结构的线条、色彩、形状、色调等艺术语言构成装饰图形艺术作品形式的基本构成要素,依赖于底层结构的视觉艺术语言符号所塑造的装饰图形艺术形象,成为装饰图形能指最为直接的表层视觉形态的主要组成部分。尽管艺术形象不是装饰图形艺术作品全部,但它们能够反映客观生活、反映创造主体和审美接受主体双重审美感知以及审美理想的追求。

基于装饰图形视觉艺术符号语素编码、组合后的艺术形象,并非这些表象的视觉材料的简单堆砌、组合,而是有其内在逻辑规定的"尺度"①和自身系统化的运作方式,最大限度地反映人对客体物质世界的占有,对未来精神世界的审美创造。由此形成了装饰图形艺术形象的一些特性。

(1)直观性,是传统民居装饰图形艺术形象对以视觉为传播特征的视觉艺术直观特性普遍规律的遵从。在造型方式上,是创造主体运用形象思维方法,通过对客体的观察、思考和分析,以反映客观现实生活和人们的情感为目标,在客观事物发展变化和人们的情感历程中,寻找创造的灵感和契机,并用如石材、木材或者砖等特定的装饰材料和底层结构视觉元素的编码、组合所形成的艺术语言固定下来,成为审美接受主体能够视觉直接感知的对象。装饰图形艺术形象的直观性不仅仅是作为能指层面的对象化的视觉符号,它还包含更深刻的艺术理解,也就是说,艺术形象的直观性能够架起装饰图形符号与意蕴层的桥梁,能够引起审美的兴趣,从而使之与审美接受主体的艺术素养、审美期待发生关联。

(2)真实性,所谓传统民居装饰图形中艺术形象的真实性,是指装饰图形作品中那些具体可感的艺术形象能够揭示生活的本质规律,表达人们情感的特性。中国传统民居装饰普遍遵循着"图必有意,意必吉祥"的准则,通过一系列的视觉修辞手段,将与人民日常生活息息相关自然景象、人物、鸟兽、虫鱼、植物、花卉等塑造成艺术形象,表达他们祈求吉祥、消灾弭患的愿望以及对美好生活的追求和平安吉祥的向往。

这些充分说明了传统民居装饰图形艺术形象反映出的"客观世界的真实或者再现的真实"和"主观世界的真实或表现的真实"。前者是将中国传统社会生活中的各种元素进行艺术化的加工和运用,使之成为装饰图形作品的元素和组成部分,这种真实不言而喻。而后者则需要创造主体和审美接受主体的双重作用,这些作用都是个人的感情真实地流露,无论装饰图形作品中的艺术形象是具象还是抽象,创造过程中创造主体所付出的情感一定是真实可靠的,而在审美接受过程中,接受主体情感的真实性也是装饰图形艺术形象审美意义不断修正和完善的前提,当然,这些涉及本研究后续部分装饰图形符号第二层表意结构的更深层次探讨。总的来说,装饰图形艺术形象的真实性还在于两者的统一,只有如此才能够将真实的客观存在与真实的主观情感通过装饰图形作品表现出来。

(3)独创性,在历史的长河之中,传统民居装饰图形艺术作品能够留存于世、历久弥新,究其原因,应该在于它拥有自己的艺术形象。装饰图形艺术形象的独立性是一种相对的独立,在底层结构还未建构为具体可感的艺术形象是,它们还仅仅是最基本的视觉语素,没有表达功能,一旦通过底层结构的和目的的有机组合,那些最基本的视觉语素被物化、被固定下来,成为一种独立于创造主体之外的具体可感的客观存在物——装饰图形作品,那么,艺术形象就具有了独立性。之所以说艺术形象的独立性是相对的,是因为在传统民居装饰图形的艺术传播过程中,艺术形象的意义建构一方面体现为创造主体的思想、认识;另一方面还取决于审美接受

---

① 马克思在《1844年经济学——哲学手稿》中提出:"人懂得按照任何一个种的尺度来进行生产,并且还懂得怎样处处都把内在的尺度运用到对象上去。""因此,人也按照美的规律来建造。"表明"美的规律"是人们在劳动生产中所应该遵循的规律之一,强调美的规律不是"种的尺度"和"内在的尺度"的统一,而是指"内在的尺度",即人的目的和愿望以及人类美化规律的统一。也就是说,人们的生产劳动是美的创造与美感的发生,即人的审美活动的最直接源头。

主体的诠释和重新编码,也就是说,艺术形象的内涵能够超越与创造主体的主观意图,在解读上具有一定的模糊性、丰富性、多义性,赋予审美接受主体重新获得认识、感受、启发和意义建构的权力。

(4)表意性,毫无疑问,传统民居装饰图形的艺术形象之中,渗透着创造主体的主观感情和审美接受主体的审美期待。艺术形象的作用在于表意,将意义寓于形象之中,使形象成为载体,传播意义。当然,这些都涉及装饰图形符号结构更深层次的探讨。

总的来说,艺术形象是传统民居装饰图形反映社会生活的特殊方式,是通过创造主体与审美接受主体的相互交融,并由之共同建构出来的艺术成果。艺术形象的创造,是装饰图形底层结构的语素编码、组合后生成的装饰图形作品最具活力的"细胞"单位。通过它们才能使装饰图形作品同时有画面与情景的展现,有主题与思想,有情节与故事,有矛盾与冲突,有意蕴与倾向等。有鉴如此,传统民居装饰图形上层结构所呈现的艺术形象,是具有深刻洞见和思想内涵的,它将装饰图形艺术作品的内蕴意义蕴藏于艺术形象自身之中,在这个意义上讲,没有生动可感的艺术形象,就没有传统民居装饰图形艺术的源远流长。

经过上述的分析研究,可以得出一幅传统民居建筑装饰图形符号能指的表层视觉结构图(图 3.24)。

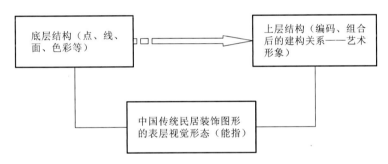

图 3.24 传统民居建筑装饰图形符号能指的表层视觉结构图

从图 3.24 可以判断,中国传统民居建筑装饰图形符号能指的两层次之间是相互联系的,由它们构成的装饰图形的符号系统在意义生成上显示为渐次递进的关系。首先,点、线、面、色彩等视觉要素具有形态要素(即底层的第二分节层上的最小结构单位)和语素(即高层的第一分节层的最小意义单位)双重身份,那么由它们的组合会构成意义的结合体;其二,从视觉语言表达的角度,低层结构的语言单位都是为上层结构的语言表达服务的,上层结构语言表达的丰富变化,受到低层结构语言单位的制约,只有底层结构的语言单位获得无限自由组合的可能,装饰图形所表现的空间、表达的思想情感、表达的能力才更加自由、丰富;其三,从意义上看,底层结构的意义表达较为抽象,而较高层次的上层结构所表达的意义和形态则较具体,传播的语义信息更明确;其四,在装饰图形符号的编码、组合上,必须遵从一定的规律。

(二)所指——中国传统民居装饰图形的意义约定

中国传统民居装饰图形符号第一层表意结构的另外一个构成部分是所指,即当能指在社会约定中被分配与它所涉及的概念发生关系,并由之引发的联想和意义的部分。在其符号形式的能指和符号内容的所指这一对相互依存的概念中,能指的关键在于,它以传统民居建筑物

图 3.25 安徽黟县西递东园
书房的装饰图形

质材料为依托的"实体性";所指的关键则是,它所代表的传统民居装饰图形在现实的普通民众生活中存在的某一具体意义,即其"现实性"。例如,在传统民居建筑中经常会使用"冰片纹"来装饰书房的门、窗,在这里,人们能够接触的能指的物质实体是非常清晰的,作为装饰及其建筑功能,这种纹饰是客观存在的物质对象,那么,隐藏在它视觉表象下的意义——人们的心理形象,则要通过"冰片纹"所隐藏在符号背后的"十年寒窗苦无人问,一举成名天下知扬"(图 3.25)这种传统文化的深层次解读,才能使这种装饰图形符号的意义明确起来。

阿恩海姆认为:"视觉不是对元素的机械复制,而是对有意义的整体结构式样的把握"(阿恩海姆,1998a)。"视觉的一个很大的优点,不仅在于它是一种高度清晰的媒介,而且还在于这一媒介会提供出关于外部世界的各种物体和时间的无穷无尽的丰富信息"(阿恩海姆,1998b)。在他看来,视觉作为一种接受外界信息的重要源泉,与思维同样具有认识功能。中国传统民居装饰图形作为视觉观看的对象,本身就有着系统的、有意义的整体结构样式。这里的意义,就是人们对自然或者社会事物的认识,是人们赋予装饰图形的象征含义,也是人们在传统民居建筑这个特殊媒介中,以装饰图形符号的形式传递和交流的精神内容。从视觉符号语言的角度来看,是人在传播活动中符号的交流过程,意义所指必然会同能指的装饰图形符号发生联系。形成由装饰图形表层视觉形式的能指与所指意义的对应。因而可以这样理解,中国传统民居装饰图形符号的所指的使用者依据其所指的意义约定来选择心中的理想化解读(图 3.26)。

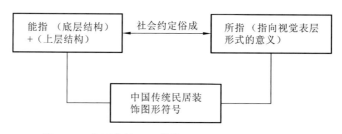

图 3.26 中国传统民居装饰图形的第一层表意结构

从图 3.26 可以看出,中国传统民居装饰图形符号在传播活动中,只要有其表意或者指称的某种东西的存在,那么,它就可以通过符号语言的社会约定获得对意义的主观解释。在某种意义上,所指充当了能指与客观表意事物之间的中介,从能指的装饰图形符号形式到所指最终内蕴意义的指向和选择,都是有符号表层的意指充当中介的。在中国传统民居建筑装饰中,"岁寒三友"是被广为应用的图形样式之一。题材的典故源于北宋,时值大文豪苏轼遭到迫害,被安置黄州管制。他初到当地,心情很苦闷。为了排遣这种苦闷的心情,同时也是为了生计,他特向黄州府要来数十亩荒地开垦种植。在这块地里,苏轼垦殖、造园,不仅栽种了各种农作物,同时在围筑的园子里面遍植梅、竹、柏、松等花草植物。又一次,黄州知府前来看望他,问他是否觉得生活是否过得太冷清,苏轼却手指院内的花木说:"风泉两部乐,松竹三益友。"其意为,风声和泉声是可解寂寞的两部乐章,傲雪开放的梅花、经冬不凋的竹子和枝叶常青的松柏,就是可伴冬寒的三位益友。知府听后肃然起敬。在装饰图形中,表层视觉符号"梅、竹、松"的外延意义的指向是明确的,它们在民众生活中所形成的意义建构是固定的。而内在意蕴的指向则因审美接受主体不同传达的意义也不同,仁人志士借此图案体现傲霜斗雪、铁骨冰心的高尚品格;老百姓则看重其长青不老、经冬不凋特点,引申为生命力的旺盛。因此,装饰图形符号的外延意义是与所指的社会以及装饰图形的物质存在形式相对应的,而内蕴意义则是装饰图形符号在传播过程中,人们的社会心理感悟以及主观认知的反映。

对中国传统民居装饰图形符号所指意义的分析是非常复杂的。首先要考虑的是,所指的意义与传统民居装饰图形符号所指的延伸范围有关。也就是说,一个被形式化的装饰图形的符号系统,在传播该系统的全部所指的功能时,不可能是封闭的。据图 3.26 所示,所指的意义将在可能的范围内与其他符号系统产生交流和渗透,甚至相互包容。例如,在由花瓶和月季花为题材组成的装饰图形中,"花瓶"形式化的符号系统与"月季花"形式的符号系统发生连接,它们所指的意义超越了花瓶或者月季花其符号系统所规定的范围,它们在装饰中,通过纹饰的编码、组合形成了新的图形符号形式,被赋予了文化的意义,被物化为"四季平安"的吉祥文化的符号。这种连接意指的象征和符号所指的交流融渗的例证,在传统民居建筑装饰图形中比比皆是。

其次,索绪尔认为,能指与所指的联系是任意性的,两者之间没有任何内在的、必然的联系。但这种任意性并非是绝对的、没有条件的,它必须有一个合理的定位,也就是说,能指和所指之间不是随心所欲的任意化的关系,他认为,某个特定的能指和某个特定的所指的联系不是必然的,而是约定俗成的。因此装饰图形符号所指意义的分析要考虑装饰图形符号每个能指系统在所指层面上的历史积淀和社会约定,避免装饰图形符号所指意义的疑义、误读。

前文所列的"梅、竹、松"三个图形符号,它们所指的三种耐寒的现实物象是非常明确的,各自的隐含意义也可以分析。但三者编码、组合后的内蕴意义则因人而异。巴尔特根据索绪尔能指和所指关系的任意性观点,清楚地指出,符号意义本质上是人为建构的,在理论上,人们都可以拥有建构新的能指和所指的权力,而事实上,历史上总会有些特权阶层,他们拥有符号意义建构的优先权,并采用各种手段来让其他阶层认同这种优先建构的符号意义。由此可以窥见,"梅、竹、松"作为历史文化的意蕴和社会约定在其意义建构中是多么重要。总之,对中国传统民居装饰图形符号所指意义的分析,除上述两个必须考虑的方面外,还必须结合时代背景、政治、经济、文化等诸多方面的因素。

（三）能指与所指的关系

在传播过程中,由于传统民居装饰图形符号任意性——历史的社会约定的存在,构成装饰图形的那些基本语素就成为其符号编码、组合后意义解读的过滤器,它们以自身意义的指向性来遏制建构后装饰图形符号意义的浮动,排除"浮动意义中"多余的信息,使能指和所指之间的关系简洁、明确。事实上,在传统民居装饰图形的符号系统中,能指和所指是不可能绝对分开的,我们也很难把握内容和形式的更深层次的划分,但进一步的划分能够使我们获得有价值的成果。

如图 3.27 所示。装饰图形能指层面所表达的实体,指视觉可接感受的牡丹、寿石、祥云等视觉形象,是装饰图形的上层结构的直接表达;而形式则是构成视觉形象最为基本的语素,通过它们可以建构被视觉的牡丹等视觉实体,因为不能够被视觉语言所表示和修辞、描述、建构的任何事物,都是不可能充当符号实体的。

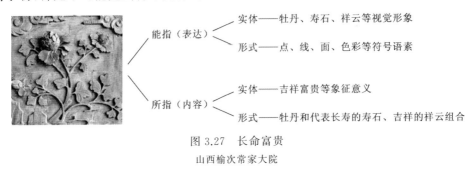

能指（表达）———实体——牡丹、寿石、祥云等视觉形象
　　　　　　　└──形式——点、线、面、色彩等符号语素

所指（内容）———实体——吉祥富贵等象征意义
　　　　　　　└──形式——牡丹和代表长寿的寿石、吉祥的祥云组合

图 3.27　长命富贵
山西榆次常家大院

在内容层面上,所指的实体主要是指人们在的思想、情感、心理等概念上的形态,是对富贵生活、平安吉祥理念的追求和向往,这些和作为客观事物的牡丹、寿石、祥云等并没有直接的关联,而是借此形成它们抽象概念的象征和寓意。内容的形式则是所指在符号内部按照一系列视觉形象进行组合后,显示实体象征意义的存在。

通过上述研究发现,装饰图形符号的能指和所指之间的关系是有机的、相互联系的存在。具体表现如下。

其一,非同构等值关系。指在装饰图形的能指和所指关系中,如图 3.27 所示,表达层的能指和内容层的所指处在一种游离的关系之中,导致能指和所指之间具有某种非同构性。图中能指表达牡丹等视觉形象同所指内容的吉祥富贵意义是相吻合的,二者变构成等值同构关系。问题在于,在能指和所指的对应关系中,能指和所指之间是一种非对称关系,即不是一一对应的。而且,艺术形象的内涵往往又能够超越创造主体的表达意图,也就是说装饰图形在审美解读上的丰富性、模糊性、多义性,使得处于内容层面的所指发生游离,具有更为广泛的意义指向。从而需要更多的隐喻、象征、意象等链接与表达层的能指发生勾连,挖掘更深层次的内蕴意义。人们可以从"长命富贵"装饰图形符号背后,看到从清康熙年间到光绪末年,常氏家族社会地位的显赫和生活的富足;也可以理解为将居所装饰得更加华丽的目标成为激励审美接受主体为之奋斗一种精神力量。这些都迥异于之前能指和所指意义的关联,而是在新的意义链接下所发生的装饰图形意义的解读,在新的层面上建构新的等值关系。

其二,纵向蕴含关系。装饰图形作为非语言的传播符号系统,视觉符号的多功能和多内容分布往往会打破能指和所指在社会的约定关系中所形成的那种相对稳定的对应关系。尤其是在历史的发展过程中,装饰图形符号的存在方式和传播范围都会影响到内容层面所指的意义。形成多层次递进的纵向蕴含关系。例如,中国传统民居装饰图形往往都是采纳吉祥图案以"观物取象",通过诸如蝙蝠、鲤鱼、松柏、牡丹、喜鹊、瓶镜等常见之物,将其十分具象且直白的表现出来,显示其意义,传达普通民众世俗的价值观和幸福观。而在较为深刻的层次上,则注重对人们的思想意蕴、信仰意蕴等内蕴意义的展现。

二、中国传统民居装饰图形的第二层表意结构

中国传统民居装饰图形所构成的视觉元素物质如点、线、面、色彩等，都是被高度抽象化了的视觉语言符号单位。其所构成装饰图形符号的能指和所指分别指向形式和内容，能指表现为装饰图形物质化了的表层视觉符号结构；所指则是指经过编码、组合后装饰图形符号的内容、意义。两者的结合构成意指。按照结构主义符号学理论，所有的意指都包含两个层面：一个是有物质形态的实体能指体现的表达层面，另一个是以编码、组合意义的方式表现思维形态的内容层面。与符号意指不同，在巴尔特看来，符号含有两个层次的表意系统。正如前文所述："在他看来，索绪尔的'能指+所指＝符号'只是符号表意的一个第一个层次，而只有将这个层次的符号作为第二个层次表意系统的能指时，产生的新的所指，才是'内蕴意义'或者'隐喻'的所在。"根据这个理论，形成相关的中国传统民居装饰图形的第二层表意结构，如图 3.28 所示。

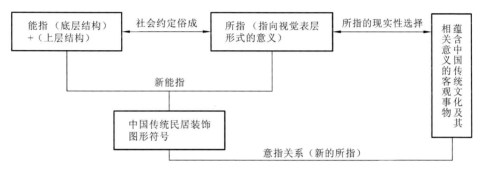

图 3.28　中国传统民居装饰图形的第二层表意结构

据此，对中国传统民居装饰图形符号第二层表意结构的探究，有利于厘清装饰图形符号的内蕴意义，与中国传统文化及其相关意义的客观事物之间发生联结。

（一）中国传统民居装饰图形符号语言的指向

中国传统民居装饰图形是一个完整的符号系统，每一个图形都不能简单地视为视觉符号的能指之一，在致力于研究装饰图形造型层面的点、线、面、色彩等及它们的编码、组合关系的时候，还要注意由装饰图形艺术形象视觉表层所支持的视觉信息的指向——内容层面和表达层面的关系，这种关系构成了装饰图形符号的意义指向。

传播符号学表明，一个能指在往往会有多个所指的内容，一个所指也可以有多个能指的实体与之对应，从而使能指与所指两者结合构成的意指语义无穷无尽。但意指的实现并不是简单地将若干个符号的所指意义相加，它实际上是通过语言的解释将对符号的分析、编码、组合转化为概念和思想的心理过程，同时也涉及将概念和思想转化为扩展性语言表达的心理过程。在这个心理过程中，人们使用言语将感知到的视觉符号在大脑中进行加工和有序的划分，形成与视觉符号相关的语言解释，虽然这种解释会因使用者的文化背景、经验、习惯和修养不同而不同，但人们能够借用这种解释获得对视觉符号深层次的认识。例如，"梅花"的图形，"梅"的表象可以为"植物""花""香""红色""白色""傲霜斗雪、铁骨冰心"等。在整个有关梅的表象系

统中,每个"意指"的单位都规定着对应的表象,不同的人、不同的位置决定"意指"的心理价值和符号意义的链接,由此构成传播符号产生链接的心理基础。所以,不管传播能指的形式如何多样,在仁人志士的思想中,"梅"表达的意指只与傲霜斗雪、铁骨冰心的高尚品格发生对应。

因此,传统民居装饰图形符号的意指及其意义显现的表达方式,是"在感觉的范围之内与感觉的主体与被感觉的对象之间互为基础是关系之中,把意指形式的地位确定为可感知的与可理解的、想象与现实之间的一种关系空间"(余志鸿,2007)。

(二)中国传统民居装饰图形内蕴意义的解读

由于能指与所指之间任意性的存在,装饰图形符号视觉信息的多义性是客观存在的。因而在解读符号意义的过程中,应当注意一些具有社会性代码并对符号的解读起支配性作用的约定,这些约定是搭建意义解读的关键。同时,所有对装饰符号意义的解读都必须以装饰图形与受众之间的相互作用为前提。无论从哪个层次的分析来看,装饰图形符号意指的直接面总是与其所指的自然与社会的客体事物是相对应的,是明示的,而内蕴意义则需要人们对符号所指做出心理感悟的主观认知,即对隐含义的归纳。

图 3.29　山西榆次常家大院

巴尔特指出:每一个符号的意指都包括一个表达面和一个内容面。还是以"冰片纹"(图 3.29)为例,冰片纹在视觉的表达层面上,表现为以木质的线型材料对门、窗所进行的装饰,在内容层面上,表达出被装饰过的门、窗的概念。如果对装饰图形符号的分析研究停留在这里,很显然是不够的。巴尔特在研究符号语言的时候,将语言学研究的成果引入到符号学领域,以涵指符号学的名义,在符号系统之间的意指关系中分出两个意指面,即,直接面和涵指面。当符号系统的意指作用的时候,往往会由一个符号系统与另一个符号系统之间发生意指关系,以此形成涵指符号学的符号链接模式。在传统民居装饰图形符号系统的意指关系中,第一符号系统"能指＋所指 1＝符号"构成意指的直接面——即表达出被装饰过的门、窗的概念,在第二系统中充当意指关系的涵指面(新所指的内容)——即冰片纹符号下蕴含着对"十年寒窗苦无人问,一举成名天下知扬"的民俗文化的向往和追求。

作为内蕴意义的解读,不同的文化背景、不同的地域,对同一图形会产生不同的解读。也就是说装饰图形传播的语义在一定的范围内才能被理解,被接受。例如,菊花,在拉丁美洲某些地区通常会被看成妖花;在中国,菊花则被比喻为"花中隐君子",是吉祥的象征;而现代社会,由于它经常被使用于丧礼等仪式之中,又使它在传统民俗文化的象征中产生了变异。大象,在泰国和印度被看为吉祥的象征,是忠诚、智慧和力量代表;在英国却被看为蠢笨的象征,成为被忌用图案。仙鹤,在我国看为长寿、吉祥的象征;在法国则被看为蠢汉的代称。凡此种种,都说明装饰图形符号意义的解读会因时、空等条件的不同而不同。这些都说明了视觉形式符号化深层的主体心理意象对内蕴意义解读的关键所在。

第三节　中国传统民居装饰图形符号的审美意指联系

根据德国著名学者卡西尔的观点,符号之所以成为符号,是由其特点和一些基本的要求所决定的:①必须是人工符号,是人类社会的创造物;②不仅能够表达具体事物,而且能够表达观念、思想等抽象的事物;③象征符不是遗传的,而是通过传统、通过学习来继承的;④象征符是可以自由创造的。中国传统民居装饰图形的视觉表层符号是其进行艺术传播的基础。同时,体现为中国传统社会人们认知的一种经验模式。也就是说,在漫长的历史发展过程中,它已经深深嵌入中国人的社会意识形态和情感当中,实现了装饰图形符号与审美文化信息意义的共生。其中,使二者产生联系的纽带构成艺术符号链。具体就是在传统民居装饰图形的艺术传播过程中,传播与接受双方通过装饰图形媒介所形成的艺术表达方式和审美接受方式。是装饰图形符号的审美意指关系式。按照符号之所以成为符号的要求类分,装饰图形的艺术符号链可以分为形象链、修辞链和意象链三种联系模式。下面仍以山西榆次常家大院中的"长命富贵"装饰图形(图 3.30)为例来进行分析研究。

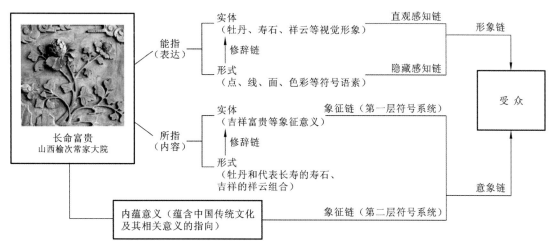

图 3.30　中国传统民居装饰图形符号的审美意指关系图

一、中国传统民居装饰图形的艺术形象链接

中国传统民居装饰图形是由众多相关的艺术形象组成的综合体,在其艺术传播活动中,由艺术形象所呈现出来的与视觉审美接受相链接的模式构成其艺术形象链。它表现为装饰图形符号能指在内涵面和外延面上构成的审美意指关系式,是装饰图形作品在感性表象层面上的链接,也是其艺术形象生成的和发生作用的途径。

众所周知,文艺作品之所以留存于世,在于它有着生动的艺术形象。装饰图形作品也不例外,在其符号结构的视觉表层,那些底层结构的视觉符号不仅仅是一种简单的点、线、面等表象符号,也是构成艺术形象的最基本的艺术符号。无论是装饰图形的创造主体还是审美接受主体,他们都会运用形象思维的方式,经由这些表象的艺术符号来感知、理解装饰图形作品中的艺术形象,所以,艺术符号便构成了艺术形象链接的基础。

1. 直观感知链接

它是指装饰图形在能指的外延层面上,由视知觉的直接观看而感知所生成的艺术形象链接,也就是说它是装饰图形上层结构所形成的视觉形式与受众之间所发生的联系。它是装饰图形成为可视知觉的直觉对象,因而受众通常是不需要特别的想象,便能够直观地感受到作品中的视觉表象,然后在视知觉中表征和感知艺术形象。也就是说,直观感知链是由装饰图形符号的能指所串联起来的符号链接,起到同时直观地呈现审美表象和在其能指的外延上直接指向装饰图形中的艺术形象的双重作用。例如,在"长命富贵"中,由底层结构所组合而成的众多艺术形象,在能指的外延上都是形象化、图像化了的视觉表象,因而,受众在审美接受的视觉感知活动中,能够从视觉表象的符号链接中直观地获得艺术形象。

2. 隐性感知链

它是指由装饰图形的能指在内涵层面上,即由底层结构的艺术符号语素的审美想象所构成的符号链接。通常,底层结构的语素是不具备成为直观感知的感性形象条件的,也不能显示由它们所建构的某一具体的艺术形象的感觉讯息。然而,这一切并不代表这些点、线、面等符号语素就完全没有意义。事实上,它们作为一种记谱表象,创造主体在运用它们的时候,不同的主体会使它们最后呈现的状态完全不同。例如,传统民居装饰图形作品中同形异构、异构同形的艺术样式都能充分说明这一点。也就是说,主体的经历、审美素养、艺术水平、个性、趣味等的差异,都会影响到作为底层结构的视觉符号语素的应用和艺术效果。这就为艺术形象陌生化的解读提供了存在的可能,事实上,装饰图形作品中这种既熟悉又陌生的存在比比皆是。所以,受众在审美接受中,通过推想感知的审美想象方式,在艺术形象建构过程中,对那些编码、组合和建构艺术形象的符号语言差异的识别和理解,就可以在审美接受中感知艺术形象。

二、中国传统民居装饰图形的修辞链接

所谓"修辞",《易经》曰:"君子进德修业,忠信所以进德也,修辞立其诚,所以居业也。"易经所说的修辞是指通过锻造表达的语言,达到"进德""居业"的目的。虽和修辞学意义上的修辞不尽相同,但在锻造和提炼表达语言和表达方式上还是有很多共同之处。

在中国传统民居装饰图形的建构中,修辞是必不可少的。它是一种运用视觉艺术符号来修饰装饰图形中形象之间关系表征意义的技巧。修辞链表现为在装饰图形符号的艺术形象和艺术意蕴之间建构链接模式的,形成装饰图形文本内以及文本之间修饰关系中的审美意指联系。在表达方式上,通常采用明喻、隐喻、换喻等比喻性修辞进行连接,其中,艺术形象成为这种审美意指关系式中的"喻体",艺术意蕴则成为"喻本"。

对中国传统民居装饰图形符号的审美意指关系图的分析表明,装饰图形符号能指的外延和内涵两个层面可以通过艺术符号链这个途径发生关联,形成审美意指的直观感知链接和隐性感知链接。根据装饰图形能指的意指轨迹,直观感知链接在装饰图形的上层结构——艺术形象和受众之间发生作用,是直指形象链,可以使受众在审美接受中生成直观的感知;而隐性感知链接的则是在审美接受中不容易被直观感知的部分,它是装饰图形能指底层结构在建构上层结构中意义不确定的、隐藏的部分,是涵指的形象链,同时,也是第一符号结构层面装饰图

形所指实体通过形式获得的多样的编码的途径。

就修辞手法而言,明喻最为直接、简单明了。也就是说在形似性原则下,装饰图形符号的"喻体"和"喻本"都能呈现在装饰图形作品组合的审美意指轴线之上,在能指的直指面上建构喻体和喻本之间的审美意指。传统民居装饰图形中,"莲花"和"鱼"这类利用谐音的构造就是典型的代表,借此可以表达人们"年年有余"的美好祈愿。隐喻则是在相似性原则下,"喻体"和"喻本"的关系总是处在一种十分隐秘的关系之中,隐喻通常是提供一种烘托性、暗示性的意味,但又不一定将它们"投射"到对应物上,由于隐喻的主观成分相对较少,一般它都有所谓的"靶场",但又缺乏较为明确的"靶心",注意力分散,因而定向性较差。所以,人们往往需要经过装饰图形符号能指在涵指面上的审美想象,才能构建二者相似性的修饰关系。换喻是在相似性原则下,"喻体"和"喻本"处在一种替代关系之中,从而构建两者之间的审美意指关系。在实际应用中,无论什么修辞手法,修辞作为审美意识形态的能指面显现出来,修辞会因其实体的不同,如图 3.30 中底层结构的符号元素所组成的牡丹、寿石、祥云等,发生不同的变化。所以作为装饰图形的修辞有其特殊性,但又因为其中的修辞格或者说修辞的方式永远只是针对符号要素之间的形式关系,所以它又具有一定的普遍性。图 3.30 中,石头——长寿、牡丹——富贵、云彩——吉祥。在能指之间相互替换的修辞格式的修辞手段中,清晰地揭示了"喻本"和"喻体"之间的逻辑关系。

三、中国传统民居装饰图形意象链接

中国传统民居装饰图形,从视觉表层来看,符号的外延意义来自符号所指的客观事物和社会的对应,而内蕴意义则来自人类社会心理感悟的主观认知的反映。因此,在意蕴层面上建构起来的符号链接模式,在装饰图形文本间的意指关系中建立起两种或两种以上的符号系统链接,即意象链,并指向其寓意性或象征性的审美意蕴。

其中,审美意蕴的寓意性链接,是装饰图形作品中的艺术形象化了的符号能指,如图 3.30 中的牡丹形象,通过附加意义的途径,指向作品中其他相关符号如石头、云彩等的能指,进而按照符号能指链的文本间链接,在符号索引式意指的原则下,使不同符号的能指之间产生直接的联系,并在其他相关的符号中指向初始符号既有的审美意义,即将相关的概念意义寓于艺术形象之中。正所谓"君子可以寓意于物"(宋·苏轼《宝绘堂记》),这也就是说,在图例的画面中,左下角的石头形象,意在暗示牡丹和石头之间同样具备表达人们内心对于美好生活向往的寓意。

象征链是中国传统民居装饰图形意象链接中最为典型的审美意蕴链接。它不同于索引式意指原则下的寓意链接,它是在开放式意指原则下,装饰图形作品中艺术形象的能指,通过创造意义的方式,指向装饰图形作品视觉形式以外的一系列相关的符号能指,在符号能指的文本间链接过程形成连串的符号系统,如"中国传统民居装饰图形的第二层表意结构"图例所示。图例说明,在第一层表意结构中,符号能指在保证其所指意味的前提下,是能够以一种开放的创意链接方式,与第二层表意结构中的符号能指发生关联,形成新的所指,最后指向新颖而又独特的审美意蕴。在"长命富贵"的审美意指关系图中,在第一层表意的符号系统中,牡丹、石头、云彩等艺术形象的所指意义,都指向富贵、长寿、吉祥等,通过这些形象的艺术组合,形成新的画面。经由第一层表意的符号系统中意指关系的,新的画面成为第二层表意符号系统的能指,在所指意义上,则获得了蕴含中国传统文化及其相关意义的多种指向,激励人们勤劳善良,追求美好生活,向往长命富贵等各种审美意蕴都可以获得合理的解读。其中,"长命富贵"成为中国传统社会最为共同认可的象征意义的选择。

在寓意和象征的关系上,两者虽然都表现为装饰图形艺术符号的意象链接,但在方式上还是有所差别。"寓意把现象转化为一个概念,把概念转化为一个形象,但结果是这样:概念总是局限在形象里,完全拘守在形象里,凭借形象就可以表现出来。象征把现象转化为一个观念①,把观念转化为一个形象,结果是这样:观念在形象里总是永无止境地发挥作用而不可捉摸,纵然用一切语言来表现他,它仍然是不可表现的"(歌德,1984)虽然歌德是针对诗歌来阐述寓意和象征两种创造方法的区别,但在传统民居装饰图形的艺术创造和审美接受中,它们早已形成一种高度的文化自觉。就象征而言,在传统民居装饰图形的艺术传播中,得到更为普遍的认同和广泛的应用,事实也正是如此。

综上所述,可以得出一幅完整、清晰的中国传统民居装饰图形符号形成示意结构图,如图 3.31 所示。

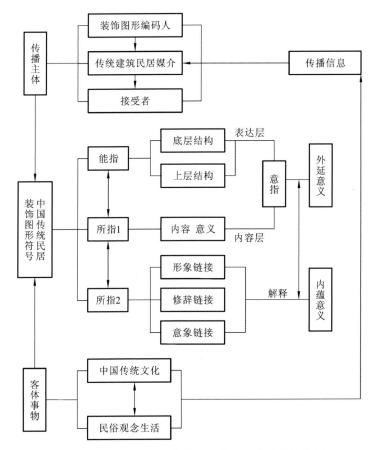

图 3.31　中国传统民居装饰图形符号形成示意结构图

---

① 美国学者雷纳·韦勒克和奥斯汀·沃伦认为:"一个'意象'可以被转换成隐喻一次,但如果它作为呈现与再现而不断重复,那就变成一个象征"(钱宁,1987)。在传统民居装饰图形中,象征的形成源于人们隐喻的重复使用,往往一种观念、一种思想隐含与艺术形象之中,经过传统民居装饰图形的装饰和不断重复使用,由此获得传统文化意义上的象征。这同上述的观点是并行不悖的。

第四章
中国传统民居装饰图形的媒介性

建筑作为人们生活的"容器",必定与人类社会的一切活动有关。西方建筑理论家赛·吉狄翁认为:"建筑对我们生活时代而言是可取的生活方式的诠释"(邓波,2008)。也就是说,通过建筑,人们可以解读出蕴含于其中的有关时代的特点和人们生存的方式等诸多有关信息。在此意义上,建筑不仅仅要满足"上栋下宇,以待风雨"(《易·系辞下》)的功能性要求,而且需要以此来诠释生活,将其内涵信息以合乎逻辑的方式外延出去,直至传播到广阔的范围。

受到传播学研究方法和分析工具的影响,现代建筑学理论从建筑引发的信息交流的视角,发现建筑不但可以促成或者隔断人与人的交流,实现或者改变建筑与使用者的交流,还可以通过使用者的行为联系实现建筑与建筑的交流。在这里,人与人的交流因建筑而发生,而人在不同建筑中的活动又引发建筑与建筑的交流。意大利符号学家艾柯认为,建筑是一种表达含义的信号媒介。建筑符号所指涉的内容信息系统都是建立在社会约定俗成基础之上的,人们在对建筑的形式关系和建筑功能的描述中,既包含了形式和功能的联系,又体现了由形式反映功能的社会约定。而且,就建筑而言,只有在信码的基础上形式才能表达功能,在建筑与人的交流过程中,由此引发了建筑可以作为信息交流载体的系统。建筑作为生活的容器,构成了复杂的社会行为和社会现象的体系,以及在这个体系中反映出来的建筑的交流属性——建筑的媒介性。

不可否认,中国传统民居建筑是以一定的建筑技术和美学规律构建起来的。它既是生活的"容器",也是中国传统文化的载体,在几千年的发展历史中,同中国古代传统建筑一脉相承,将封建礼制的等级,习俗上的风水、生活观念,文化上积淀的种种文脉、哲理等,通过物质的、技术的、实用的建筑形式物化在一起,成为物化的存在,满足居住功能;另外,建立在社会约定俗成基础之上的建筑信息系统,又促成传统民居及其装饰成为高于物质的有意义的"文本",使传统民居建筑发挥出政治和伦理的教化作用。可见,中国传统民居建筑是一个能够容纳复杂的信息文本,通过装饰手段将编码的信息以物化的视觉形式展现出来,达到传播的目的。同时,它又是一个极其高级的符号载体。因此,中国传统民居及其装饰既是传播的文本也是传播的媒介。在构成方式上,包括传统民居建筑传媒媒介和装饰图形文本媒介两个部分。

第一节　作为媒介的中国传统民居建筑

古希腊哲学家普洛泰戈拉认为:"人是万物的尺度。"对建筑的真实性结构及其意义的洞察,是多层次、复杂的、逐渐生成的。建筑作为人的行为的物质承载系统,随着不同尺度中人们的行为以及不同的作用条件,建筑的媒介性呈现出不同的作用方式。在中国传统民居装饰图形的艺术传播过程中,建筑媒介性的尺度主要针对传统民居装饰图形的符号性和象征的意义而言。自然,中国传统民居建筑作为传媒媒介,所呈现的不仅是装饰图形的物质载体,也是面向大众的中国传统文化艺术生产和艺术传播的传递介质。

一、中国传统民居建筑的媒介结构

媒介是信息得以在空间上移动和在时间上保存的载体,是信息交流传播的中介物。构成媒介的事物大多都有着各自形成的缘由。关于这一点,亚里士多德认为,任何事物的形成和变化都有四种原因,即质料因、形式因、动力因和目的因。其中,形式因既可以是动力因,又可以是目的因。也就是说,事物的形成主要由质料因和形式因的组合构成(亚里士多德,2004)。"质料是一种相对的概念,相应于一种形式而有一种质料"(亚里士多德,2004)。它表明形式和质料是构成事物的两种基础媒介。传统民居装饰图形是一种人工加工的对民居建筑进行装饰的艺术产品,客观上也是通过一定的物质材料所构成的感性文本。"质料和形式是艺术作品之本质的原生规定性,并且只有从此出发才反过来被转嫁到物上去"(海德格尔,2004)。正是由于这样一个过程,传统民居装饰图形在民居建筑中的艺术传播成为可能。因此,在这个意义上,中国传统民居建筑媒介是由质料介质和形式介质所组构而成的。

(一)中国传统民居建筑的组成结构——质料介质

中国传统民居建筑的媒介属性依赖其建构的质料。在研究传统民居装饰图形的艺术传播过程中发现,中国传统民居建筑作为人们生活、文化交流的传播媒介,不仅为装饰图形符号的传播提供了传播的通道,而且它作为艺术媒介的容器,还承载和传送着除装饰图形符号之外的很多信息。这一点正如佩夫纳斯对建筑的认识一样,建筑作品实质上是带有美学附加成分的实用房屋。创造这样一个作品显而易见的方式是对一些实用结构进行装饰:建筑作品=房屋+装饰(哈里斯,2001)。由此可见,建筑作为传播文本,它所能够负载意义的实体就是装饰。

从传播的视角来看,正是有了传统民居建筑的装饰,人们才能够解读出建筑的理念、类别和风格。因此,在中国传统民居建筑的组成结构中,不同的质料作为艺术媒介容器的功能和作用不同。

中国传统民居建筑"是人类最早、最大量、与人类生活最密切相关的建筑类型,也是人类最原始又是最持久发展的一种建筑类型。民居在一定程度上揭示出不同民族在不同时代和不同环境中生存、发展的规律,也反映了当时、当地的经济、文化、生产、生活、伦理、习俗、宗教信仰以及哲学、美学等观念和现实状况"(陆元鼎,2003)。其在建筑结构、建筑材料、建筑风格、装饰特点上有着自身鲜明的特征。建筑的装饰依据建筑的结构特点进行,内容极其丰富多样。包括民居建筑的表面装饰、环境的选择与布置和建筑室内的装饰三个主要方面。通过装饰,将建筑艺术同中国传统文化关联起来,将文学、诗歌、雕塑、绘画等艺术形式融为一体,实现意义向建筑的移植和转嫁。

中国传统民居建筑装饰涉猎的范围非常广泛,装饰无处不在,几乎每一个建筑的局部构件如柱、梁、枋、椽、檐、门窗、砖墙、石瓦、地面、天棚、围栅栏杆等,都可以成为装饰的对象。但总的说来,传统民居建筑作为装饰的载体,其组成的基本结构包括以下几个方面。

1. 台基

又称基座。是高出地面的建筑物底座。主要用以承托建筑物,并具有防潮、防腐等辅助功能。它是中国传统建筑不可缺少的部分,具有悠久的发展历史。它将建筑的基础、柱顶石等都包容在里面,起到承托建筑物的作用。同时,由于它高于地面,弥补了传统民居建筑视觉上的不足,形成稳固、结实的视觉感受。根据传统建筑等级的不同,台基大致可以分为普通台基、带勾栏台基、复合型台基及须弥座四种。传统民居建筑主要使用的是普通台基。

普通台基的式样主要为方形结构,是传统民居建筑台基的通用形式。它用素土与灰土、碎砖等三合土夯成,高约一尺(约 33.3 cm)。它的构件组成还包括砖砌台明和满装石座两种,台明的尺寸要求是"下檐出"小于"上檐出"。从装饰的内容来看,这一部分包括台基、台阶、柱础、铺地等。也是石雕、砖雕艺术样式装饰较多的构建位置。当传统的木结构建筑可能不复存在的时候,这些地面的台基一般都能保留下来,使人们获得相关的有价值的信息。

2. 屋顶

屋顶是传统建筑上部空间的部分。在建构上,除了把屋顶当成遮阳、避风、挡雨的工具外,还充分发挥了屋顶结构特点进行艺术装饰,改变建筑方正框架呆板的视觉缺点。体现出传统建筑功能需要、工程技术和审美要求三者的完美结合。其形式通常包括硬山、悬山、歇山、攒尖、庑殿等五种,根据建筑的等级要求选用不同的形式。在建构样式上每种屋顶又有单檐与重檐、起脊与卷棚的区别,甚至个别建筑采用叠顶、盔顶、十字脊歇山顶及拱顶,南方民居的徽派建筑还采用高于屋面的封火山墙。屋脊、屋顶饰物、瓦、瓦当、滴水等都成为屋顶装饰的内容。它们具有丰富的功能语义和结构语义。传统的民居建筑通常使用硬山、悬山这两种样式。

3. 屋身

屋身是介于建筑台基与屋顶之间空间的部分,也是建筑功能实现的部分。屋身由墙体和梁柱两部分组成。屋身通常根据使用的要求被划分为不同的空间,在布局上讲究组群秩序和规律,别出心裁,充分体现出传统建筑的和谐之美。

在传统的民居建筑中,室内的空间分割经常采用门、罩、屏、槅扇等进行隔断,其优点在于这类构件易于拆卸和安装,可以根据使用者的目的随意对建筑空间进行划分和改变。在由屋身所构成的室内空间和庭院之间,它们互为照应,互为统一,通过植物、景观如花卉树木、叠山辟池、筑构走廊通道与室内和室外相连,营造安宁、温馨、舒适的悠闲空间。同这种空间相适应,装饰的内容载体体现在天花、藻井、梁、柱、枋、斗拱、雀替、门窗、栏杆、墙面等结构上。

(二)中国传统民居建筑媒介的艺术语言符号——形式介质

媒介学者丹尼斯·麦奎尔认为:"媒介参与了最广泛的符号意义上的知识的生产、再生产和分配,而这些符号与社会经验具有密切关系。这些知识使我们能够理解经验,形成对其的认知并有助于对过去知识的积累以及当下对它们理解的延续"(张国良,2003)。中国传统民居建筑是一个耗费大量人类劳动的产品,必然具有一定的社会功能和社会影响。在建筑中,传统的建筑样式及其装饰图形符号表现出传统建筑深厚的历史感和文化性,这些艺术符号作为媒介属性,在建筑与人的交流系统中,同建筑的质料介质一样都是不可或缺的。作为形式介质的艺术符号不能简单地被看做为一些具体的功能性符号,而应该是在建筑的建构中被使用的具有意义的普适性符号,这些意义和负载着这些意义的信息载体以构造的成分进入建筑,是有意味的符号。它构成传统民居建筑中审美意象的构造性表现形式

按照奥地利著名艺术史学家李格尔对视觉艺术形式的划分,视觉艺术包括雕塑、绘画、建筑及工艺(装饰)(陈平,2002)。研究视觉艺术的目的就是解读视觉艺术的符号语言。在这里,传统民居建筑及其装饰作为信息的载体,将其特有的艺术语言作为建筑的造型语汇,这些艺术语言是在其漫长的发展历程中建立的和使用的符号体系,它是建筑进行艺术传播的物质化媒介,建筑艺术语言的存在及其作用,不是偶然的,而是普遍的、系统的。在建筑与人的交流中,组成传统民居建筑艺术语言的那些艺术符号就是建筑媒介的形式介质。在结构上包括表层形式和深层形式两个层次。

表层形式是建筑艺术语言符号能指的直指面,是未经意义编码的感性表象。即在传统民居建筑构建过程中用表述性符号,如建筑的面、体形、体量、群体、空间和环境及装饰等符号组成信息文本,处在艺术传播、艺术审美的视觉感知标记层,是通过建筑质料介质和艺术语言符号在感性意指层面上传达出来的外在信息。质料介质的不同媒质影响、规定着形式介质的感知表象,石雕和木雕可能会有相同的表现题材内容,但传播表达的感知表象却有着非常大的区别。也就是说,感性意指层面所传达的信息要受到形式介质和质料介质的双重制约。

深层形式是建筑艺术语言符号的涵指面,是其语言符号的能指在人与建筑的感性交流中显现出来的内涵信息,是在形式介质中具有意义的编码,是"一种形式、一种意象"(朗格,1986)。意义是为感知而存在的,在传统民居建筑的符号语言中,由于它的建构者们不仅要满足建筑构造要求,同时还利用建筑的符号语言,使之服从于自己所发现、建造和组织的建筑结构和秩序,表达个人的审美情感,并通过象征的手法,将这些隐藏于建筑艺术符号形式介质的深处。形式介质的涵指面强调了编码与解码的关系是一种互动的关系。事实上,没有现成的形式可供人们去确定和知觉,人们必须参与到传统媒介建筑艺术符号的形成和确立中去。艺术的编码在于将建筑的"质料"转化为"形式",在"形式"层面上进行意义的编码活动,解码则需要从建筑的"质料"深入到"形式",在一定的社会约定俗成的基础上进行艺术解码,解读出建筑艺术符号语言的审美意义来。也就是说"形式不能单只是印刷到我们的心灵上,为了感受到它们美,我们必须煞费苦心将它们完成"(塔塔尔凯维奇,2006)。因此,对传统民居建筑媒介的形式介质的分析,有助于揭示其艺术符号形式上的生成原因和装饰图形的内蕴意义。

二、中国传统民居建筑媒介的特点

黑格尔在《美学》中论及建筑时,曾形象地将建筑和书页进行了比喻,他说:我们可以把建筑比作书页,虽然局限在一定的空间里,却像钟声一样能唤起心灵深处的幽情和遐想。这句话从建筑引发交流的方面说明了建筑媒介属性存在。据考,"媒介"一词最早见于"观古今用人,必因媒介"(《旧唐书·张行成传》)。在此,媒介用来指示发生关系的人或事物。在先秦时期,"媒"通常是指代媒人,后来引申为事物发生变化的诱因。例如,"匪我愆期,子无良媒"(《诗·卫风·氓》)。"介"则被指为居于两者之间的中介物或者工具。在传播学的视角,媒介即为人们传播信息的工具。关于媒介,麦克卢汉认为,媒介的主要作用和功能是改变人类的生活方式。据此,他创造性地提出"媒介是人体的延伸"论点,并提出"媒介即信息"的核心命题,从而

使媒介概念的外延得以扩大,使人们的很多活动方式以及工具都可以划分到媒介的范围内,传播媒介的范围也随之扩大。可以说,媒介是无时不有,无处不在的。因此,凡是能使人与人、人与事物、事物与事物之间产生交流和发生联系的物质都可以作为媒介。传统民居建筑也不例外。根据传统民居建筑媒介的质料、艺术符号、信息三者核心要素构成的尺度关系,可以分析其作为媒介的以下特点。

（一）实体性

实体性表现为传统民居建筑媒介是具体的、真实的、有形的物质存在,它通过构造的质料、大小、形状、肌理等,给人们以实际的使用功能和直观地感知,起着储存、承载、传输、显现艺术符号的作用。其实体性是装饰图形符号艺术传播活动中物的因素。"一切艺术作品都有这种物的特性。……建筑艺术存在于石头之中"(海德格尔,1991)。这些装饰图形艺术符号依附于民居建筑的实体,构成的人工化的艺术文本得以传播,被消费,被欣赏。

（二）承载性

作为传播媒介,传统民居建筑媒介负载符号是其存在的前提和必须完成的使命。从建筑构成的砖、石、木等材料来看,它们都是负载装饰图形符号的合适的媒介材料,是成品媒质,即是传统民居装饰图形作品中承载和显现艺术语言的感性物理介质。它的承载性表现为营造者们将构思好的装饰图形的艺术符号,通过一定的工具和手段将其固定到相应的物资材料上,如传统民居建筑中经常可看到的木雕、砖雕、石雕等,以物态化的感性形态传播装饰图形所包含的信息。由于传统民居建筑媒介不仅仅是负载了艺术符号,而且负载了这些艺术符号的信息和内容,因此它又被看为传播媒介。

（三）中介性

传统民居建筑在满足使用功能的同时,建筑所形成的空间往往构成人们交流、观看的中介,建筑空间构成的交流场域既影响着人们的视觉感受和心理反应,又为人们的交流提供平台。同时,它还具备中介性的特点,传播者与接受者可通过它交流其负载的信息和内容。

（四）阅读性

传统民居建筑传播媒介的阅读性在于它所负载的信息和独特的建构语言。对此,沃尔夫冈·奥托(Wolfgang T Otto)有个形象的比喻,他把希腊神庙的内殿比喻为句子的主语,门廊和柱廊比喻为宾语,将柱子和内殿之间的联系比喻为谓语。经过这番语言句法与建筑的类比,他得出"在这个结构合理的、占据空间的'句子'里,权威性的空间统治着整个建筑……这个句子总是由一种族长式的秩序所统治"(哈里斯,2001)这样一个结论,说明建筑是有自己的语法规则的,是能被阅读的传播文本。只是在建筑被阅读的过程中,要考虑到建筑的审美意义和内涵信息要由人和建筑所起现实作用的体验为基础,以此来建构人和建筑之间的密切关系。这种经验性影响着建筑语言的编码和解码,影响着对建筑文本阅读体系的建构。

值得一提的是,传统民居建筑传播媒介的中介性和阅读性决定了它在传播过程中,对所负载的艺术符号的还原性。因为作为传播媒介,在将编码后的艺术符号传播给受众的时候,应该保持传播者所编制的艺术符号的形态,保证传播信息和内容的原真态。

（五）扩充性

传统民居建筑媒介是使信息得以在空间中移动传播的空间型媒介,同时它也是一种时间媒介。在其发展历史中,它必然要经历时间所附加的文本信息,呈现信息兼容和扩充的特性。其扩充性表现为两个方面。一方面,建筑媒介并非仅限于传播与接受两者之间产生关系,由建筑形成的交流场域提供了广泛的信息交流平台,在其构建的复杂的社会行为和社会现象体系中,扩大了信息传播的领域,改变了人们接受的方法。另一方面,就其自身而言,传统民居建筑不属于即时消费的媒介,它在发展历程中,会得到不断的修缮、改良乃至重建。那么它的表征在经历一段时间后,会随着不同的政治、经济、文化、民俗及个人的意愿等而发生改变,重新被人们接受、解读。这种扩充不是盲目和无原则的,否则它们会失去中国传统民居建筑的根本属性。在扩充编码过程中,普遍遵循着"因袭创新性"的原则,传统民居建筑的装饰也不例外。因为"只有重复而无变化,作品就必然单调枯燥;只有变化而无重复,就容易陷入散漫凌乱。在有'持续性'的作品中这一问题特别重要"(梁思成,1998)。中国传统民居建筑就是这一类的有"持续性"的作品。从历史的角度看,"因袭创新性"的原则体现了中国传统民居建筑文化在传播上的自觉,既保留了民居建筑之间优秀的共性,又在发展中创新变化,使其所包含的信息内容丰富而生动。

三、中国传统民居建筑的传播功能

作为传播媒介,中国传统民居建筑所负载的装饰图形除了对建筑的直接的、显性装饰审美功能外,还具有装饰图形意义解释、道德伦理的教化及传播文化等隐性功能。经过装饰这一有目的直接行为,装饰图形所蕴含的信息通过民居建筑媒介受到人们的关注,并给人们留下记忆,通过艺术欣赏和意义的作用改变人们的态度,甚至使个人和群体社会的行为产生变化。而隐性的功能是在传播过程中,逐渐反映出来的非预期的有目的的效能。这两种传播功能互为补充,使中国传统民居建筑作为传媒媒介,为装饰图形艺术传播构建了一个理想的传播空间。

（一）传统民居建筑技术影响装饰图形的艺术生产

传统民居装饰图形是可以复制的艺术作品,但非机械的复制。随着时代的变迁、生产力的水平提高和社会阶层的需求不同有所创新。在传统民居装饰图形的发展流变过程中,一方面,生产力水平、建筑构造技术的提高为装饰图形的发展、为传统民居装饰图形的演变、发展提供了物质保障;另一方面,作为消费接受的普通民众在自身的环境中有着独特的审美欣赏标准及对装饰的要求,二者都赋予了作为可复制的传统民居装饰图形变化的活力。马克思认为:"宗教、家庭、国家、法、道德、科学、艺术等,都不过是生产的一些特殊的方式,并且受生产的普遍规律支配"(马克思,1983)。按照这个观点不难发现,艺术生产的方式是推动传统民居装饰图形的发展、变化的动力,具体分析如下。

（1）传统民居建筑传播媒介构筑了可供文化传播交流的空间。在中国传统社会,民居建筑除满足人们的居住功能以外,还与人存在密切的关系。传统民居建筑的本质是特定时期、特定的、连续的空间中建筑主体的存在,其空间是人们营造出来的供人们使用的,有着特定的物质性,同时,它又是依据人们心理与自然融合的过程衍生出来的结构性空间框架,满足人们对建筑表现意蕴的追求,即建筑信息传播的功能性。麦克卢汉认为:"所谓媒介即信息只不过是说:任何媒介对个人和社会的任何影响,都是由于新的尺度产生的我们的任何一种延伸,都要在我们的事物中引进一种新的尺度"(麦克卢汉,2005)。由于传统民居建筑与使用的尺度关系,建筑空间所营造的视觉动力,不仅开启了传播信息的通道,也为艺术作品的公共传播提供载体和文化氛围,使装饰图形等有意义的信息通过它得以和使用建筑的个人与社会群体发生连接;而且视觉动力构成了建筑表达的知觉样式,影响着功能意蕴的空间组织,当人们在理想、意义的组织、追求过程中,不可避免地涉及建筑空间的意象,这就使得建筑的意蕴、思想的构造成为建筑的形式,使得它们在建筑媒介中被制作出来。因此,传统民居建筑既是传播思想文化的象征,也是传播思想文化交流的处所。

(2)作为传播媒介的传统民居建筑,对装饰图形的艺术生产提出了各种不同的标准和样式。传统民居建筑在发展过程中,建筑的结构、样式、材料及营造技术会随着时间的推移而发生改变。装饰图形所依附的建筑构件形状、材料的改变对装饰图形的艺术生产提出新的要求,作为特殊的传媒介质,传统民居建筑为装饰图形的艺术传播提供了储存和可复制的产品形态与符合进行民居装饰的标准化样式。

(3)建筑技术构造水平的提高促进装饰图形成为编码信息文本的可能。毫无疑问,生产力水平的发展会改变主体和客体之间关系的变化,新的尺度总会介入到新的关系之中。在由传统民居建筑所构造的生活的空间关系里,新的技术推进了装饰图形符号艺术传播的方式和规模。通过可复制的生产方式,将信息编码到所装饰的图形符号之中,成为信息的视觉文本,可被释义,可被解读。

(4)传统民居建筑不仅是生活的容器,也是艺术媒介的容器。传统民居装饰图形符号传递信息的重要特点就是视觉接受的直观性和同步性。因为它作为传播的视觉文本简单直观的优势对受众构成巨大的诱惑,通过传统民居装饰图形带来的观看感和审美诱惑变得非常强烈,也将其视觉文本的话语霸权表现得淋漓尽致。但是,由于传统民居建筑媒介的特殊性,在传播中,艺术传播主体的身份是比较复杂的。在装饰图形艺术文本的传播活动中,很难明确地将装饰图形艺术作品的生产者、传播者和接受者的界限进行划分。在传统的中国社会,营造者的话语权往往是缺失的,主要是依据委托者进行营造设计。一方面,委托者会对建造、装饰设计提出自己明确的意见,他们有着鲜明的思想追求和审美判断;另一方面,营造者也有着自己在营造实践中主观的能动性,会将自己的思想和委托者的理想、追求融合编码到建筑及其装饰之中。在这种环境之下,艺术传播主体的身份界限被模糊,有时候他们既是传播者,又是接受者,在艺术传播中他们扮演着多重身份的角色。

(二)中国传统民居建筑媒介语境下的文化传播

按照美学中对建筑的解释:"建筑是以一定的建筑技术和美学规律构建起来的,它是物质的、技术的、实用的,一般地与大地结合在一起的,……是人的文化态度、哲学思虑、宗教情感、伦理规范、艺术情趣与审美理想之综合的一种物化形式"(王振复,2001)。由此可以理解,中国传统民居建筑是对传统社会生活方式的一种诠释。传统民居建筑媒介所提供的,是按照不同性质的装饰图形符号所搭建构成的信息符号体系,由于视觉符号传递信息的特点,传统民居装

图 4.1 王家大院南门前垂花门
对应"桂荣槐茂"以明志

饰图形符号既可以使人们直观地、具体地感知其所蕴含的文化形态,又能在这些文化形态中获得他们所需要的信息,实现装饰图形符号的艺术传播(图 4.1)。

麦克卢汉认为,媒介与人本身具有最为亲密的关系。所谓"媒介即信息",媒介是人的身体的延伸,这是对媒介传播作用的充分肯定。符号作为文化的根基,在很大程度上,由符号所营造的环境影响着一个社会的文化形态。按照麦克卢汉观点,媒介"延伸"了人的器官的比例,其结果是影响或者重建了人的感觉方式和对待生活世界的态度,进而也影响到人本身,影响到对文化的传播。"艺术媒介作为符号的形式,本身具有承载的功能,如文字、图像能记录信息,表达思想……具体说来艺术媒介的容器应包括书籍、杂志、报纸、音像制品和电子产品。"(包鹏程 等,2002)这种承载的功能,传统民居建筑也不例外。传统民居装饰图形是以视觉符号为构成元素的,它通过可视觉感知的外在样式和象征的表达方式来传播文化,传统民居建筑媒介是其传播的载体。英国著名学者安东尼•吉登斯认为,文化批评是文化体系的重要组成部分,文化需要媒介作为传播载体,然后才能获得审美和接受,进而获得对文化的批评。在这里,他把传播媒介放在文化传播与接受的必要位置。不言而喻,在传统民居建筑媒介语境下,装饰图形符号所包含的文化内涵在民居建筑媒介的作用下趋向一种信息化的演变,即文化传播以信息传播的形式,通过传统民居建筑媒介来完成它的传播过程。具体说表现在以下几个方面。

首先是文化传播过程中的传承性。在现实生活中,传统文化是在长期的历史发展过程中形成并被保留下来的,具有稳定性的文化,她是维系民族生存和发展的精神纽带。传统文化的继承和发展,维护着传统社会的社会秩序、增强着人们的民族认同感,为人们提供了精神的栖息之所。传统民居建筑是展现传统文化的重要标志,本身就凝固着深厚的传统文化精髓,作为一种传播媒介,它将中国传统文化传播、继承下来,世代相传。

其次是文化传播过程中的融合和创造性。在文化的传播过程中,不可避免地会遇到外来文化的冲击和传统文化保守、惰性力量的制约。在传播过程中,传播媒介盲目照搬和排斥都是不对的,应该将符合社会发展要求的先进文化和传统文化精髓加以融合,保持和发扬。做到取其精华,去其糟粕,批判继承,融合创新、发展。

最后是文化传播过程中的审美、娱乐性。这是由传统民居建筑媒介的特点决定的。不可否认,传播使传统文化以物化的形式在传统民居建筑中积淀,这就为文化的审美和娱乐提供了丰富的内容。事实上,传统民居建筑在满足居住功能的同时,在由装饰所构造的艺术空间场也使人们的"观看甚至成了观看者最好的休息方式"(彭亚非,2003)。通过艺术欣赏获得视觉感官的愉悦,使文化传播中的审美价值得以实现。

因此,从上述的几个方面可以看出,传统民居建筑媒介是装饰图形符号艺术传播的场所,也是其文化传播的物化形式。文化传播是在传统民居建筑媒介语境下永恒的课题。

第二节　中国传统民居装饰图形文本媒介

在中国传统社会传统民居装饰图形的艺术传播受生产力水平的限制,在传播水平、传播范围、传播规模及传播效果等方面,都有着自己的特点。在传播技术并不发达的年代,传统民居装饰图形作品的生产方式和接受使用直接影响到它的传播。在艺术传播媒介的意义上,传统民居装饰图形不同于传统民居建筑媒介,它是传统民居装饰图形作为艺术作品的生成介质,即传统民居装饰图形文本媒介,是承载和显现传统文化、象征意义、审美等讯息的文本介质。其媒介功能在与受众与文本媒介的互动中,依赖装饰图形文本的审美、精神要素架构传播与交流的桥梁。

一、中国传统民居装饰图形文本的媒介建构

(一)中国传统民居装饰图形文本媒介性

中国传统民居装饰图形是传统民居建筑不可或缺的装饰构成,同传统民居建筑一样,是中国传统文化的一个部分,反映着时代的特征和社会的存在。从它作为文本媒介的构成要素来看,它有以下几个特点。

其一,它有具体而实在的物质实体,那些诸如砖材、石材、木料、色彩颜料等丰富多样的质料介质,使得精美绝伦的中国传统民居装饰的图形内容和艺术形式有所依附、千古流传,并由之构成传播媒介的物质前提条件。

其二,它是符号,传统民居装饰图形本身就是由一系列视觉语言符号所构成的符号体系,有着特定的审美、象征寓意和意义表达,使得它所附着的物质实体区别如其他普通的物质实体,成为特殊的传播文本媒介。

其三,它是信息,信息是构成传播媒介的重要媒介,无疑,中国传统民居装饰图形艺术符号所包含的信息是丰富的,其丰富、完整的符号体系蕴含有大量的中国传统文化和审美信息,在千百年来的历史发展过程中,不断地传播着这些信息,影响着人们的生活。

物质实体、符号、信息三者成为中国传统民居装饰图形文本媒介的核心要素,正是这种文本构造的特点,才使得中国传统民居装饰图形成为传播的文本,同时也成为传播媒介。

(二)中国传统民居装饰图形文本媒介特点

中国传统民居建筑传媒媒介和中国传统民居装饰图形文本媒介有着必然的联系。从艺术传播媒介的意义上讲,二者是构成中国传统民居装饰图形艺术传播媒介的组成部分。前者扮演着文化传媒产品的介质与后者进行艺术传播的物质载体的双重角色。后者不同于前者,有着自身的媒介特点。

首先,在艺术传播媒介的形态上,作为文本媒介,它是传统民居装饰图形艺术生产和再生产的介质。在结构上,包括形式介质、质料介质和工具介质三个组成部分。形式介质是传统民

居装饰图形符号能指的感性形式介质,是艺术家、营造者、装饰者用来构思、表达的视觉艺术符号的媒介。它们以点、线、面、色彩、光影、构图等造型语言直观地呈现传统民居装饰图形。其能指的感性形式介质由传统民居装饰图形符号的直指面和涵指面构成,艺术家、营造者、装饰者通过这两个层面来传递传统民居装饰图形符号的意义和审美信息。

但值得注意的是,信息和文本是不同而又相关的两个概念。在传播学的视界,信息是传播过程中被传递的有意义的内容,是用来影响受众的手段。信息被视为一种存在于编码之前和编码之后的初始内容,通过编码将其转换成被传递的形式,解码则是尽量将它还原到初始状态。其中,表述性的符码组成的一组信息便是文本(费思克,2004)。因此,不难理解,文本是由一定符号组合规则所组成的一组信息。在传统民居装饰图形中,那些使用规范的视觉艺术语言,在感性形式上就可以用来表征其意义、审美等信息。

质料介质就是传统民居装饰图形符号的物质介质,是承载、储存、显现和传输传统民居装饰图形艺术符号所必需的,诸如砖、石、泥土、木材等物质性材料,这一特点在本书中,前文已有详细论述。工具介质具体表现为传统民居装饰图形艺术生产过程中,用来进行艺术表现的画笔、雕刻刀、各种不同的生产工具,是辅助性介质。

其次,在艺术传播媒介的性质上,传统民居装饰图形是生产式文本[1],是传统民居装饰图形的生成介质。从艺术生产的角度,它是艺术家、营造者、装饰者运用装饰图形的视觉艺术语言进行艺术构思,借助于工具介质将艺术构思中编码的意义、审美信息在相应的物质材料上客观的表达,实现传统民居建筑的装饰,并形成有意义的、有审美价值的人工产品。在这个层面上,它是作者式文本,由于在意义、审美信息编码过程中,各种象征、陌生化的艺术处理手法导致了文本结构的被建构,在意义表达上出现模糊性和多重性,使文本难以把握,这并非中国传统民居装饰大众化所要求的。然而,在另一个层面上,传统民居装饰图形文本的可读性也是必需的,在接受者看来,它应该没有在意义表达、审美上的障碍设置,是一种易于阅读和理解的读者式文本。也就是说,传统民居装饰图形在从"能指"到"所指"的过程中,始终保持是清晰易懂、可供直观、愉悦、舒适的文本特性。但仅此不够,因为只有文本阅读中那些令人费解和迷惑的内容往往才具有真正的价值,需要被读者重新"写作"——进行内蕴意义的解读。这就使得传统民居装饰图形文本的接受者不仅仅是一个观看、消费者,而且应该是文本的生产者。

尽管传统民居装饰图形文本没有要求接受者在欣赏、消费过程中去创造意义,也没有利用它与别的文本之间存在的与传统社会的差异来困扰受众的观看、阅读;它也没有将装饰图形文本的建构法则强加于接受者,以影响他们对阅读的选择。之所以说传统民居装饰图形是生产式文本,是因为它既像读者式文本一样便于理解,又像作者式文本一样具有开放性,能在阅读的过程中,使接受者保持艺术欣赏的主观能动性,使它们在传统民居装饰图形文本的欣赏、消费中,参与文本意义的建构,创造、推衍出新的非规训的意义。同时,利用这个资源,进行中国传统文化的建设。这也是中国传统民居装饰图形传播意义的根本所在。

最后,在艺术传播媒介的功能上,传统民居装饰图形文本媒介是进行艺术创作和欣赏的基本介质。在艺术传播的传播和接受环节中,艺术家、营造者、装饰者利用文本媒介生产、创作和

---

[1] 生产式文本是约翰·费思克在巴尔特将文本分为作者式文本和读者式文本的基础上,创造性地发挥和推衍出的概念,并在其著作在《理解大众文化》一书中重点推崇。

制作装饰图形作品,艺术接受者则是通过它的形式介质和资料介质来感知作为艺术作品的传统民居装饰图形。一方面,工具介质为制造者们提供了艺术生产活动中所需要的制作设备和技术手段,规定了传统民居装饰图形的艺术生产方式;另一方面,形式介质和质料介质这两种基础性媒介,提供了传统民居装饰图形文本的构成介质,它们规定和制约着传统民居装饰图形艺术作品的视觉表征和艺术感知的方式。因此,传统民居装饰图形文本媒介作为具有承载、表达功能的艺术符号,在艺术传播过程中起着重要的作用。

二、中国传统民居装饰图形文本媒介的意义拓展

中国传统民居装饰图形文本媒介是一种特殊的传播媒介,它是表现形式丰富多样的符号载体,是传播的文本也是传播媒介,有着有机而整体的意义指向。它作为文本媒介,本书不仅要关注对它的构成要素中内容和形式的分析和探讨,而且还要注重对其传播过程中的接受张力及意义解释空间的关照,即它们在传播交流中"非对称性二元对立"结构的释义互动与创新。

伽达默尔认为,文本的真正意义不在于文本自身之中,而依赖于人们对它的解释和理解,作品的意义通常会随着不同时代和不同人的理解而发生改变。尽管存在"作品的意义只是作者的意图,我们解释作品的意义,只是发现作者的意图。作品的意义是一义性,因为作者的意图是固定不变的和唯一的"(洪汉鼎,2001)这样的观点,但在实际的传播过程中,审美接受和意义解读,常常会因为接受者的差异和时代的变迁而发生偏移和多样化的解读。也可以说是"'扭曲'和'误解'恰恰因为传播交流的双方缺乏对等性而产生"(霍尔,2000)。因此,伽达默尔提出对文本理解的本质是"不同的理解",而非仅仅局限于不断地趋近和复制作者意图的唯一性的"更好的理解"的观点是科学的。因为对文本理解的不同,就使得"理解就不只是一种复制的行为,而始终是一种创造性的行为"(伽达默尔,2004)。也就是说,中国传统民居装饰图形文本的意义可以获得多元的理解和诠释。下面从其传播交流中存在的释义"非对称的二元对立"的结构进行探讨。

(一)编码与释义的不对称

作为传播的文本,中国传统民居装饰图形的符号性,使其具备符号性格"能指"与"所指"的二元对立结构。在这个结构中,能指、所指涉的点、线、面、形象、空间、肌理、色彩等都是它的物质表象构成,所指则是所要表达的思想或者意义。其中,意义是整个符号系统内的概念价值,也是传播信息的内容组成和传播意义的所在。

在符号的能指与所指关系中,它们是各自独立的,联系具有任意性。而任意性并非绝对的任意选择,在能指和所指默认已经约定一致的前提下——具有社会契约性的条件下,能指可以结合任意的所指,也就是说可以给能指赋予任意的所指。所以,"从根本上讲,符号是人类社会传达意义的工具,必须是约定俗成的"(郭鸿,2008)。中国传统民居装饰图形符号,就是在约定俗成基础上被工具介质所加工形成的具有传递功能的符号系统,这种符号系统在对传统民居建筑的装饰中,表现了形式与功能之间的联系,也体现了形式反映功能的约定。因此,中国传统民居装饰图形文本媒介是具有表达意义的符号媒介,在艺术传播活动中,有着自身特色的艺术传播行为,即艺术编码与艺术解码。

中国传统民居装饰图形的艺术生产,是一种艺术信息的编码活动。在艺术编码方式上,它着自己独特审美话语的表征路径、艺术符号链接规则和运作模式。

艺术编码的本质是意义的生产。艺术信息编码的内容和意义,是在具有社会契约性的条件下,在中国传统民居装饰图形符号"能指＋所指＝符号"的二元结构中,在第二个层次表意系统中产生[①]。在这里,艺术家、营造者总会是自觉或不自觉地选择改造世界和社会意识形态中的审美感知和传统的艺术表达方式,运用规范的视觉艺术符号语言,对传统民居装饰图形符号进行意义的编码,保证了其艺术语言在符号表意系统中发挥作用,使传播的内容信息得以交流实现。

艺术编码包括艺术低编码和艺术超编码两种模式。意大利著名的符号学家乌蒙勃托·艾柯认为:"超编码就从现存代码推进到更有分析力的次代码,与此同时,低编码则从非代码推进到潜在代码"(乌蒙勃托·艾柯,1990)。"也就是说,超编码是人们借助于现存的符码创造出次代码,而低编码则是在相关符码不存在的情形下,人们创造出来新的代码"(陈鸣,2009)。具体到传统民居装饰图形的艺术生产、艺术创作过程中,艺术超编码是从装饰图形艺术符号的两个层面上进行审美的话语表征的。首先,规范的传统民居装饰图形艺术符号是中国传统社会意识形态中审美话语的感性表达的范式,是其表意第一层次中可以被直接感知到的、具有合理性和丰富性的文本内容,是属于传统的、历史的和文化的,因而能够成为一定时代人们所共享和遵从的艺术编码与艺术解码法则。其次,是隐含意义的象征表达。在符号表意的第二层次中,"隐含之义"层面的意义才是巴尔特认为"神话"的意指,即"内在意蕴"。因而,在艺术编码过程中,通过修改意识形态中规范的表达方式,通过形象的、修辞或意象表达与艺术符号的链接,在已有的表达结构中注入新的意义,进而编织新的审美话语,即次艺术符码的再生产。

艺术低编码则是在现存的、规范的艺术符码缺失的语境下,由艺术家、营造者所完成的原创性艺术创造。低编码方式的基础是建立在人们感知模式上的创造性编码活动。它是编码者利用现有的符号感知模式,并将其投射、链接到符号的表达体系之中。在传统民居装饰图形的艺术传播史上,经过艺术低编码方式创造出来的新的装饰图形符号,最终也会成为新的规范和法则,影响以后的装饰图形样式的建构和发展。

另外,艺术编码后的传统民居装饰图形,作为文本媒介,已具有了传达和表意功能。它们表现为将"信息转化为符号"和"符号转化为信息"两者转化的过程。这两个过程说明了艺术编码的信息不是单向的传播的,而是编码者和使用者、欣赏者、接受者之间的双向交流,前者把"意义"经过装饰图形艺术符号传递给后者,后者对这些艺术符号的理解建立在社会约定俗成的基础上,限制并影响了前者对装饰图形艺术符号的使用。而且,在信息与符号的转化过程中存着语义的偏差。例如,在信息转化为符号的过程中,艺术编码者不可能将其思想、审美观念完全转化为受众能够译读的装饰图形艺术符号;反之,装饰图形艺术符号也并不能完全表达艺术编码者的设计意图。而在符号还原为信息的过程中,使用者、欣赏者审美接受的主体,其认识上的偏向和生理上的特点会引起审美感觉上的差异;同样,由于其审美经验、习惯及知识背景的不同,也会引起认识上的差异,从而影响符号还原为信息的转换。

---

① 在"能指＋所指＝符号"的结构模式中,巴尔特继承了索绪尔的传统并对符号结构进行了更深层次的挖掘。即"在他看来,索绪尔的'能指＋所指＝符号'只是符号表意的一个第一个层次,而只有将这个层次的符号作为第二个层次表意系统的能指时,产生的新的所指,才是'内蕴意义'或者'隐喻'的所在"(参见本书第四章第二节)。

综上所述,中国传统民居装饰图形艺术编码与解码之间,艺术的编码与释义是不对称的。

一般来说,传统民居装饰图形的艺术编码通常是由艺术家、营造者预先选定的,在编码过程中存在建构性的规则和意义输入范围界限的作用和限制。作为意义的生产阶段,编码过程是在相对独立的环境中完成的,意义的指向依赖于进行编码的艺术家对装饰图形原材料的有选择的加工,值得一提的是在编码过程中,意义的生产不是就此固定下来的,它还要在传播交流中被解码,被接受并被重组。因而,广义的意义生产也应该包括解码过程中的意义重构。

在编码、释义过程中,传统民居装饰图形艺术编码与释义的不完全对等,还与解码、释义有关。一方面,由于传播者即艺术家与接受者之间存在关系地位的结构位差,这种位差直接影响传播交流中传播与接受双方对等性的产生;另一方面,解码和释义不仅仅是鉴别、解码某些符号的能力,而且在于接受者的主观能力,要有自己存在的条件,能将传统民居装饰图形艺术符号放入其创造性的关系中,厘清包括编码时刻在内的与解码时刻之间的相互关系,而非简单地将装饰图形艺术符号解码为自己所愿意接受的信息内容,而应该是在约定俗成的基础上进行解码。所以说,在中国传统民居装饰图形的艺术编码与艺术解码过程中、编码与释义的非对称性的存在,使得编码不能决定解码。因此,意义就成为文本建构与解读过程中,双方力量抗争与互动的结果。

（二）互文性

传统民居装饰图形文本在传播方式上是一种单向的、线性的、由点到面的传播,有着传统文本媒介在传播中所共有的开放性、相对性、多义性及不确定性等特征。作为艺术文本,其文本的共性不能够全面地概括出它的文本特点。在艺术传播过程中,它是借助传统民居建筑媒介,将所包含的意义、信息进行扩散和传播,并传递给接受者的。然而,艺术的接受不是简单、机械的接受,它是对传统民居装饰图形文本的感悟、融化、阐释及审美过程中能动的接受,在一定程度上,会影响着其艺术生产和建构。因此,可以说,互文性是传统民居装饰图形文本的又一特征。

巴尔特认为:"任何文本都是互文本;在一个文本之中,不同程度地并以各种多少能辨认的形式存在着其他文本:例如,先前文化的文本和周围文化的文本。任何文本都是过去引文的一个新织体。"

所谓互文性,在《叙事学词典》中,拉尔德·普林斯有较为清晰的定义:"一个确定的文本与它所引用、改写、吸收、扩展或在总体上加以改造的其他文本之间的关系,并且依据这种关系才能理解这个文本。简而言之,你中有我,我中有你,相互衍生、相互暗指、相互包含,这便是互文。"茱莉亚·克里斯蒂娃,法国著名符号学家,她在《符号学》一书中也曾经谈到,无论哪一种文本,都是对其他文本的转换和吸收。每一个文本的存在都能够成为其他文本的镜子,它们之间彼此相连、相互关照,形成一个无限开放的体络,并以此构成文本的过去、现在和将来的文学符号的演变过程和巨大开发体系。在文本的内部,文字符号、知识话语、语言系统和社会情节等都不是独立的、单一的,而是与其他文本的知识话语之间有着复杂、广泛的联系。

中国传统民居装饰图形,在它的发展历史中建立了具有自身特点的符号和话语体系。文本的互文性是其产生意义的一个重要成因。互文性具体表现在两个方面。一方面是文本内部的互文,即在文本的水平层面上,在传统民居装饰图形文本内部,通过表现材料、艺术形象、艺术语言、表达内容等之间的对话性关系,或者是文本与文本之间有明确的语义连接,如在众多以"竹"为题材的传统民居装饰图形文本中,"竹"之"咬定青山不放松,立根原在破岩中、千磨万击还坚劲、任尔东西南北风"的气节,成为一种被普遍推崇的寓意象征,并构成文本之间意义交互的方式,这种文化来源的互文性,提供了装饰图形文本审美意境建构的不同的方式,也为受众在审美、解读上提供了意义和欣赏的快乐。另一方面表现为文本外部的互文,通过传统民居装饰图形某一原始文本与其他文本之间发生相互的指涉关系,即一种文本之间的纵向垂直关系。还是以"竹"为例,在以"竹"为艺术形象的传统民居装饰图形的某一原始文本中,不同时期、不同的受众对其意义的解读和喜爱程度上有着很大的差别,它所呈现出来的意义会影响到作为"竹"的形象在其他文本中的指涉和意义解读,因此,通过这种互文的过程,在意义上,"竹"可以获得风骨高雅、坚定顽强、四季常青、竹报平安、长寿等多义性的象征。

中国传统民居装饰图形文本互文性产生的途径大致有三个方面。

其一是源于传统民居装饰图形自身的互文性。在传统民居装饰图形文本媒介中,艺术形象之间是相互关联的,是共生的,可以彼此跨越的。"蝙蝠"作为经常用到的艺术形象,可以涉及多个与之相关的文本,尽管形象的造型之间有所不同,但依然在差异之中保持着相互的关联以及意义的象征。《抱朴子》载:"千年蝙蝠,色如白雪,集则倒悬,脑重故也。此物得而阴干末眠之,令人寿万岁。"据传,蝙蝠乃为长寿之物,食之益寿延年,故在传统民居装饰图形中,多见蝙蝠形象。常与祥云纹样连用,寓意福分无疆,万事如意;或是与孩童并组,意味"纳福迎祥";亦可以是三多与蝙蝠、常春花等组合为"福寿三多"。在这里,这种互文性促成了"蝙蝠"形象象征对人生幸福美好的向往。

其二是受众在艺术接受过程中的习惯和个体的艺术修养。在传统民居装饰图形的艺术传播过程中,受众的艺术修养及欣赏习惯,在同传统民居装饰图形文本的欣赏交流中,从其他艺术文本所传递的信息中获取互文的知识,并引用到传统民居装饰图形文本艺术欣赏过程中来,实现对文本的最佳解读和欣赏。

其三是装饰图形文本的在编码过程中,所赋予文本意义的信息源。它是传统民居装饰图形艺术生产者的知识、文化、艺术审美修养的综合实力的表现,也包含了他们在装饰图形的艺术传播过程中,对文本媒介互文性的把握,推动了作为装饰图形文本的强化和扩张。

（三）程式化与创新

中国传统民居,是中国传统建筑的一个重要类型,有着几千年的发展历史,它是我国历代劳动人民生存智慧和创造才能的结晶,也是中国传统文化的缩影。人们通过对它的装饰,形象地传达了传统文化的深厚意蕴,直观地表达出中国传统文化所呈现的民族心理、思维方式、审美理想以及价值观,并在对其装饰的漫长过程中,形成了中华民族都有的艺术风格和样式。在结构形式上,中国传统民居又是一个复杂的综合体,有着多元化的符号、表意系统,并具备大众传播的诸多特征。因此,借助民居建筑媒介,传统民居装饰图形在中国传统社会中,既是传统民居建筑文化的外在表现形式,也是社会民俗、思想文化的载体,通过它们,传递着浓郁的民俗气息和清新、淳朴、雅致的审美情趣,传递着特定人文、历史条件下的文化信息。

在传统民居装饰图形的发展历史上,推陈出新是其得以留存、勃兴、发展的必由路径。众所周知,传统民居装饰图形符号是在传统民居的装饰中经常、反复出现并能被广大受众所认知、识别、接受和消费的符号,是一个发展有序、释义明确、结构严谨、艺术语言丰富的符号体系。它是在历史发展进程中经过反复检验,已经得到印证的话语符号,有着相对固定的意义指涉和象征指向,因而在表现形式上趋于程式化。

研究传统民居装饰图形发展的历史,不难发现,在传统民居建筑营造出来的媒介空间中,人们的文化活动的属性发生了一些变化,在这里,装饰图形艺术符号表现的既是人们对现实的一种阐释,也是一种生存态度,是对民俗生活的理性图示,人们的文化活动借助装饰图形的艺术形象直接呈现在视觉中,使得传统民居装饰图形成为名副其实的大众文本。作为大众文本,程式化是它普遍存在的最基本的特点。程式化的这个特点不会影响到它的艺术价值以及在其发展过程中的艺术创新。

首先,传统民居装饰图形是反复、频现的大众文本,是一种社会性很强的造型艺术。它的艺术感染力在于能够直观地被人们所感知、所欣赏。在它的发展过程中已经形成了极其稳定的符号系统,同中国传统文化相对应,由于"祖宗之法不可变"的尊重祖宗、恪守祖制文化传统,中国传统民居建筑及其装饰在建筑的形式、结构技术、装饰制度等方面,因循守成即程式化是必需的。然而,从传统装饰图形的发展的实际来看,守成不是机械地重复和简单的复制,作为大众文本,它们在基于"传统因素的传统化构造"的基础上,提供了"众所周知的形象与意义",以"维护价值的连续性","构造传统文化产品的传统体系"[①]。

例如,抱鼓石,在传统民居建筑中,其功能性在于抱住立柱,使其稳定。而在形状、造型及其装饰上,遵从着程式化的要求并有着非常丰富的多样性特点。抱鼓石通常因多雕成圆鼓形而得名,俗称为"门墩儿"。除圆鼓形外,也有雕成葫芦形或狮子形的。其中,葫芦形形似石榴,寓意上既可取"福、禄"的谐音,又可取"多子"的吉意,故多喜用葫芦形石榴当抱鼓,具有民俗文化的深厚内涵。狮子则被视为兽中之王,根据传说,"龙生九子",狮子为之五,谓狻猊,在中国传统文化中是吉祥的象征,多采用蹲式造型。以此装饰,据称既可以起到镇宅、辟邪的作用,又可以达成主人官运亨通、飞黄腾达的目的。再看石柱础,造型形式上有几何形、葫芦形、鼓形、瓜形、莲花形、瓶形、古镜形、覆盆形等,不同的石柱础造型具有不同的象征寓意。例如,在人们的生殖崇拜中,瓜类多籽,一般认为是繁殖迅速的象征;葫芦则被看为阳刚之气的标志。因而,由瓜形演变而来的鼓形和由瓶形衍生的葫芦形的造型就被广泛运用于传统民居建筑。根据彝族史诗《查姆》的记载,在古代曾经洪水泛滥,传说有兄妹二人,挖空葫芦作船从而幸免于难,后藏在葫芦里赖以存活的兄妹成婚繁衍了人类,故此,后世将葫芦尊奉为祖灵。随着时代的发展,葫芦的象征寓意也在不断地变化完善,逐渐被视为"福、禄、寿"的化身和象征,在建筑、装饰样式上,葫芦形、鼓形和瓶形的石柱础也逐渐程式化,并成为我国各族人民公认的吉祥物,并被广泛地应用。因此,可以说,"程式"是传统民居装饰图形文本无法摆脱的民族印记。

其次,传统民居装饰图形是蕴含着无限变化和生机的大众文本,是雅俗共赏的文本。其因袭传统和创新发展的二元对立的界限不是绝对的,是有有机联系的。一方面,装饰图形文本的程式性不是固定不变,它在其内在规定性中呈现出艺术形式的多样变化。在装饰图形的发展中,往往会在程式的基础上,以程式化的图形为依托进行适度的变化和创新。具体的建构方法与艺术的超模式基本相同。也就是说,在传统民居装饰图形艺术符号的两个层面上,要么是用程式化的、已经形成和确定的视觉语言进行装饰图形的符号组合,要么是在程式化的基础上进行艺术语言的求新,并以此来进行新的组合,生成新的艺术符号。例如,在传统民居装饰图形中,蝙蝠是常见的题材,人们常常用它来寓意"福"。《尚书》载:"五福:一曰寿,二曰富,三曰康宁,四曰攸好德,五曰考终命"①。可见"福"是中国传统民俗文化中,人们对幸福追求的一个很重要的指标。在传统民居装饰中,蝙蝠题材的内容已经形成了在表达方式上程式化的特征,但在具体的装饰部位和不同的年代,其所建构的装饰图形符号不尽相同。有的采用五只蝙蝠环绕一个"寿"字进行图形适形设计,取义"五福捧寿";有的是在蝙蝠前面加入古钱元素,进行程式化的建构,组构新的有关蝙蝠的装饰图形符号,寓意为"福在眼前";有的以蝙蝠为内容的装饰图形出现在传统民居建筑的大门上,求意"出门见喜",在粮仓部位则是表达"满福"之意。凡此种种,充分说明了因袭传统的程式与创新之间有辩证的联系,这种良好的辩证关系,促进了传统民居装饰图形的建构和发展,丰富了其艺术语言和表达样式。另一方面,传统民居装饰图形的艺术创新是有条件的。作为大众文本,在创新问题上,它与艺术低编码所建构的精英文本不同,后者是在现存的、规范的艺术符码缺失的语境下的编码建构活动。即常常表现为具体艺术创造主体或者作品发展过程中可传承的、逻辑的、连贯的创新链。与之相反,传统民居装饰图形文本的建构,是在现存的、规范的艺术符码的语境下实现的。

美国著名电影理论家路易斯·贾内梯在类型电影分析中将大众文本的类型片的主要发展过程划分为四个阶段。

(1)原始阶段。这个阶段的类型片通常是幼稚的,尽管它在感情上有着强大的冲击力,部分的原因是它的形式新颖。类型片的许多程式是在这个阶段确立的。

(2)经典阶段。这个中间阶段使诸如平衡、丰富和自信之类经典的理想具体化。类型片的价值观念得到确认并被广大观众所接受。

(3)修正阶段。类型片通常比较具有象征性和模棱两可,它的价值观念不太肯定。这个阶段倾向于复杂的风格,更多地求助于理智而不是求助于感情。类型片预先确定的程式往往被当成讽刺的陪衬来利用,怀疑和破坏大众的信念。

(4)拙劣模仿阶段。类型片这个发展阶段彻底地嘲弄了它的程式,把这些程式贬低为陈规陋习,并以一种可笑的方式来表现(路易斯·贾内梯,1997)。

从路易斯·贾内梯划分的这四个阶段可以看出,文本类型在由"原始阶段"到"拙劣模仿阶段"的过程中,其动力虽然说是以复制与跟风为主,但在此基础上的怀疑、修正和探索是具有创新意义的。这种创新促使他所特别列举的美国西部片"突然恢复生命",再次勃发生机。显然,在传统民居装饰图形文本的艺术创新上,路易斯·贾内梯的理论是值得借鉴的。尤其是针对某一类型或某一具体内容、题材的传统民居装饰图形,在其意义及样式的流变问题上的研究。②考察传统民居装饰图形文本的发展史,就可发现正是源于这种怀疑、修正和探索,才使得中国传统民居装饰图形文本程式的不断翻新,造就了它在发展过程中永不枯竭的活力。

最后,值得一提的是传统民居装饰图形艺术创新的标准。尽管在历史的发展过程中,作为艺术评价的标准,传统民居装饰图形有着自己的评价体系和评价特色,但并不意味着这个评价体系中不存在陈规陋习,就是科学的。因而,在"推陈出新、古为今用"的过程中,"取其精华、去

---

① "五福"一词原出于《书经》和《洪范》。《尚书》所载的这五福之义分别是:长命夭折且福寿绵延、钱财富足且地位尊贵、身体康健且心静安宁、性格敦厚且德宽仁厚和能预知死期且安详离世五个部分。包容了在中国传统社会中人们的一切美好的愿望与目标。

② 关于传统民居装饰图形文本样式的流变问题,将在拙著《装饰图形设计》中进行详细分析,故在本书中便不再展开深入论述。

其糟粕"仍然是在艺术发展过程中一种科学的理论范式和处理方法。据此,对传统民居装饰图形文本创新评价尺度的改进及艺术评价标准的不断完善,对我国社会主义先进文化的建设是有现实意义的。

三、中国传统民居装饰图形文本媒介的权力

中国传统民居是装饰图形展开艺术传播的物质基础。它所构成的各种艺术符号,遵循着传统民居装饰图形艺术符号构成的语法规则和话语逻辑组合成文本传递信息,并在千百年的传播过程中,形成独有的艺术语言和话语权力。

中国传统民居装饰图形文本媒介是依赖视觉进行传播的,是人们进行艺术传播信息的工具。然而,艺术传播不是单向的传播活动,在传统装饰图形的艺术传播过程中,除了装饰图形艺术符号信息的传播外,与受众的沟通和互动也非常重要。其艺术传播的目的在于通过装饰图形艺术符号,在传播主题、意义等话题上与受众产生共鸣,并增进更深层次的信息交流,实现意义在传播过程中传播与接受双方的相互沟通和满足。因而不难理解,所有的与之有关的艺术传播都是由传统民居装饰图形文本符号作为媒介来进行的,是视觉传递特征明显的艺术传播。由此也就不难理解,传统民居装饰图形文本媒介的权力,是在艺术传播过程中,经由传统民居装饰图形文本媒介,对受众产生的传播效果和潜在影响的权力。它包括两层含义:第一层是媒介质料介质层面上的媒介权力,是由媒介的物质特性以及生成技术所决定权力,也是第二层媒介权力形成的基础,具体表现为审美等话语权力;第二层是媒介形式介质层面上的媒介权力,是由媒介的内容、象征的手法及传递的有意义信息所决定的权力。具体表现为文化建构与传播等权力。因此,分析中国传统民居装饰图形文本媒介的权力,可以获得上述两个层面的视角。

(一)审美的话语权力

所谓传统民居装饰图形文本的审美话语权,是指通过其质料介质的视觉形式,对受众产生传播作用的影响力,具体表现为它作为信息传播主体的话语权。下面从两个方面来对其审美话语权力进行分析。

1. 传统民居装饰图形文本复制的审美效应

传统民居装饰图形文本的最大特点是其可复制性。在中国传统民居装饰的历史上,装饰图形文本的复制是一种传统而又古老的艺术再生产方式,它不同于现代社会大规模的机械化的复制,而是在传统民居装饰图形文本的基础上,人工化的艺术再生产的劳动,其结果"较之于原来的作品还表现出一些创新"(本雅明,1993)。作为可复制的文本,一方面,传统民居装饰图形文本在复制的过程中,是能够保留文本中所固有的文化信息和审美内涵的;另一方面,在复制过程中会由于时间、地点、质料、营造主体等的不同,使复制的装饰图形文本的审美意义出现变化。依据传统民居装饰图形文本媒介质料的不同,传统民居装饰图形文本复制会产生以下两种审美效应。

其一,传统民居装饰图形文本的大量生产,为人们提供了一个可供意义共享的审美公共领域。"艺术本质是交往"(曹卫东,2001)。中国传统民居建筑,通过装饰在审美领域的创造实践活动、装饰图形文本、接受活动,被同构成审美意义共享的公共领域。传统民居装饰图形文本

在这个公共的审美空间中,所发挥的交往理性的作用,促进了人们的日常生活与传统文化的互动关系,同时,也对它的艺术生产以及继承发展意义重大。

其二,传统民居装饰图形文本复制的特点决定了审美意义在复制过程中的变化和效应。传统民居装饰图形文本的复制,作为一种传统而又古老的艺术再生产方式,绝对不是简单的重复,它是一种能动的艺术实践活动,会因为参与实践的人、艺术生产的物质质料等因素,而改变原有装饰图形文本中所固有的审美意味。呈现异质审美复制效应的特点。例如,宝相花题材是装饰图形文本。宝相花原本是佛教题材的装饰图形,有着佛教的象征性特点。唐朝以前的宝相花图形文本在造型上一般都是六瓣或八瓣,单层且造型简单。在它的使用过程中,逐渐吸收了牡丹、莲花、石榴花的特点,经过不同时期艺术复制并改良的发展,即在以莲花为母体的基础上,加以装饰,花瓣突破原有的单层习惯,层层叠加,同时,还被赋予以绚丽的色彩,显得无比端庄美丽,达到理想化的境地,在审美意义上也由最初的佛教的象征逐渐向民俗方向发展,影响着类似题材文化传统的装饰图形的艺术生产,成为我国所独有的一种吉祥图形纹样。

当然,也不排除在装饰图形文本复制中,审美意义完全等同的复制现象,即在传统民居装饰图形文本的艺术复制过程中,房屋建造委托者的要求及复制技术水平的提高,在民居装饰中,复制出质料相同,图形形式差异不大,且审美意义能够完全被复制、被转移的同质审美复制效应。

2. 传统民居装饰图形文本对审美的影响力

首先,在传统民居建筑媒介环境下,由装饰和装饰图形艺术文本所构成的艺术空间,使得艺术与现实生活的界线变得模糊,在这个艺术空间中,由于艺术与生活的距离缩小,人们对装饰图形艺术文本的阅读变得异常便利,无论是“始入家门”门楼的艺术图案还是“侧卧床前、越窗而视”的窗格栏杆,装饰图形的艺术符号无处不在。这使得人们艺术生活化和生活艺术化的美学追求成为现实,扩大了艺术审美的阈限。

其次,在传统媒介的传播过程中,媒介权力与受众权力之间的关系极为复杂,其中,某一方权力的变化势必会引起另一方权力的变更,力量的平衡取决于双方权力的博弈。通常,传播与接受双方对信息的处理及理解的差异决定了两者在权力关系中传播者的主导地位。传播者的主导地位决定了由传播者所构成的单向主动传播的特点,受众往往容易对媒介形成依赖。

与此不同,传统民居装饰图形文本媒介改变了单向度的传统媒介传播接受的模式,从而使得审美过程中,传播与接受的互动和对话这一美学追求成为可能。这种“对话”般的互动,是在质料介质所形成的艺术文本媒介的开放性、多元性及互文性的基础上,使受众在处理传统民居装饰图形文本时,即由传播者——艺术家在相应的质料介质上所固定下来的,以物态化的、视觉的感性形态呈现出来的审美信息时,能够有着最为主动的审美自觉。受众审美意识的自觉走向,说明了在审美活动中,受众不是被动地接受传统民居装饰图形的艺术传播,而是一种能动的参与,而且还能够影响到装饰图形的艺术生产,并形成传统民居装饰图形独有的审美话语的特点,即审美接受的自由。

最后,传统民居装饰图形文本促成了中国特色的传统民居装饰的阅读方式和审美心境。不同于言语艺术的线性审美方式,即由点到线,再由线到面的聚合过程,它具有非直接性、抽象性,是格式塔式的。也就是说,经过对传统装饰图形文本整体的认知,以获得对这个文本直观的、整体的把握。

视觉领域里,格式塔理论将视觉形象当成统一的整体来认知。阿恩海姆认为,每一个格式塔实际上就是一个"知觉形式",在人们参与认知的过程中,人们一旦对基本的格式塔心理感受形成习惯后,就会失去其原有的刺激和审美知觉,势必会对下一个更为复杂的格式塔产生需求。循环往复,格式塔的结构由简单向复杂发展,伴随着它对心理接受与心理刺激的加强,就会反过来需求更复杂的知觉形式。根据这种理论就不难理解,在中国传统社会,传统民居对具有"美的形式"的装饰图形的装饰追求与其艺术生产的繁荣。再者,审美是需要能力和心境的,其艺术生产的繁荣为审美提供了丰富多样的传统民居装饰图形文本的可能,促进了艺术创造与审美接受的心理变化。所以,传统民居装饰图形文本阅读方式格式塔式的形成,有助于在艺术生产过程中自觉地促进艺术形式的复杂化,创造出富有意味的结构,使受众获得更多的、更复杂的审美心理感受。

因此,随着审美活动的心境的变化,传统民居装饰图形文本在传统民居建筑媒介的空间中,人们以对视觉艺术的直觉取代了言语艺术的思辨。在审美理想上,追求传统装饰图形文本对视觉的冲击力和中国传统文化的理性诉求,实现对传统民居建筑环境的装饰和美化。

（二）文化的建构与传播的权力

瓦尔特·本雅明认为:"艺术品的可机械复制性在世界历史上第一次把艺术品从它对礼仪的寄生中解放出来。复制艺术品越来越成为可复制性艺术品的复制"(本雅明,1993)。说明早在中国的传统社会,由传统民居装饰图形文本的大量复制所形成的有关其传播方式、传播范围、传播效果及传播规模的艺术传播革命是存在的。另外,由于大量的复制,可能导致某一传统民居装饰图形文本的独创性消失,但站在世界文化的视角,传统民居装饰图形文本的民族独创性是客观的存在。甚至对中国传统文化的建构也会产生影响。

（1）在艺术传播方面,大量的复制促成传统民居装饰图形在传播中公共传播效应的扩充。复制改变了传统民居装饰图形文本传播接受的条件,扩大了接受对象的群体,由此带来了以下两方面的传播效应。

其一,由于传统民居装饰图形文本的复制,使得其作为艺术作品的原创性、独创性被消解,因而,这种可复制的非独一无二性,也就成为装饰图形文本的一个突出特点。关于传统民居装饰图形文本的复制前文已有研究,不再赘述。

其二,是公共传播的效应增加。在传播与文化之间,"媒介是表述现实的工具,媒介是传递信息的工具,媒介是社会交往仪式和文化的生存和再生的场所"(潘忠党,1996)。在传统民居建筑的装饰中,由于大量装饰的需求扩大了传统民居装饰图形文本的复制,进而获得更多的传播空间。尽管在传播中,传统民居装饰图形文本的原创性、独创性被消解,但并不影响其审美及意义的传播。反而能促进传统装饰图形文本在广阔的传统民居建筑的媒介空间中与受众进行自由的交流,以及传统民居装饰图形文本意义的再生——对中国传统文化的丰富与创造。所有的这一切,在于"复制技术把所复制的东西从传统领域中解脱出来。由于他制作了许许多多的复制品,因而它就用众多的复制物取代了独一无二的存在;由于它使复制品能为接受者提供在其自身环境中去加以欣赏,因而它就赋予了所复制的对象以现实的活力"(瓦尔特·本雅明,1993)。

（2）在传统文化建构方面,当文本被定义为"完整意义和功能的携带者,从这个意义上讲,文本可以看成文化的第一要素"(王立业,2006)时,意味着文本的多义性成为推动文化互动和发展关键原因的奥秘开始为人们所发现。

　　文化作为一种社会现象,是人们长期创造形成的产物,人们所有的创造性活动都与文化有关;作为一种历史现象,它是社会历史的积淀物,是人类精神的总和。早在1871年,英国著名人类学家泰勒在其代表作《原始文化》一书中,就对文化做出过如下定义:"文化是一个复杂的整体,包括知识、信仰、艺术、道德、法律、风俗以及作为社会成员的个人而获得的任何能力与习惯"(泰勒,1988)。由此可以看出,文化是一个完整的过程,是对某一特定生活方式的描述。中国传统文化也不能例外,作为由中华文明汇集、演化而成的反映中华民族风貌和特质的一种文化,她是指在中华民族的历史上,居住在中国地域内的中华民族及其先祖所创造的、为中华民族世代代所继承发展的、具有历史悠久的、内涵博大精深的、民族特色鲜明的、传统优良的文化,是中华民族各种观念形态、思想意识和在文化形态上的总体表征。

　　洛特曼认为,文本是"文化的缩小模式"。他坚信"艺术——是社会认知的一种形式"(张杰等,2004)。他认为,艺术作品不应该只归属于精神文化的范畴,还应该包含于物质文化范畴之中。这是因为艺术作品不仅表现为由各种具体的语言材料所构成的语言现实,而且这种语言现实是由艺术结构所建构的,是融物质与精神于一体的独立存在。在这个存在中,艺术作品的符号语言作为民族文化的载体并不是先于文化,而是与文化处在一种"共在"的关系之中,也就是说,艺术符号既是文化存在的前提,又是文化发展的结果,并且在同外来文化文本的互动中保持动态的发展。这样,文本的多义性就具有了共同话语的范式,即文本能够成为意义的发生器。在文化建设上,受文本产生和受众接受时的文化背景、现实生活、文学观念等影响,文本的多义性体现为在意义发生过程中历史文化的代码总和。所以说,文本是社会历史文化的存在物,并成为文化建构的众多要素中的一个。

　　在中国传统社会,传统民居装饰图形文本本身是包含许多不同性质的视觉语言的,其个体与社会环境的共时性、释义过程中的互文性及意义的开放性,满足了艺术文本结构的诸多要求,并"拥有了了自己的特殊语言",也就是说,作为艺术文本的中国传统民居装饰图形,其"艺术本文的非本文结构就像这个艺术作品的语言一样具有层次性,本文在进入各个层次时,也就进入了各种不同的非本文联系之中,非本文联系是使得本文具有意义的、历史形成的整个艺术代码的总和"(张杰等,2004),由此形成了中国传统民居装饰图形独有的表达体系和链接规则,以传播艺术信息。众所周知,每一类型文化的建构都是以一定的功能积累为前提的,在组成结构上,它包括思想观念、相应的物质文化客体和文本等组成成分。一定的功能积累对于不同时代的中国传统民居装饰图形艺术是存在的。在中国传统社会,社会功能是由相应的机制来实现的。例如,传统社会礼制、等级、文学、建筑、艺术等对中国传统文化的建构均产生影响。就传统民居装饰图形文本而言,它的建构机制就是其文本的内在意义单位和链接规则。因此,随着传统民居装饰文本机制的不断更新,在功能上的丰富和扩大,健全和完善,它对传统文化建构的影响就越大。

第三节　　以传统徽派民居建筑及其装饰为例的建筑媒介可能性分析

　　传统徽派民居建筑及其装饰是中国传统文化的一个重要的组成部分,是包含许多因素的复杂的综合体系,其本质是多元的。基于传播学视角的考察,是将它们作为表达含义的信号媒介来看待,往往这些信号在约定俗成的基础上,被加工成具有传递功能的空间系统。这里所说的空间不是纯粹客观物体的围合,而是由自然和人工建筑群体所创造出来的空间,它存在于创造者或者使用者的头脑中,每一个建筑群体都会从自然及人的心理情景一致的简单结构中衍生出具有自身特点的空间架构体系。因而,这种空间系统在对建筑的功能和形式的表达中,不仅呈现出形式反映功能的约定概念,而且还包含功能和形式间的信息联系。从而使得具有社会客观实在性的建筑具备交流的属性,即媒介性。

所谓建筑的媒介性是源自于建筑引发的交流。作为媒介,它将自身所承载的信息让传播和接受两端发生互动,构成建筑、人、社会之间的信息交流。就传统徽派民居而言,在漫长的发展历史演进过程中,早已形成了复杂的社会行为和社会交流体系,从而决定了它作为媒介的可能。下面从四个方面来对传统徽派民居建筑及其装饰的建筑媒介可能性进行具体分析。

(1)从传统徽派民居建筑及其构造的空间看其媒介性可能。

众所周知,任何一种传播媒介都是由物质实体构成,因而它必然会以一定的形态存在于既定的时间和空间之中,以显示其独特的媒介性质。传统徽派民居建筑也不例外。在由其建筑所构成的空间中,反映出建筑和人的关系,因而建筑的空间并非虚空和空无的,更不是简单地对于物质的缺失。相反,由于装饰的存在,这种特有的建筑空间能够为人的视知觉所感知填充。建筑及其装饰所围合的空间被由建筑空间所产生的视觉力所感知,同时将视知觉的感知经验融入建筑所围合的视觉场之中,并在其内部空间中发生活跃的交流。

事实上,人们日常生活中相互交往、交流的空间距离往往体现出他们心理和社会方面的内涵,建筑所形成的空间自然会影响到他们在交流中相互依存或者独立的程度,建筑的各空间要素诸如柱、梁、斗拱、门窗、墙、天花板等,共构成传统徽派民居建筑独特的、整体的、具有建筑空间意象和建筑意蕴的人际交流的空间活动场。

就建筑单体而言,建筑的使用、功能及空间形式等,均会对使用者的审美修养、行为方式和生活习惯产生影响。作为媒介,它通过使用者对建筑的使用,在前述几个方面发生功能性的媒介作用。就建筑与建筑群体而言,建筑群体作为聚落或者城市乃至国家形象的主要元素,与观者或者受众产生视觉互动,将建筑群体在组构中所形成的道路、街区、标志物等,形成受众心中的关于建筑群体所构成的城市意象的视觉体系,成为城市视觉传播的基础,由此在媒介性上具备景观性方面的内容。

以上是从其建筑空间的物质实体角度进行的媒介可能性分析。值得注意的是,传统徽派民居建筑的空间体系还包括它在文化空间上的建构。

麦奎尔认为:"要了解媒介结构和动力的主要原理,需要一种经济、政治和社会文化的分析。"对传统徽派民居建筑的媒介分析,"如果不对影响媒介机构的广泛政治与经济力量做一个起码的描述,就不可能了解大众媒介的社会与文化意涵"(赫伯特·阿特休尔,1989)。

按照麦奎尔的理论,不难发现传统徽派民居建筑及其装饰在历史发展演进过程中,所形成的建筑文化空间体系。在考察传统徽派民居建筑时发现,其文化空间体系包括三个层面的结构内容:一是作为建筑结构物的外表层面,诸如建筑结构技术、建筑的造型,即视觉形态、所处的地理环境等;二是建筑和人在交流和活动中共构的心物结合层面,涉及社会政治、道德伦理、民俗习惯、生活方式等;三是源于中国传统哲学、理学及宗法家族等所构成的观念层面。这三个层面体系是一个有机的整体,使得传统徽派民居建筑及其装饰构成的建筑文化空间极为宽广,它将人们的生活方式、行为方式、心态意趣等信息细微地隐藏于建筑文化空间的构架之中。

例如,住宅,它的建筑在造型上"滴水不漏",外围以高强封闭、风火马头墙高低错落,形成护卫;内部则以"穿斗式"木架建构,以天井为形法"藏风生气"。然后再以三要(大门、主厅、厨房)和六事(侧面、甬道、天井、灶台、水坑、茅厕)为要素,满足住宅的使用功能,其装饰则构成人们精神生活的主要寄托和追求。祠堂则是以聚族而居为主要特点的村落引力场。在传统的徽州社会,祠堂是宗族观念原始的血缘关系的象征,是伴随伦理、等级制度而产生的产物。在徽州,往往一个村落就是一个家族。因而,祠堂也就成为族人活动的中心。所以,在建构上体现为体量、规模、装饰的豪华程度等方面都不同于一般住宅的建筑,是村落中建筑等级最高的标志,而不受所谓庶民建筑制度的制约。在中国传统社会,基于儒家倡导、科举选拔而化民成俗的风气影响,徽派民俗中非常重视教育以文取士,这就直接体现为诸如书院、学宫、文庙等文化类建筑的兴起。这类建筑在构筑上非常注重地理环境及风水景观对人文的影响,在装饰上,又以建筑文化的特别意象来构筑和寄予人们追求理想的愿望。另外,还有社稷坛、龙王庙、土地庙、山神庙、牌坊、碑园等建筑,无不将传统文化的内涵信息细致且生动地反映在建筑和装饰之中。因此,这些理由不难说明徽派民居建筑及其装饰作为传播媒介的可能。

(2)从传统徽派民居建筑及其装饰存在的时间来看其媒介性可能。

在中国传统社会,人们在政治、军事、宗教、祭祀、民俗等社会生活中,但凡出现一些需要记载的重大事件,大多要借助一些坚硬的金石媒介,"镂之于金石,铭之于钟鼎"作为信证与纪念,以传后世。其重要原因在于金石媒介能够将信息很好地保留其中,历经漫长岁月的风雨而不发生变化,具有较好的持久性。与那些金石媒介相比,传统徽派民居建筑及其装饰同样具备这样的性质。也就是说,它们不仅能够突破空间的障碍,成为媒介使信息得到传播,而且从其流传有序和跨越时代的物质性特点上看,它们也能克服时间上的障碍,将所承载的信息绵延承传。因此,时间媒介性上,它完全具备这种可能。

传统徽派民居建筑及其装饰作为时间媒介,从它诞生的那一刻起,必然要经历历史所赋予、所附加的有关传统文化、民俗生活等信息内容,具备一定时代特点的表征内容。然而,任何一种作为物质实体的传播媒介,在历史的长河中都不免要受到磨损和损坏,不可避免地,建筑会碰到不断修缮、改良或者重建的问题,人作为建筑活动中的主体,不同的主体在解决这样的问题的时候,必然会使建筑及其装饰初始的表征内容、信息发生一些改变,这就使得传统徽派民居建筑及其装饰作为时间媒介,具有在传播过程中信息兼容的特点。

例如,传统徽派民居的庭院设计就经历了这样一个过程。受明代中期江南私人造园风气的影响,一些富裕的徽州商人开始仿效江南园林的建造,在举目就是青山绿水的环境中,不根据其住宅情况的实际,费尽心机地挖池垒坝,以假山、人工(湖)来装饰,但并未能起到良好的效果,且非常浪费人力财力。在随后的发展历史中,人们开始学会"因地制宜",依据住宅建筑的实际,在庭院建造上,假借山麓、水边的自然景色,根据建筑情况布置植物、石等景观元素,补角藏拙,朴素自然反而取得较好的装饰效果。树人堂(图4.2)是安徽黟县宏村的一幢民宅,系清刺授奉政大夫诰赠朝仪大

图 4.2　树人堂一角

夫汪星聚在同治元年时所建。占地面积为 266 平方米,系二楼三间结构,宅基呈六边形,取六合大顺之意。正厅偏厅背靠水圳,坐北朝南。树人堂取"百业须精,儿孙当教"之意,蓄义深远。厅堂东侧有一个面积不到 10 平方米,而且不成规矩的小院子。主人便利用这有限的空地,花去近一半的面积,在正对门口的一角修建了一口小鱼塘,并引入水圳的活水,养鱼植荷。在靠墙处筑非常精致的向下的石阶,便于观鱼赏花。池之沿用鹅卵石砌成,上置条石以摆设花卉盆景。为了开阔视野,在正对大门一面的视线之内装饰镂空的花窗,从而使这本就不太大的院落显得更加局限、狭小。在鱼池的南边,建有鉴圆小玻璃房,门楣以彩绘装饰,与正屋的门罩、花坛相辉映,富有变化且内容丰富。这种案例在后来的徽派民居建筑中不胜枚举。从媒介信息的兼容上来看,树人堂这个小小的庭院布局,将传统徽州民居精湛的建筑构筑技术和深厚的传统文化底蕴等信息都很好地记录下来,超越时代的限制而得到有效的传播,从而使现代的审美受众能够领略到传统徽派建筑及其装饰的文化魅力。

(3)从传统徽派民居建筑及其装饰意义传播与受众参与交流的方式来看其媒介性可能。

传统徽派民居建筑的实质是带有美学附加成分的实用房屋。从艺术表达上看,"建筑难以达到那种可在其他艺术形式中找到的纯粹的境界。对建筑艺术的评价就在于他是否为某种用途提供了适合的功能"(哈里斯,2001)。在满足功能的基础上,其艺术性存在的方式就是对一些实用的结构进行装饰:"建筑作品=房屋+装饰"。在这里,装饰成为意义的载体。从传播学的角度来看,一方面,住宅的所有者和营造者作为传播者,被共同看作传播过程的初始阶段,他们利用装饰图形进行意义的编码,并用一些具有意义的装饰图形符号对建筑进行装饰的处理,从而将建筑物文本化,使之具有传播的意义编码和信息的涵容,实现传统徽派民居建筑媒介性的建构;另一方面,受众在传播交流中,对那些装饰于传统徽派民居建筑的装饰图形文本,又存在着接受过程中的能动解码、解读过程。也就是说,在传统徽派民居所构筑建筑形态中,意义的建构与解读都是通过人的行为来反映的,人的行为又在一定程度上依赖建筑所构成的空间关系来反映。因此,装饰后的传统徽派建筑由此成为传播与接受双方之间信息沟通的媒介,从而使意义的传播与接受成为可能。

(4)从传统徽派民居建筑及其装饰的媒介威望上看其媒介性可能。

传统徽派民居建筑及其装饰作为媒介,不只是仅仅因其媒介本身所表现的那些特点,更重要的在于它能根据建筑及其装饰自身的功能、特点来形成威望,即赋予它所传播或支持的诸如宗法礼制、民俗生活、传统文化等内容,对审美接受者的态度产生一定的指向、推动和定势作用。因此,它作为一种媒介,在传播传统文化信息的时候就会得到普通民众的好感,使其分享到媒介的威望。

徽派民居媒介威望的建立在于传统徽派民居建筑及其装饰的语法规则。海涅·科劳兹(Heinrich Klotz)认为:"建筑的原则是建筑的外观要能有意识的表达出其整体和辅助形式的描述语言,建筑的目的是要把建筑物从无声的'纯粹的形式'中解放出来,从花里胡哨的外表中解放出来,要把上述原则和目的联系起来,使建筑物成为有创造力的东西,不只关注事实和实用性,而应能表达出诗意的思想,能对主题进行史诗般气势惊宏的处理"(哈里斯,2001)。这里的把建筑从所谓的"无声的纯粹的形式中解放出来",意味着建筑有可以作为媒介的可能。事实上,任何建筑物都是有性格的,每一个建筑物都有不同于其他建筑物的地方,原因在于营造者在建筑它们的时候所使用的建筑语言不同。建筑总归为人们栖居的寓所,自然会以适用、坚固和美观为目的。围绕着此目的的建筑语言,具体反映到传统徽派民居建筑及其装饰上,就是能够很好地利用建筑和自然之间的关系,在发展中形成古朴典雅、灵秀自然、遵从礼教、封闭围合和富于装饰性的建筑特点;在建筑的形制、空间、功能等物质层面和建筑文化精神层面,都能很好地满足了人们对住居的物质和精神需求。从而使传统徽派民居建筑及其装饰参与到广泛的符号意义上的知识的生产、再生产和分配之中,建构人们能够理解的建筑媒介,形成权威性的媒介空间,并培育、形成审美接受的受众对其包含信息的认知积累和理解认知的延续。据此不难看出,传统徽派民居建筑及其装饰作为媒介所发挥的作用。

总之,上述分析的种种可能就存在于传统徽派民居建筑及其装饰之中。对它们从宏观到微观的媒介可能性分析,目的在于为中国传统民居建筑及其装饰图形的媒介性研究提供真实的案例。从概念解释、特点分析着手,通过与其他媒介的不同性质的比较分析做出对于建筑媒介性质、作用、功能等方面的阐释,促进对中国传统民居及其装饰图形的媒介性的认识和理解。

第五章

中国传统民居建筑装饰图形的艺术生产

中国传统民居建筑装饰图形的艺术生产是一种感性的、客观的、有目的的、对象化的实践。一方面，它作为中国传统民居建筑的装饰，对建筑物的主体结构起着保护的作用，同时还完善了建筑物的各种使用功能和物理性能，具有独特的使用功能；另一方面，它还是一种精神生产，是对建筑的一种美化手段，针对建筑及建筑构件的艺术加工处理，它的艺术生产不仅是为美观而设，还蕴含民族、地域、宗教、伦理、习俗及情态意象等文化内容于其中，也就是说，作为一种精神生产，它是表现与再现的统一，也是一种社会意识形式，它以满足人们的审美需要作为自己特有的创造目的，以创造出风格多样、精妙绝伦的中国传统民居建筑装饰图形作为审美对象，从而满足人们对于审美的精神需求。因此，中国传统民居建筑装饰图形的艺术生产，能够全面地反映中国传统民居建筑的特征，是中国传统民居建筑的精华所在。

第一节　中国传统民居建筑装饰图形艺术生产的主体

中国传统民居建筑装饰图形艺术生产的主体是存在于中国传统民居建筑装饰图形艺术生产活动中的艺术生产者，即从事中国传统民居建筑装饰图形设计和生产的人。人并非任何时候都可以成为中国传统民居建筑装饰图形艺术生产主体的。在中国传统民居建筑装饰图形艺术生产活动中，只有当人处于与中国传统民居建筑的特定关系中并对它们的装饰起到主动和主导地位时，人才是真正的主体。

一、中国传统民居建筑装饰图形艺术生产主体的构成

中国传统民居建筑装饰图形艺术生产主体产生是和中国传统民居建筑的发展息息相关的，其演变的历史可以从近百年以前上溯到六七千年前的久远年代。他们是社会发展到一定时期，因建筑的分工需要和专职装饰的可能而出现的对建筑装饰进行设计和生产的人。

（一）中国传统民居及其装饰主体产生的背景

在中国，居住的文化可以追溯到远古时代。人们为了自身的安全和繁衍后代，在大自然中寻找到的天然穴居或巢居就成为我国先民们最早的居住形式了。例如，我国的考古工作者在北京周口店龙骨山所发现的"北京人"居住遗址。作为古人类遗址的重要代表，周口店保存了纵贯 70 万年的人类生存历史，其中，作为居住的洞穴中就遗存有很厚的燃火灰烬，并有兽骨和植物种子的堆积，这些都是典型的穴居形式。而巢居则鲜有实物遗存，但我国古籍《韩非子·

五蠹》仍然有"有巢氏"教人"构木为巢"的记载,另有《礼记》载"橧巢"即"聚薪柴,而居其上"的居住形式,说明巢居的存在是有事实依据的。但这些居住形式的目的主要还是躲避自然界中恶劣的气象条件和毒蛇猛兽袭击,是人们在生产力水平低下的情况下对居住环境和居住形态不由自主的选择,而非主动的创造。

新石器时代晚期,人们在摆脱原始狩猎与采集,进入常规的农业生产以后,定居就成为必要的生活形式,为此而建造的民居建筑大致可以分为穴居、半穴居、地面建筑和干栏式建筑(图 5.1)。

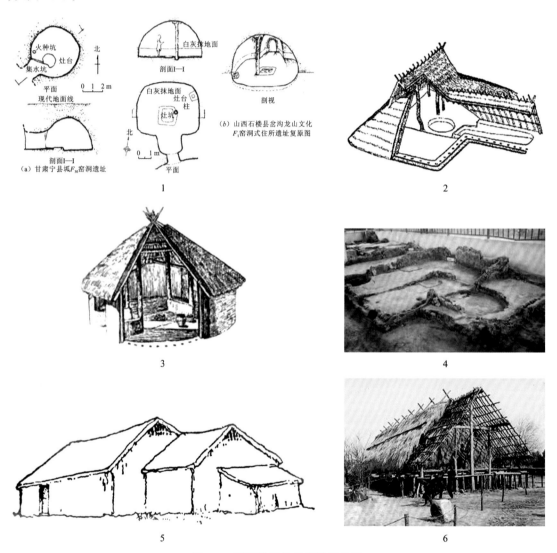

图 5.1 新石器时代晚期民居建筑

1.原始社会窑洞遗址复原图;2.原始社会半穴居建筑样式;3.半坡 22 号房址复原图;4.郑州大河村 F1-4 遗址;
5.地面建筑——郑州大河村 F1-F4 复原图;6.干栏式建筑——浙江余始河姚波建筑遗址复原

在建筑和装饰上,由于原始生产技术条件的限制和人们居室席地坐的生活方式,房屋通常是由木骨材承重,室内散列着几根木柱,用编制和扎排的方法沿着在四周排列的木杆构成墙体,四壁不开窗户,但留有天窗,以利于房屋采光和通气,室内没有明显的围合划分。尽管这个时期原始的房屋建筑和装饰发展缓慢,但由于这些木架结构承重体系的房屋建筑样式能够满足我国绝大多数地域人们的生活居住要求,最终它还是能够为中国传统建筑的繁荣和发展奠定最坚实的基础,并成为中国古代传统建筑中最具有代表性的结构形式。

民居作为普通民众的栖居之所,夏商时期的历史情况和遗存,由于年代久远而发现极少,但从现有的内蒙古鄂尔多斯市霍洛旗的朱开沟遗址和山西夏县东下冯村遗址发现的遗存推断,这个时期的民居及其装饰的样式与新石器时期晚期的样式大致相同。周代的统治历史前后长达八个世纪,较之夏商两代,其人口更为众多,疆土更为广大,因此,这个时期的各类建筑在数量上都有明显增加,传统民居也不例外,只是限于构造技术,这个时期的民居与夏商时期的差别不大,如考古中发现的陕西省西安市沣西张家坡遗址就能证明这一点。

中国传统民居及其装饰的形成和成熟可以追溯到东周春秋时期,根据《礼仪》所载礼节,其时士大夫的住宅就已经基本确定为围合式,并以一个基本不变的面貌延续至明清时期。(清)张惠言《仪礼图》(图5.2)中的士大夫住宅图表明,这种围合式的住宅呈南北稍长的矩形,门屋建于南墙正中,面阔三间,中设可通行车马的"断砌造"门道,两侧为有阶级可登之室——"塾"。门内壁广庭,庭中置"碑"。厅堂建于庭北侧而近北垣,下建附有东、西二级基台。依周制西阶称为"宾阶",供宾客所用;东阶称为"阼阶",供主人使用。台上建筑似为面阔五间与进深三间。终究三间为堂,为主人的生活起居和接待客人之所。堂两侧各建南北向内墙一道,称"东亭"及"西亭"。其外侧有侧室"东堂""东夹"与"西堂""西夹"。堂后另有"后室""东房""西房",当系主人住所所在。东房之后又设"北室",有门出入及踏跺上下。东墙北端辟一小门,称为"闱门"(陆元鼎,2002)。这种围合的建筑虽然还没有形成多个建筑组合的院落建筑群,但是它的

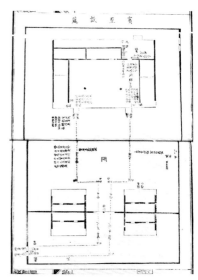

图 5.2　(清)张惠言《礼仪图》中的
士大夫住宅图

室内空间划分及装饰十分合理,并具有很高的使用效率。在汉代,合院式布局已经形成中国传统民居的定型样式并在中国大地上绵延发展。

中国传统民居及其装饰之所以能够维系这种样式,其主要原因还在于礼制对它的制约。在中国,礼制文化的核心是儒家文化,在战国时期逐渐形成一套体系。汉代儒家思想被君王采纳,至此影响了两千多年。受礼制文化的影响,建筑也形成了森严的等级制度。秦汉时期没有明文可考,不能妄测礼制对传统民居建筑及其装饰的影响程度。但到唐代这个封建社会发展的昌盛时期,一切设施都有很严整的等级差别礼仪制度。民居建筑方面也制订了非常严格、详细的规定。《唐会要·舆服上》记载:"三品已上堂舍,不得过五间九架,厅厦两头门屋,不得过五间五架。五品已上堂舍,不得过五间七架,厅厦两头门屋,不得过三间两架,仍通作乌头大门。勋官各依本品,六品七品已下堂舍,不得过三间五架,门屋不得过一间两架"。"又庶人所造堂舍,不得过三间四架,门屋一间两架。"

自唐代开始,之后的朝代在传统民居及其装饰的体量、形制、装饰、结构等各方面都有类似

的规定,《宋史·舆服六》记载:"庶人舍屋,许五架,门一间两厦而已。"《明史·舆服志》记载:"洪武二十六年定制……公侯,前厅七间,两厦,九架。中堂七间,九架,后堂七间,七架。门三间,五架,用金漆及兽面锡环……家庙三间,五架。廊、庑、庖、库从屋,不得过五间,七架。一品、二品,厅堂五间,九架……门三间,五架……三品至五品,厅堂五间,七架……门三间,五架。六品至九品,厅堂三间,七架……门一间,三架……三十五年,申明禁制,一品、三品厅堂各七间……庶民庐舍:洪武二十六年定制,不过三间,五架……三十五年复申禁饬,不许造九五间数,房屋虽至十二十所,随基物力,但不许过三间。正统十二年令稍变通之,庶民房屋架多而间少者,不再禁限。"到清代,《大清会典事例》的规定载述细致到"公侯以下三品官以上房屋台阶高二尺,四品以下至士庶房屋台阶高一尺"的程度。

由此可以看出,传统民居建筑的比例设定有着严格的礼制要求,等级分明。而这些严格的等级建造制度的限定深深地渗透到技术性的细枝末节,甚至结构构件的尺寸大小都有严格的模数规定,从而导致建筑的形制几乎没有质的发展,从而影响了传统民居及其装饰主体的无限发挥和创新精神。

(二)中国传统民居及其装饰主体的历史演变

作为传播信息的编码者,尽管受到物质生产条件、技术、礼制制度等因素的影响,中国传统民居及其装饰还是能够创造形式多样、风格各异、瑰丽色彩的装饰图形,且使其于历史的长河之中且绵延流长,这与作为创造主体的劳动是密不可分的。也就是说,主体对于中国传统民居装饰图形信息的编码,是将其主观因素强烈地渗透到装饰图形艺术生产的创造过程中,并融会到传统民居装饰图形作品之中。因此,传统民居装饰图形的艺术生产离不开客观现实,社会现实生活是其艺术生产的源泉和基础,在传统民居及其装饰的生产劳动中,中国传统民居及其装饰的创造主体才得以产生,设计才得以实现。

中国传统民居及其装饰主体产生的历史可以追溯到很久远的年代,从广泛的意义上来说,那些为实现"上古穴居而野处,后世圣人易之以宫室,上栋下宇,以待风雨,盖取诸大壮"(《易经·系辞下传》)的人,都可以称为中国传统民居及其装饰创造的主体。在距今七八千年前的原始社会末期,人类社会的社会大分工第一次出现,手工业第一次从农业中分离出来,出现了专门从事手工业生产的工匠,他们的劳动不仅为人类社会提供了丰富而实用的劳动生产工具和生活用具,还推动了生产技术和社会生产力的不断发展。在此基础上,社会分工的不断细化,为营造房屋建筑的生产主体——专业设计人员的产生准备了必要的社会条件。而那些在长期的房屋营造生产实践中积累了大量的设计制作知识与经验的手工工匠们,则为中国传统民居及其装饰主体的产生准备了必要的物质技术条件。

在我国的象形文字甲骨文和金文中,就有关于形似斧头与矩尺的早期人类劳动生产工具谓之"工"字的记载(图5.3)。对此,康殷在《文字源流浅说》中解释为"其形如斤",意思是按照一定规矩法度进行手工制作的人和事(康殷,1979)。

关于社会分工的细化,中国古代自殷商时期始,历代均有施工制度,在中央政府中设立专门

甲骨文　　　　金文

粹 137　　粹 1271　　司工丁爵　　中山王鼎

图 5.3 "工"字甲骨文及金文

的机构负责管理皇家各项工程的设计与施工,如周代设有司空,后世设有作监、少府或者工部。在建筑方面,《考工记》中称为匠人,唐朝称为大匠,而那些从事设计绘图及施工的则称为料匠。专业工匠采取世袭制,即"工匠之子,莫不继事"(《荀子》),被封建统治者编为世袭户籍,子孙不得转业。

据《周礼·考工记》载:"国有六职,百工与居一焉……坐而论道,谓之王公;作而行之,谓之士大夫;审曲面执,以饬五材,以辨民器,谓之百工;通四方之珍异以资之,谓之商旅;饬力以长地财,谓之农夫;治丝麻以成之,谓之妇功。"周已经出现了以"百工"为总称的中国手工匠人和手工行业,"百工"之中,从事"画缋(绘)之事"的画工和"梓人为筍虡"(筍虡为古代磬、悬钟类的乐器架)即从事装饰雕刻的"梓人"一类的工匠也位列其中(刘敦愿,1994)。这也是有关中国传统民居及其装饰主体存在的较早的文字记载。

从上述的文献资料可以推论,中国传统民居及其装饰主体在古代就是进行民居建筑及其装饰生产实践的民居工匠,这些民居工匠大多是从农民阶层中分化出来的行业群体,在中国重"道"轻"器"的封建社会里,"士、农、工、商"的中国古代阶级的划分和他们流动的生活方式,造成了作为中国传统民居营造主体的工匠社会地位的低下,对于这个群体,按照从事传统民居建造、装饰和生产工具的设计制造,可以将其划分为木匠、石匠、泥匠、瓦匠、铁匠等。传统民居的建造客观上离不开房主的需求,有资料表明,"世之兴造,专主鸠匠,独不闻三分匠、七分主人之谚乎?非主人也,能主之人也",《园冶》中的这段话似乎在表明传统民居的建筑设计是"三分匠人、七分主人",低看了民间工匠在房屋建造中的主体地位和作用。然而事实并非如此,如果离开了那些民间工匠,中国传统民居及其装饰将是无法完成的,正是由于那些古代能工巧匠所创造的辉煌灿烂的设计文化,才使得中国传统民居及其装饰的瑰丽图画有着永恒的魅力。

二、中国传统民居装饰图形艺术生产中主体的视觉思维

中国传统民居建筑装饰图形的艺术性和生产是紧密相连的。作为艺术生产,古希腊哲学家亚里士多德认为:"一切技术都和生成有关。而创制就是去思辨某种可能生成的东西怎样生成。它可能存在,也可能不存在。这些事物的开始之点是在创制者中,而不在被创制物中。"在这里,亚里士多德所谓"创制"的概念指的就是艺术。在他看来"创制"同生产技术一样也是一种生产,但这种艺术生产同其他的生产又有根本的不同,即它是通过人的思维将那些可能存在的、也可能不存在的事物创造出来,换句话说就是艺术创造者创造性的生产物品。后来,马克思在此基础上,在《1844年经济学——哲学手稿》中全面考察了人类生产活动,包括艺术生产活动,提出了"人的本质对象化"就是一切生产的实质的观点。从而揭示了艺术是如何使一种可存在也可不存在的东西变为艺术物品存在的真正原因。马克思认为,新的社会"作为恒定的现实,也创造着具有人的本质的全部丰富性的人,创造着具有深刻的感受力的丰富的、全面的人"。人有如果有了这些本质力量就必然要在他的生产劳动中实现出来,那么,任何真正的生产就都应该是人的本质力量对象化。在中国传统民居装饰图形的艺术生产中,同样要求作为创造主体的人的本质力量的对象化,同样要求其心理能力的实现,这与别的生产是同样的,所不同的只是要求针对中国传统民居装饰图形艺术生产的视觉思维的特别的发展。

中国传统民居装饰图形的艺术生产是创造主体的审美经验和艺术思维的物化,这就使得

它的艺术生产具有生产力的属性,没有生产力的艺术生产是不可能实现的。作为其艺术生产生产力的构成,主要包括创造主体借助传统民居建筑及其装饰的劳动资料和劳动工具,其劳动技巧与审美能力,以及通过与中国传统民居建筑及其装饰这样的劳动对象所结合的生产活动这几个部分。中国传统民居建筑及其装饰图形的形成,实质上就是这种生产力及其对创造主体的生活经验、思想意识、美学积累和艺术思维的物化,这样不仅使它的艺术与美能够以装饰图形这样的物化形态为传统社会的人们所接受,而且能以其独有的视觉艺术形式在中国历史上传承下来。

对建筑的装饰和对视觉愉悦的追求普遍地存在于中国传统民居中,达·芬奇也曾经说过:"建筑是属于视觉感受的艺术。"那么,中国传统民居装饰图形艺术生产中主体的创造性思维——主体的视觉思维,无疑是使其获得这种视觉感受的真正理由。这种创造性思维不同于语言思维或者逻辑思维,在中国传统民居装饰图形物质生产的过程中,主体视觉思维的创造性主要表现在以下三个方面:第一,它具有运用视觉意象操作而利于发挥想象作用的灵活性,尽管在传统民居建筑及其装饰中,受到各种营造制度的影响,创造主体还是能够在艺术生产中发挥其创造的主动性。第二,它具有引导直觉和顿悟产生的诱导性,即唤醒主体的"无意识心理"的现实性。所谓唤醒主体的无意识心理,是指它有利于打通主体的自觉意识与无意识心理之间的屏障,从而使无语的或沉默的"无意识体验",迅速转化为可以由自觉意识加以利用的现实和有效的知识。也就是说,将创造主体潜在的生活经验、思想意识、美学积累和艺术思维等在艺术生产中激发出来,并使其发挥作用。第三,它还具有源于直接感知的探索性,这种直接感知的探索性造就了在传统民居营造礼制、制度下,中国传统民居装饰图形艺术样式和艺术特点的多样化和风格化。因而,可以说在中国传统民居装饰图形的传播过程中,正是由于主体的视觉思维活动的参与,才保证了其视觉信息编码的艺术实现。

在中国传统民居及其装饰图形的艺术生产中,主体的视觉思维活动优化了装饰图形的视觉表征,创造了可供传播的丰富多彩的视觉样式。勒·柯布西耶在他的《走向新建筑》中表明这样的观点,他认为建筑"运用那些能够影响我们的感官(球体的、立方体的、圆柱状的、水平的、竖直的、倾斜的等等)、能够满足我们眼睛欲望的因素……这些形式,无论是基础的还是微妙的,温驯的还是野蛮的,都从生理上作用于我们的感官,能够激发起他们……某种关系因此应运而生,作用于我们的知觉,使我们获得满足感"。那些"立方体、圆锥体、球体或是棱锥体都是重要的基本要素,通过光线显示出它们突出的优点……当今的工程师利用这些基本要素,并根据规则来协调它们,在我们心中激发起建筑情感,从而使人类作品与宇宙秩序和谐一致,产生共鸣"(布莱特,2006)。他的观点说明,建筑艺术生产是艺术生产者审美体验的物化过程,中国传统民居建筑及其装饰的艺术生产也不例外。这样一来,由主体的视觉思维所营造出来的中国传统民居装饰图形的视觉文化,在传播中建构出设计主体与受众之间稳定的必然联系(图5.4)。

从图5.4中可以看出,主体的视觉思维对中国传统民居装饰图形的艺术生产的作用和影响非常大。

首先,它能够客观地、有效地发现中国传统民居装饰图形在传播的历史中存在的问题,并积极有效地修正和改进,以保证其传播的活力。在中国传统民居装饰图形的历史传播过程中,往往都是糟粕与精华并存,对于在艺术生产中所出现的传统民居装饰图形机械复制和过度的夸张,其艺术生产主体的视觉思维会对此做出理性的选择。

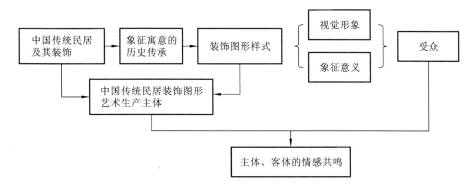

图 5.4　中国传统民居设计主体与受众间联系

其次,在前人创造的基础上,发展和创造新的装饰图形视觉样式。中国传统民居装饰图形艺术生产的基本性质就是加工,其艺术生产表明了在中国传统民居装饰图形艺术生产的过程中的生产性都具有加工的特点。马克思"艺术生产"理论就非常重视艺术生产的"艺术加工"的特点,他在《政治经济学批判》导言中谈到"艺术生产"时就曾借希腊艺术问题来说明"艺术加工",他认为:"希腊艺术的前提是希腊神话,也就是通过人民的幻想用一种不自觉的艺术方式加工过的自然和社会形式本身。这是希腊艺术的素材。不是随便一种神话,就是说,不是对自然(这里指一切对象,包括社会在内)随便一种不自觉的艺术加工。"他的理论指明了中国传统民居装饰图形艺术生产主体的视觉思维必定是在保留和吸收前代艺术成果的基础之上的,只有这样,主体所创造出装饰图形才真正具有创新的形式,才能获得对中国传统的民居装饰图形艺术形式的传承。

最后,利用视觉思维艺术生产理论和实践经验,进一步优化传统民居装饰图形的视觉样式。在中国传统社会的那些传统民居装饰图形艺术生产主体,尽管他们的社会地位低下,但作为独立的艺术创作个体,仍然具有相对独立的个性和在进行艺术生产中的自我思考。因而在他们的主观世界中,装饰图形和意义作为其艺术生产所要创造的视觉印象,既不能只注重纯粹生理层面的类似照相式的重现物象,也不能够完全等同于抽象的理性概念和认识,而应当是一种视觉的意象勾连装饰图形和意义。因而,在艺术生产中,主体对传统民居装饰图形的优化是能动的自觉,从而保证中国传统民居装饰图形有意味的视觉形式的生产,使其在传统民居装饰图形的艺术消费中和受众产生共鸣。

第二节　中国传统民居建筑装饰图形的艺术生产关系

中国传统民居建筑装饰图形的艺术生产作为一种生产形式,那么,在其社会生产的过程中,就必然存着一种维系和推动这种艺术生产的能力,即艺术生产力。在实践上,中国传统民居及其装饰的生产活动,都是创造主体通过以生产工具为主的劳动资料作用于中国传统民居及其装饰对象而进行的。没有生产力的中国传统民居装饰图形的艺术生产是不存在的,其艺术生产同其他物质生产一样,在社会生产过程中必然存在着生产力,否则中国传统民居装饰图形的艺术生产就难以进行。因此,由从事物质资料生产的、具有一定生产经验和生产技能的创造主体和以生产工具为主的劳动资料与被纳入艺术生产过程中的中国传统民居装饰图形作为劳动对象的生产关系中,形式与质料、生产与消费、主体的创造性等诸多因素,都对中国传统民居装饰图形的艺术生产力的发展具有促进作用,并由此创造出可供传播的中国传统民居装饰图形作品。

一、中国传统民居建筑装饰图形的形式、质料与工具的结构关系

中国传统民居装饰图形在传播中是通过特定的视觉文本而生成传播意义的。这种视觉文本的生成过程是一种生产的"特殊形态,并接受生产的普遍规律的支配"(马克思,1983)其生产既包含传统民居建筑及其装饰物质方面的生产,又包含有人们精神方面的生产。因此,传播文本的生成就不能忽视其形式与质料之间有机的内在联系。

亚里士多德认为,一切具体事物的构成都可以归结为形式和质料。任何事物都包含"质料"和"形式"两个因素,其中,形式既是事物的本质,也是事物的目的和动力,因而就成为具有决定的、积极的和能动的因素,是事物的第一本体,正是由于形式,质料才能得以成为某确定的事物。因而质料是被决定的、消极的和被动的因素。在他看来,形式和质料都是多层次的,事物是这样一个从质料到形式的统一序列,即一个从低级到高级逐渐上升的等级阶梯式的体系,因而形式因开始是潜伏着的,蕴藏于自然物体之内,一旦物体或者事物有了发展,形式因就显露出来了。物体或者事物达到完成的最后阶段,其制成品就被用来实现原来设计的目的,即为目的因服务。他还认为,在具体事物中,没有无质料的形式,也没有无形式的质料,质料与形式的结合过程,就是潜能转化为现实的运动。中国传统民居装饰图形视觉文本的生成也遵从这种潜能的转化,即"质料和形式是艺术作品之本质的原生规定性,并且只有从此出发才反过来被转嫁到物上去"(海德格尔,2004)这样一个过程。因此,就中国传统民居装饰图形文本的媒介性而言,其内蕴意义是在艺术生产过程中,在工具介质的作用下,在它所构成的形式介质和质料介质的有机结合中存在的,同时,也正是这三种介质所形成的结构性关系决定了中国传统民居装饰图形的艺术生产。具体来说,它们的结构关系表现在以下三个方面。

(1)在中国传统民居装饰图形的艺术生产过程中,参与其作为文本媒介生产的三种介质往往处于一种相辅相成、相互依赖的关系。

按照亚里士多德关于一切事物都归结为由形式和质料构成的观点,不难理解,中国传统民居装饰图形文本媒介的建构必须依赖其形式介质和质料介质才能够生成,而且这种生成往往需要特定的诸如锯、斧、砌刀、刨子、凿子等工具介质才能获得或者制造完成;从另外一个角度来看,中国传统民居装饰图形作品本身就是其形式介质和质料介质有机统一的存在,其形式介质和质料介质都是构成中国传统民居装饰图形作品的文本介质。由此可以推断,中国传统民居装饰图形的艺术生产是在其文本媒介三种介质的相互依存的关系中进行的。

下面以中国传统民居建筑装饰中雕刻的艺术生产过程为例来进行具体的分析。

中国传统民居装饰图形艺术生产的过程分为按照屋主要求进行的准备、设计和物化三个基本阶段。这三个阶段有机地统一在一起,而非孤立的、片段的、毫无关联的生产过程。创造主体在接到屋主关于住屋建造委托的时候,就必须从住屋的风水、选址、形制、样式、材料、装饰

等很多方面进行一系列的前期准备和构思设计。

仅就雕刻而言,其艺术生产的题材、使用的材料、装饰图形的形式和风格等均是丰富多样的。它所使用的材料通常是砖、木、石等,这三种通常称为建筑三雕。其中,砖雕多采用圆雕、透雕、高浮雕、剔凸雕等表现手法,主要分布于屋檐、屋脊、烟囱、女儿墙顶、门脸、影壁、神龛、墀头等建筑构件上;木雕则多采用浮雕、圆雕、镂雕等手法,通常分布于门户、窗棂、垂柱、雀替、勾栏、梁枋、屏风、隔扇、挂落、匾额等建筑构件上,由于木材易于雕刻加工,因而它所使用的范围及表现的题材最广泛;石雕的应用在传统民居建筑装饰中也非常普遍,在艺术手法上兼习其他艺术样式之长,或浮,或镂,或阴,或阳,造型形象饱满、庄重,主要分布在础石、门砧石、挑檐、泻水口、拴马石、上马石及用于住屋辟邪、镇宅的石狮或记载的碑碣等建筑构件上。在艺术表现手法上,它们通过形象的表现手法、同音比拟的表现手法和重复使用的表现手法等方法,创造出具体生动的、可感的艺术形象,用象征、隐喻的手法传达高度概括出如安详或欢悦、压抑或兴奋、恬静或活泼、卑微或崇高、贫贱或富贵乃人生的哲理等抽象观念。

三雕的图案构思精巧,表现手法细腻,使用面积大小不同,小面积的装饰具有局部点缀的作用,大面积的装饰又能凸显和谐整体的美感,从而起到赋丽于传统民居建筑且传播象征意义的作用,具有较高的使用价值和欣赏价值。

雕刻语言及其使用材料的丰富性,使得在艺术设计思维作用下创造主体装饰图形的艺术生产要根据传统民居建筑装饰的部位、功能、作用等来选择装饰雕刻,诸如砖、木、石等质料介质,并用形象生动的装饰图形的视觉语言的形式介质客观地表现出来。工具介质则作为这个艺术生产过程中的"骨骼系统"和"肌肉系统"(刘建林,2003)将创造主体的设计思想、设计意象物态化。由此,在中国传统民居装饰图形雕刻艺术样式的艺术生产中,建立起雕刻文本的形式介质、质料介质和工具介质之间那种相辅相成、相互依赖的生产关系。

(2)在构成文本媒介的三种介质共同作用下,中国传统民居装饰图形的艺术生产说明这三种介质之间还存在着一种异质共构的关系。

从其艺术生产实践来看,形式介质与质料介质是构成性文本媒介,其中,质料相当于装饰图形作品的存在,是物质的;形式相当于装饰图形作品的内蕴意义,是思维、意识,是理性的,具有精神属性;工具介质则构成生产型媒介并作用于前者。

在三者的共构关系中,形式介质是在传统民居装饰图形的建构中被使用的具有意义的普适性符号,这些意义和负载着这些意义的信息载体以构成性文本媒介的成分进入传统民居建筑,是有意味的符号。它构成传统民居装饰图形中审美意象的表现形式,集中体现了装饰图形作品的审美趋向和意义的表达。这一点与工具介质的辅助性作用的差别是显而易见的。质料介质虽然与形式介质共同构成中国传统民居装饰图形,也就是说质料已经被定义为"构成一个物件而本身继续存在着的东西"(刘建林,2003),是在中国传统民居装饰图形艺术生产中构成装饰图形的"最初基质",即木、砖、石等原始质料,它们是艺术生产的对象,是变动的。因而,在中国传统民居装饰图形文本媒介中,构成它们的形式介质与质料介质必然会形成各自的媒介特性。"形式和质料在一件艺术品中联系在一起,并不意味着它们是同一的。它们所表示的是,在艺术品中,它们并不作为两个相互分离的东西出现:作品是形式化了的质料"(杜威,2005)。正是因为它们各自的媒介特性,才形成在中国传统民居装饰图形文本媒介结构中形式介质与质料介质之间的那种异质共构关系。

　　工具介质与质料介质,通常是中国传统民居装饰图形的创造主体在艺术生产过程中物化装饰图形作品且实际使用的文本媒介。工具介质作为装饰图形艺术生产系统中非常重要的因素,同样包含了物质性和精神性。物质性的艺术生产工具介质包括在中国传统民居装饰的艺术生产过程中,那些具有物质形态的生产工具、材料、设备等,雕刻用的凿子、彩绘用的毛笔、加工木头用的斧头、刨子等,如果没有这些物质性的生产工具,创造主体就不能将装饰图形的视觉符号形式具体地表现或者记录到承载中国传统民居装饰图形的物质材料中去,在这个意义上,工具介质实际上就是装饰图形物化的生产工具。而精神性的生产工具则包含的是中国传统民居装饰图形创造主体的思维方式、艺术创作经验和艺术创作方法,如象征的手法、拟人的手法和表现的手法等,精神性的生产工具既是前人从事传统民居装饰图形艺术生产活动的经验和丰富遗产,也是创造主体进行其艺术生产和创新的出发点,因而对中国传统民居装饰图形的艺术生产具有不可忽视的作用。质料介质作为装饰图形的构成性介质之一,它因直接或者间接地承担起装饰图形作品的物质媒介而成为其有机的组成部分,在工具介质的作用下,成为装饰图形作品物化过程中的物质材料,承载和表征关于传统民居建筑装饰的设计构想。

　　综上所述,由中国传统民居装饰图形文本媒介构成的三种介质的异质共构关系中,工具介质与形式介质之间的界限是清晰、明确的,质料介质与工具介质之间由于创造主体的艺术生产实践而发生紧密的联系。形式与质料构成了中国传统民居装饰图形的物质实体,工具则在其实体生产过程中起到辅助性作用,促成形式介质构成装饰图形文本的内涵的象征意蕴,质料介质构成装饰图形文本丰富多样的物质实体,从而在中国传统民居装饰图形的艺术生产过程中呈现出它们的异质性,并发挥各自不同的作用。

　　(3)中国传统民居装饰图形作为文本的艺术样式丰富多彩,说明了在其艺术生产过程中,三种介质之间的组构关系并非千篇一律的,而是呈现多元的、多层次的组合方式,以满足中国传统民居建筑装饰的需要。

图5.5　福建安贞堡厅堂檐柱柱础

　　首先,根据中国传统民居装饰图形的彩绘、雕刻等艺术样式,即装饰图形的视觉艺术符号,可以推断,由于其形式介质与装饰图形样式之间的关联性,传统民居装饰图形在形式介质层面上能够形成它们独特类型的组合关系。比如,传统民居建筑中柱础的装饰。位于木质柱的底端的柱础(图5.5),通常为石质的墩状物,主要功能是将柱身所承载的重量分散到地面上较大的面积,以减少柱子的压力,从而使建筑更加稳固。同时,由于石质的特殊性,它还具有防潮的功能。由于柱础一般会高于地面,接近人们的视线,所以也是装饰的重点部位。对此,《营造法式》就有针对柱础的形制和雕刻装饰的具体的、明确的规定。柱础形制上:"造柱础之制:其方倍柱之径。方一尺四寸以下者,每方一尺,厚八寸;方三尺以上者,厚减方之半;方四尺以上者,以厚三尺为率。"柱础的雕饰上:"其所造华文制度有十一品:一曰海石榴华;二曰宝相华;三曰牡丹华;四曰蕙草;五曰云文;六曰水浪;七曰宝山;八曰宝阶;九曰铺地莲华;十曰仰覆莲华;十一曰宝装莲华。或于华文之内,间以龙凤狮兽以及化生之类者,随其所宜,分布用之。"这种柱础形制和雕饰的规定表明,中国传统民居装饰图形创造主体,是能够运用各种不同形状的装饰艺术符号,在柱础的形式介质层面上形成同一类型的组合关系,来装饰、描绘不同形制的石质柱础。

其次,中国传统民居装饰图形的题材内容非常丰富,但在使用过程中却存在着相同形式、相同题材内容的装饰艺术符号应用于不同材质所建构的建筑部位装饰的现象。也就是说,在中国传统民居建筑装饰中,同一样式的视觉艺术符号所构成的装饰图形形式介质可以物化于不同的质料介质之上,由此形成多种的组合关系。例如,在传统民居建筑的室内装饰上,有诸如由"福"字、"禄"字、"寿"字组成的图案,在于表现吉祥,由此还组成了"五福庆寿""二龙捧寿"等图案。锦文图案、花卉图案与动物图案相结合而组成的"万事如意"(由柿子、如意等组成)、"富贵白头"(由白头翁、牡丹组成)、"喜上眉梢"(由喜鹊、梅花组成)、"子孙满堂"(由葡萄、松鼠组成)、"居家欢乐"(由麻雀、菊花组成)、"挂印封侯"(由猴子、松树、印绶组成)、"马上封侯"(由马、猴、蜜蜂、印绶组成)等艺术样式的装饰图形,被广泛地应用于中国传统民居建筑的不同部位和不同质料,并形成因质料介质的不同而带来的艺术形式和审美意义上的差异。

另外值得一提的是,在中国传统民居装饰图形的生产技术上,由工具介质所形成的装饰技术和技巧并不是孤立于诸如木雕、石雕、砖雕等某一类型的装饰与雕刻上的。由于工具介质具有生产性属性,所以它与不同质料介质之间的多种组合成为可能。事实上,考察传统民居装饰图形雕刻的艺术样式可以发现,基于工具介质所形成的圆雕、透雕、减地雕刻等装饰技法,中国传统民居装饰图形的创造主体都能够因装饰材料的不同而采用不用生产工具来进行装饰图形的艺术生产和审美加工,也就是说,在石雕中所形成的技法可以灵活地运用到木雕或者砖雕乃至于彩绘的某些方面,从而形成装饰图形艺术生产中的工具介质与质料介质之间的多种组合。这同马克思的"艺术锤子"的理论非常的吻合。马克思认为,希腊人创造的雕像是"用黑伏多士的艺术锤子把自然打碎"。这里"艺术锤子"作为艺术生产的劳动工具,除了负载艺术家的审美心理,还负载着艺术生产的技能技巧(刘建林,2003)。在中国传统民居装饰图形的艺术生产中,只有运用作为工具介质的"艺术锤子"对构成装饰图形的质料加工制作,才能实现设计意图和审美意象的多重物态化。

二、中国传统民居装饰图形艺术生产与消费关系

在中国传统民居装饰图形所建构的视觉文化环境中,占主导地位的装饰图形视觉符号的生产、流通和消费,与语言符号的生产、流通和消费和占据主导地位的以语言为中心的文化形态不同,它是以形象为中心的视觉文化形态。这就使得由它所建构的包含中国传统文化特点的视觉文化的生产方式和消费方式会以独特的传播形态表现和完成。中国传统民居装饰图形作为艺术生产的对象,不仅仅是限于作为建筑建构的纯粹物质性的生产,而且包含了中国传统文化意蕴传播的装饰图形视觉符号的生产。在中国传统社会的消费领域,人们所消费的中国传统民居装饰图形的形质,也就不可能仅仅作为装饰图形所建构的物质产品或者一般的精神产品,而应当包含中国传统文化特点的视觉文化产品,它们通过中国传统民居装饰图形媒介进入到人们的消费领域。

从中国传统民居装饰图形艺术生产的流程来看,要经历生产(装饰图形创造主体的劳动)、流通(中国传统民居装饰图形的文本媒介)、消费(中国传统民居装饰图形的受众)这三个有机、持续、缺一不可的阶段。其间,构成了创造主体——装饰图形作品的关系与受众——装饰图形作品的关系? 由此构成装饰图形的艺术生产、占有及消费过程中彼此间相互从属、相互作用的关系。这种关系所形成的网络"作为整体以及它的各个部分和中介,在历时轴线上是处在总的历史过程之中,在其共时轴线上是处在有关社会形态的现存的变化着的物质与意识形态的关系之中"。由此促进艺术生产过程中装饰图形由文本向作品的转换(瑙曼 等,1997)。就此关系,下面从三个方面来进行具体的分析。

(1) 中国传统民居装饰图形艺术生产与消费,在共时轴线上存在的同一和非同一关系。

马克思曾经在《1857—1858 年经济学手稿》中论述了生产与消费的直接同一性:"生产直接是消费,消费直接是生产"(中共中央 马克思 恩格斯 列宁 斯大林 著作编译局,1972a),提供了中国传统民居装饰图形艺术生产与消费之间同一性辩证关系分析的理论依据。也就是说,在其艺术生产过程中,装饰图形的艺术生产是能够生产出消费的,因为它的生产为其消费提供材料对象,这样,"通过永远是特定的对象创造出消费的方式:创造出消费的需要、消费的动力、'消费能力',因而也创造出一个活动的主体"(中共中央 马克思 恩格斯 列宁 斯大林 著作编译局,1985)。同时,对于装饰图形的消费而言,它会反作用于装饰图形的艺术生产,即消费也生产出生产:消费创造出现实的产品,产品只有在消费中才证明了自己的产品身份,消费创造出新的生产的需要。在此意义上,中国传统民居装饰图形艺术生产与消费的同一性无疑是存在的。

然而,中国传统民居装饰图形的艺术生产作为中国传统社会人们特殊的物质和精神生产,它的生产、过程、结果都有着与人类其他一切活动不同的规律和特点。无论是作为传统民居及其建筑的物质生产,还是作为装饰的精神需要,它都要受到特定历史时期社会政治、经济、文化、民俗等众多因素的制约。因此,从中国传统民居装饰图形艺术生产活动的纵向历时的角度所展现的其恒定不变的内在本质规定性和横向共时角度所表现出的受制约、异变性这种纵横交错的坐标中,会发现中国传统民居装饰图形的艺术生产与消费的关系,较之物质生产与消费的关系要复杂得多,即其非同一性。这种非同一性在很大程度上反映了创造主体与消费者之间的对立。一方面,从中国传统民居装饰图形艺术生产的历史既定事实来看,创造主体与中国传统民居装饰图形艺术生产劳动成果的占有之间是相互分离的、不同一的;另一方面,中国传统民居装饰图形艺术生产与消费,在其艺术生产特定的生产与消费环境中,有着不同于一般生产与消费的同一性前提,也就是说装饰图形的创造主体有着其特有的不被消费所制约的独立性,这种独立性是在创造主体的艺术生产的活动中,自我克服、自我磨炼、自我修养的结果,而不是由消费刺激而获得的被动的结果。再有就是中国传统民居装饰图形具有独立于其艺术生产和消费的独立形式,关于此点,马克思在《剩余价值论》中把艺术产品分成两类的标准,即"生产的结果是商品,是使用价值,它们具有离开生产者和消费者而独立的形式,因而能在生产和消费之间一段时间内存在,并能在这段时间内作为可以出卖的商品而流通,如同书、画以及一切脱离艺术家活动而单独存在的艺术品……"和"产品同生产行为不能分离的艺术作品,如表演艺术等",由此不难理解中国传统民居装饰图形的艺术生产和消费之间的关系也非具同一性。

中国传统民居装饰图形艺术生产与消费的同一性和非同一性,深刻地显示了装饰图形在中国传统社会存在的状况,这两者存在的内在根据在于人的本质的全面占有与人的本质的异化状态,正是由于人的本质的异化,人的本质力量的部分丧失,才使得艺术这一人的生命的完整表现形式分裂(郭郁烈,1995),才有了所谓装饰图形的创造主体——艺术生产者和消费者的区别。因此,那种表面上的同一性与非同一性矛盾的存在,实质上赋予了装饰图形作为中国传统文化传播的视觉文化的民族烙印和作为中国人的共同追求。

(2)在中国传统民居装饰图形的艺术生产中,装饰图形的艺术消费存在着相对独立性。

这是因为中国传统民居装饰图形一经生产出来就具有不同于一般物质的被消费的特点,它的艺术消费非同于一般物质消费,物质"消费完成生产行为,只是在消费使产品最后完成其为产品的时候,再消费把它消灭,把它的独立的物体形式毁掉"。然而,中国传统民居装饰图形的艺术消费完全不是这样,它呈现出一种独立的存在状态。一方面,在中国传统民居装饰图形的艺术消费中,装饰图形依附于所生产的质料介质已经成为传统民居建筑的构造组成部分,并不能被毁灭掉;另一方面,作为可供传播的艺术作品,它不可能被消费者永恒地占有,也不可能被消灭,而是在中国传统文化的历史中被传承。因而,促成其以一种满足于消费主体的某种居屋装饰需求的欲望和对其现实存在特定时刻的简单的拥有感这样的艺术消费方式。

除中国传统民居装饰图形艺术消费方式影响其艺术消费的独立性外,其艺术消费对装饰图形艺术生产的价值也具有一定程度的影响,从而影响到其艺术消费的相对独立性。对于物质的生产来说,新的生产的需要、生产的动力及目的都是由消费生产出来的,离开了消费,新的需要就不会产生,生产就会失去动力和目的,因而丧失自身。对于中国传统民居装饰图形的艺术生产来说,艺术消费的价值没有物质生产中的消费价值重大,其真正的艺术生产的新的生产需要、生产的动力及目的都不是外在的,而是来自其创造主体在中国特定的历史、社会、自然条件下,创造主体所感受、体验、领悟的内在的情感形式,并通过装饰图形的视觉符号形式展现出来,这一点并不构成对艺术消费独立性的影响。真正能够影响的是艺术消费受众在消费过程中的能动性,即中国传统民居装饰图形文本在传播品的过程中存在着受众能动性接受行为,正是因为这种能动性的接受行为,才使得装饰图形能在消费中,通过艺术的审美欣赏对其优美形式的生产促进和象征寓意的丰满和完善,从而显示其独立性的影响和作用。

(3)中国传统民居装饰图形艺术生产与消费,是在其历时和共时纵横交错发展的坐标中相互依存,相互促进和相互发展的关系。

马克思曾经说过:"艺术对象创造出懂得艺术和能够欣赏美的大众——任何其他产品也都这样,因此生产不仅为主体生产对象,而且也为对象生产主体"(中共中央 马克思 恩格斯 列宁斯大林 著作编译局,1972a)。中国传统民居装饰图形也不例外。作为艺术消费对象的装饰图形作品,它既是创造主体生产的对象,也在一定程度上重塑审美主体——消费的受众,对装饰图形所进行的艺术生产在某种程度上就是"亦即为对象生产主体"。因而,在这个意义上说,有什么样的装饰图形作品就会有什么样的接受主体,它们在对中国传统民居装饰图形一次次的审美消费中不断地被重新建构。这种建构方式,说明中国传统民居装饰图形的艺术生产与消费之间,互为手段、互为媒介,存在着相互依赖、相互依存的关系。

同样,消费是中国传统民居装饰图形艺术生产的消费,它是艺术生产的动力和归宿。这是因为装饰图形作品的完善只有通过艺术消费才能得以实现。美学学者姚斯认为:"在作者、作品和读者的三角形中,读者绝不是被动部分,绝不仅仅是反应连锁,而是一个形成历史的力量。没有作品的接受者的积极参与,一部作品的历史生命是不可想象的。因为,仅仅是通过他的中介,作品才进入一个连续的变化的经验视野之内,在这里面发生着从简单接受到批判性的理解,从消极到积极的接受,从公认的审美规范到超越这些规范的新创造的永恒转变"(胡经之等,1989)。也就是说,中国传统民居装饰图形"内蕴意义"的生成,在创造主体的艺术生产阶段还存在着许多不确定性和空白点的"框架结构",只有当这个"框架结构"在其艺术消费阶段得到受众的接受和参与,即受众对于装饰图形的体验、加工、补充和创造等一系列的能动接受,其包含的社会意义和审美价值才得以体现。

总之,中国传统民居装饰图形的艺术生产与消费,通过艺术生产为消费创造出作为外在对象的材料——装饰图形作品,消费为艺术生产创造出作为内在对象——作为中国传统民居装饰图形艺术生产目的的需要。这样的运动关系,充分体现出它们之间互不可缺而又各自独立于对方之外、相互促进、相互发展的辩证关系。因此,没有中国传统民居装饰图形的艺术生产就不会有艺术消费,没有中国传统民居装饰图形的艺术消费就不会有其艺术生产。

三、中国传统民居装饰图形创造主体的主导作用

中国传统民居装饰图形的艺术生产是以其创造主体为主的艺术活动,正是因为创造主体的存在及其所进行创造性艺术实践,中国传统民居建筑装饰图形才能够在艺术生产中得以物化。离开了"活的人体中存在的、每当人生产某种使用价值时就运用起来的体力和智力的总和"(马克思,2004)。也就是说中国传统民居装饰图形艺术生产主体离开了他们创造性的劳动,中国传统民居装饰图形就无法产生。因此,中国传统民居装饰图形创造主体在其艺术生产中起着主导的、创造性作用。具体表现在以下三个方面。

其一,中国传统民居装饰图形创造主体的创造作为一种特殊的生产力,从一开始就具有物质生产和精神生产的双重属性。运用马克思艺术生产的理论,可以清楚地看到,中国传统民居装饰图形的艺术价值的产生和实现,必须经过创造主体的劳动、装饰图形作品的形成和对它的艺术消费这样三个部分或者环节。其艺术生产的过程就是其艺术价值的生产过程,是创造主体和客观现实生活相互作用的产物。因而中国传统民居装饰图形作为艺术生产的特殊成果或者产品,其价值就在于满足人们对居住的物质需要和对精神的审美需要。也就是说,创造主体的劳动能够生产出可供人们使用的物质生活需求与精神生活需要的劳动产品——装饰图形。但是,由于其艺术生产的动机和目的不同,使其物质与精神的属性在装饰图形作品中的含量并不相等,而存在一定的偏差。中国传统民居装饰图形的艺术生产,一方面,是为了满足人们对住居的需要,是物质的;另一方面,对传统民居的装饰除满足建筑构件的功能性作用外,更多的是人们对精神的需求。

所以说,在传统民居建构的不同时期,中国传统民居装饰图形创造主体都是"按照美的规律来建造"来进行其艺术实践的,作为创造主体的劳动成果,在满足物质方面要求的条件下,集中了传统社会一切美的高级意识形态,在建构目的上给人们带来美的感受,并随着时代的变迁,不断促进、提高中国传统社会中人们物质生活和精神生活质量。

其二,中国传统民居装饰图形,不是创造主体对生活的简单复制,而是从生活到艺术,创造

主体发挥其能动的创造作用所创造出来的。就创造主体生产的中国传统民居装饰图形产品而言,区别于其他物质生产的最重要标志还在于这种特殊产品的审美性。根据马克思在论述生产过程是所说的"这里要强调的主要之点是:无论我们把生产和消费看作一个主体的活动或者许多个人的活动,它们总是表现为一个过程的两个要素。在这个过程中,生产是实际的起点,因为它是起支配作用的因素。消费、作为必须、作为需要,本身就是生产活动的一个内在要素"(中共中央 马克思 恩格斯 列宁 斯大林 著作编译局,1980),装饰图形创造主体在艺术生产中的审美生产创造主体的影响力是毋庸置疑的,消费作为一个内在因素,会受到创造主体的影响。也就是说,主体为艺术消费提供的不仅仅是消费的材料和对象,而且对给予艺术消费以消费的性质,并促进消费的规定性的不断完善。如此,才能够保证艺术消费对装饰图形在艺术生产阶段存在着许多不确定性和空白点的"框架结构",进行加工、补充和能动的再创造。这些工作是以艺术消费的受众具备一定的视觉图像解读能力、并以此作为正确获取装饰图形信息的前提的,即受众所具备的关于装饰图形的再创造能力和交流能力——通过视觉分析技能和视觉创造技能进行视觉思维的视觉素养所展现出来的审美接受能力。因此,在众多的消费的规定性与消费的性质之中,创造主体对艺术消费受众的视觉素养方面的促进,显示出中国传统民居装饰图形的艺术生产对消费的创造作用。

其三,中国传统民居装饰图形创造主体对装饰图形的历史继承性具有促进作用。

马克思、恩格斯认为:"历史的每一个阶段都遇到有一定的物质结果、一定数量的生产力总和,人和自然以及人与人之间在历史上形成的关系,都遇到前一代传给后一代的大量的生产力、资金和环境,尽管一方面这些生产力、资金和环境为新的一代所改变,但另一方面,它们预先规定新一代的生活条件,使它得到一定的发展和具有特殊的性质"(中共中央 马克思 恩格斯 列宁 斯大林 著作编译局,1972c)。可以看出,社会物质生活的连续性决定了艺术发展的连续性,这种被"当成现成的东西承受下来的生产力",因凝聚了人类艺术发展与进步的历史成就和丰富经验,而成为世代相传的艺术生产力。中国传统民居装饰图形创造主体,是属于中国传统社会一定的时代和民族的,他对装饰图形的创造性活动,是要打上由社会物质生活的连续性所带来艺术发展连续性的、民族的、时代的烙印。因而,中国传统民居装饰图形创造主体的创造,是在中国传统民居装饰图形的历史成就和丰富经验的基础上的,依靠的是他同中国传统社会生活有着千丝万缕的联系,可以从社会生活中吸取创作的素材和灵感,而且依靠他对中国传统社会生活所做出判断和评价,从而自觉地在他的艺术生产实践中阐明自己的创作倾向和对生活的态度,从主观层面上面折射出中国传统社会生活对装饰图形艺术生产的影响,这种影响的实质就是对中国传统民居装饰图形艺术生产的能动的传承。

同时,中国传统民居装饰图形作为一种传统文化的载体,有着历史的继承性。恩格斯认为:"人们自己创造自己的历史,但是他们并不是随心所欲地创造,并不是在他们自己选定的条件下创造,而是在直接碰到的、既定的、从过去承继下来的条件下创造"(中共中央 马克思 恩格斯 列宁 斯大林 著作编译局,1972c)。历史的发展如此,那么,中国传统民居装饰图形的艺术发展也不能例外,它在客观上呈现为一个代代相传的传播过程,因此每一时代的装饰图形艺术样式及生产都要继承前代,都要以前代的艺术留下的宝贵遗产作为进一步发展和创新的根据。作为创造的主体,他是无法摆脱这种中国式艺术生产力和艺术传统制约的。也就是说,他不能够、也不可能任意选择其他的艺术生产力和艺术传统,更不能够在一无所有、一片空白的情况下凭空制造。他只能在中国传统文化的框架下,对中国传统民居装饰图形进行创新的艺术生产,并积累为新的艺术生产力和艺术传统,以影响和促进中国传统民居装饰图形的历时态发展。

第三节　中国传统民居建筑装饰图形艺术生产方式

普列汉诺夫认为:"任何一个民族的艺术都是由它的境况所造成的,而它的境况归根到底是受它的生产力状况和它是生产关系制约的"(普列汉诺夫,1984)。对中国传统民居建筑装饰图形的艺术生产而言,这种制约,一方面受到"生产的普遍规律"的支配,因为中国传统民居建筑装饰图形的艺术生产,本质上不仅是创造主体对作为客体对象的装饰图形对象化的改造,而且也是对创造主体自身本质力量的证实,所体现的是物质生产与精神生产的统一,是形式创造与精神表现的统一。另一方面,还要受制于中国传统民居装饰图形艺术生产的"特殊规律",即中国传统民居装饰图形所表征的是中国传统社会不同时代人们精神世界的追求,是人自身内在的价值尺度变化的体现。因此,它的艺术生产不可能是简单、机械的复制,而是在艺术生产力与艺术生产关系相统一的条件下,形成的独特的艺术生产方式,即在思维方式、认识方式和实践方式上,体现中华民族精神风貌的心灵创造。

一、中国传统民居装饰图形艺术生产的装饰语法

中国传统民居建筑装饰图形艺术生产,是一种视觉符号形式的生产。受其艺术生产特殊规律的影响和制约,创造主体的劳动在物化为装饰图形产品过程中,就其一致性来说,同物质生产一样,显现为劳动的成果,但又与物质生产的物化产品有着本质的不同。物化生产的产品是一种以资料介质为主要组成成分、可供实际应用的劳动产品,具有物质属性。而中国传统民居建筑装饰图形的物化,既包含物化生产的特征,又要在其艺术属性上借助装饰图形构成的质料介质作为物质媒介,来物化创造主体的劳动——将装饰图形的"内蕴意义"物化到其劳动对象中。在这个意义上,装饰主体劳动的物化,就不能够理解为一个简单的、实际的物化产品过程,而应该是利用中国传统民居装饰图形的视觉语言符号,通过组构它们的质料介质所形成的物质媒介来完成的物化过程。在此过程中,用于建构中国传统民居装饰图形的质料介质就具有了物质媒介性,即在中国传统民居装饰图形艺术生产的装饰语法作用下,具有承载中国传统民居装饰图形视觉符号的功能,具有使用价值和审美价值。因此,在中国传统民居装饰图形的艺术生产中,创造主体劳动的物化产品——装饰图形,必然会包含由创造主体所使用的装饰语法而衍生的主体性。

中国传统民居装饰图形装饰语法,是在其艺术生产的历时态中形成的,是中国传统民居装饰图形艺术生产的内在规定性。就其思维方式而言,是形象思维,是中国传统民居艺术生产的一种特殊方式。在中国传统民居装饰图形的艺术生产中,纯粹的质料介质不能够成为艺术对象,由于艺术生产必须是创造主体与客体对象的统一,它必须是在客体对象上加入创造主体,使之成为有我之物,即主客体作为艺术对象的一体化。因而,创造主体的艺术思维只有通过作

为中国传统民居装饰图形建构的那些——有关人、物和事情等题材内容是如何组构成一个有意义的整体、是如何编码社会行为和交流的那些规定法则——才能发生作用,从而将劳动的对象转化为装饰图形艺术形象。

（一）中国传统民居装饰图形语法的形式规则

中国传统民居装饰图形,在长期的艺术生产实践中,已经总结了许许多多的关于装饰图形建构的形式法则和规律,这些形式法则和规律,是构成装饰图形的质料介质及其组合规律所呈现出来的审美特性,是促进装饰图形合规律性、合目的性的本质内容的那种自由的感性形式建构的规定性。它不仅是中国传统装饰图案建构完美形式所要求遵从的,而且凝结为中国传统装饰图形纹样建构所共同遵守的审美原则的组成部分,并随着中国传统社会的历史条件不断发展、变化和丰富。具体来讲它们是以下 6 方面。

1. 变化与统一

变化和统一又称多样与统一,反映着事物的对立统一规律。它既是一切事物变化的规律,又是中国传统民居装饰图形进行装饰变化的总则。

在中国传统民居建筑的装饰过程中,常常会遇到各种各样的矛盾和要求,比如,题材内容在安排上的主次、装饰构图的聚散与虚实、形体构造上的大小与方圆及建筑装饰材料的轻重与软硬、光滑与粗糙等相互矛盾的因素,在这种情况下,就要去寻找解决矛盾的因素,从而在对比中谋求调和,使所建构的装饰达到既有变化又能调和的目的。这种应用的案例在对中国传统民居建筑装饰中比比皆是,如图 5.6 所示。在处理传统民居建筑屋脊的单调性问题时,中国传统民居建筑的工匠会通过装饰屋顶,将檐角设计成鸟翅般的举折或起翘的造型形式,以使

图 5.6　福建培田古戏台

屋顶整体在视觉上呈现出舒展如翼的轻盈之状,给予人以飞动轻快的美感,以此来改变方正框架的呆板,以动感丰富了单调之感。就是多样与统一形式法则具体应用的好例子。

在装饰图形的艺术生产中,"变化"是诸多建构元素之间对比关系的变化,如造型、色彩等,处理妥当会使装饰图形的视觉形式生动活泼、富有生气,反之则容易产生松散、杂乱无章的视觉感受。"统一"是一种规律化,也就是装饰图形建构的造型、结构、色彩等不同部分之间应当有相同或者类似的因素,以此将各个变化的部分统一在整体的有机联系中,从而取得统一的视觉效果。

变化与统一的形式法则在装饰图形的艺术生产中的运用看似矛盾,实则不然,它们之间是相互依存,又互相促进的关系。在装饰中,那些单纯的片面的追求都会导致装饰图形的艺术形式发生问题,中国传统民居装饰图形之所以能够不断地传承,就是它们在这个艺术的形式法则作用下,创造主体对装饰图形的建构语法及建构经验积极能动扬弃的结果,最终使中国传统民居装饰图形能够在统一中求变化,在变化中求统一,达到变化与统一的完美结合而源远流长。

图 5.7　山西榆次常家庄园

2. 对称与均衡

对称与均衡是中国传统民居装饰图形在其艺术生产中所遵循的基本法则之一(图 5.7),也是装饰图形建构中所追求的重心稳定结构。它们在中国传统民居建筑及其装饰中被广泛地应用。

对称是同形同量的建筑及其装饰形态,以中心线划分,上下或左右相同,或者沿着轴线旋转,转换对称,显示为绝对的对称形式。装饰图形对称的结构形式容易产生节奏的美,同时也能够使装饰主体"工后得意匠美"得到很好的展现。对称的结构在视觉感知上规律性强,有统一感,使人看了能产生整齐、庄严的美感。例如,传统民居建筑中的"福"字、"囍"字的窗花装饰,门的对联装饰等。另外,还有一种对称形式就是在对称结构中,少部分形状或者颜色出现不对称的现象,但又不失对称形式的稳定,反而更显得灵活、多样。在建筑中"左阁右藏""左钟右鼓""前朝后市""左祖右社"就是这种对称的很好案例。

在中国传统民居装饰图形的建构中,均衡所表现的是同量不同形的形态,即异形同量的组合。它们是在特定空间范围内,构成的形式要素之间以中心线或中心点保持力量视觉上力的平衡关系。在对称与均衡的关系上,对称的事物基本上是均衡的,但有些不对称的元素组成的传统民居装饰图形,由于符合"均衡"的形式美法则,它们依然能够产生强烈的美感。

3. 对比与调和

中国传统民居装饰图形建构中的对比就是构成要素的各方在鲜明地展示各自的特点,以形成视觉上的张力,增强各方在视觉上的刺激度,从而给人一强烈的印象,这种对比包括装饰图形在视觉形象上的大小、高低、长短、方圆、宽窄、肥瘦,方向上的上下、前后、左右等,质料上的软硬、光滑与粗糙,色彩上的明暗、深浅、冷暖等诸多方面的对比。通过对比互相衬托,从而更加明显地表达出其各构成要素之间的特点,营造出完整而生动的艺术效果。调和与对比恰恰相反,是把构成的各种要素之间强烈的对比因素协调统一起来,使之视觉上的冲突趋向缓和,从而让人产生柔和舒适的感觉(图 5.8)。

图 5.8　湖北丹江口浪河镇饶氏清末庄

对比与调和反映了装饰图形建构中矛盾的两种状态,对比是在差异中趋于对立,调和是在差异中趋于一致。二者是取得装饰图形变化与统一的重要手段。例如,在徽派传统民居建筑的门的装饰中,常用一些对比的表现装饰手法,如建筑材料的对比、塑造形体的虚实对比、色彩冷暖的对比等来突出需要表现的主要造型部分,以丰富装饰图形的整体画面。有时也会因为对主要造型的刻画而淡化次要的造型部分,此时可采用调和的方式来达到目的。总的来说,在传统民居建筑的装饰中,对比与调和的作用是相对的,作为对立统一的艺术手段,它们不是简单的数值上的差异,而是以人的视觉感受为依据的对比与和谐的相辅相成。在中国传统民居装饰图形的艺术生产中所起的作用,通常是某一方面居于主导地位而非孤立的双方。

4. 条理与反复

条理与反复是中国传统民居装饰图形在艺术生产中所必须遵从的重要的构成原则,是构造中国传统民居建筑礼制制约下的规则和秩序美感的重要因素。在中国传统民居装饰图形的艺术生产中有广泛的应用和物质积累,也是中国传统民居装饰图形艺术所特有的一种美的形式(图5.9)。

图 5.9　湖北武汉黄陂大余湾

条理与反复的装饰现象早在原始社会彩陶纹样上就已经出现,并逐渐形成一种美的形式法则被广泛应用和继承。在装饰的艺术处理上,条理是把比较烦琐的自然物象,以艺术处理的方式使其排列合理,错落有致,以求在视觉上产生整齐美观的感觉,并形成规律化、秩序化的装饰图形形式;反复则是指相同的或者相似的视觉单元以特有的形式规律进行重复排列或有规律的重复出现,从而产生视觉上单纯、整齐的感觉。在中国传统民居装饰图形的艺术生产中,经常应用这样的法则对题材内容进行加工,经过这样的艺术处理,简单的单元重复会在传统民居建筑中产生统一感,而那些复杂单元的重复则能起到即统一又有变化的审美感受。

5. 动感与静感

在现实生活中,动感常常表现为某一物体空间位置的移动,而静止则与运动相反。在中国传统民居装饰图形中,动感与静感是主体在生活中直接或者间接观察到的客观事物的反应。通过他们的艺术生产,使静止的装饰图形在视觉上,将视觉符号所表征的内容联系起来,从而产生运动和静止的视觉感受。

一般来说,在装饰图形中具有动感的视觉元素往往比较活泼生动,具有静感的视觉元素则显得稳重严肃。图5.10为湖北罗田县九资河镇官司基坪村新屋垸建筑的一个局部装饰,弯曲

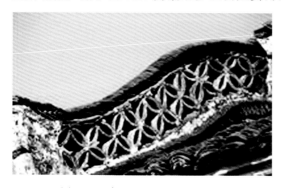

图 5.10　湖北罗田县九资河镇新屋垸

的脊线赋予动感,单位基本形性质的花纹重复构造使静态的装饰纹样产生多样的变化。由图5.9可以看出,在中国传统民居装饰图形中,随着统一与变化的程度不同,装饰构成的视觉元素所产生的动感与静感的程度也各有不同,趋向统一性质的元素给人静态的感受,而富于变化的则产生动感。由图5.9还可以看出,对称的纹样表现为静态的成分较多,均衡则显示运动的趋向;线条的粗细一致显示为静感,线条变化或粗细不同,就容易产生动感。当然,动感与

静感是人们视觉经验感知的产物,是相比较而言的,在中国传统民居装饰图形中,其应用还依赖于创造主体对具体创造对象的客观判断和艺术的把握。

6. 节奏与韵律

节奏与韵律原本是音乐中的构成要素。节奏是指音乐中音响节拍轻重缓急有规律的变化和重复,韵律则是在节奏基础上的丰富和发展,它赋予节奏以强弱起伏、抑扬顿挫变化的情感色彩。前者着重运动过程中的形态变化,后者是神韵变化给人以情趣和精神上的满足。自然

图 5.11　湖北洪湖翟家湾

界中,各种物象的生长、运动的规律之中也存在着节奏与韵律,如植物的枝、叶的对生、互生、轮生等生长现象,都是有节奏的逐渐伸展的;海螺、贝壳的斑纹排列伸展,以及投石子于池塘所引起的涟漪等,都有自己独特的节奏和韵律。而这些恰恰是传统民居装饰图形中所表现的题材内容。因此,在传统民居建筑装饰图形的艺术表现中,一些构成的视觉符号元素有条理的重复、交替的排列与组合,并借此在视觉上产生动态的连续性,就容易让人产生装饰图形视觉上的节奏感与韵律感(图 5.11)。

(二) 中国传统民居装饰图形的语法结构类型

中国传统民居装饰图形的艺术生产,在要求主体本质力量的对象化的同时,要求人的心理能力的实现。在其艺术生产中,装饰图形对象都是属于人的,在物化创造主体的劳动过程中,会伴随着主体的审美心理化,即意象化、情感化,而赋予装饰图形对象以一种形式的存在,这种形式必须是具有情趣的形式,是具有审美特征的。按照中国传统民居装饰图形所呈现的视觉形式,其语法结构可分为具象和抽象两个典型的类别。

1. 具象的语法结构

中国传统民居装饰图形作为一种特殊的建筑装饰形式,本身包含浓郁的传统民俗的文化特点,这种特点往往借用文字、事物的具体形象及其象征寓意来组织画面,服从于传统民居建筑形态、材料、位置、结构功能等方面的制约,通过装饰表达人们对美好生活的向往和追求,由装饰图形具象的语法结构所生产出来的艺术形式,使这种表达更加直观、更富有哲理性,使其内容与形式更加完美。依据中国传统民居装饰图形艺术表现视觉符号形式的差别,其具象的语法结构可以分为以下几个类型。

(1) 汉字应用型

所谓汉字应用型就只在中国传统民居装饰图形中,以汉字的字形特征及其谐音来建构装饰图形的结构形式,以此形成装饰的吉祥和象征寓意的表达(图 5.12)。汉字的直接应用、是

图 5.12　罗田县九资河镇官司基坪村新屋垸

基于汉字本身所具有的装饰性,就其审美特性而言,汉字及其各种变体或书法等形式都有较强的艺术表现力。因而,在中国传统民居装饰图形中,直接对吉祥文字进行装饰不失为一种很好的表现方法。经常使用的文字有"福""禄""寿""喜"等,同时,它们所有的变体或者各种书法形式通过重复、叠加等艺术处理,还可以形成诸如"百福""百禄""百寿""百喜"等能够表达人们内心追求的装饰图形意蕴。这种形式在传统民居建筑的窗、门、屏风隔断等方面有很多的应用。

另外,除汉字的直接应用外,利用汉字的谐音来进行装饰图形的语法建构也是常见的类型。这是应用了汉字有许多读音相同、字义相异的现象这一重要特征,例如,"鹌居落叶"就是利用一只鹌鹑与九片落叶进行装饰的图形,以谐音来寓意人们对"安居乐业"这一生活状态的向往,而"早生贵子"中枣、花生、桂园、莲子等汉字的谐音所寓意的内涵则不言而喻了。

（2）植物生态属性型

在人们的物质生产活动中,人类改造自然是从定居开始,进而从各方面对大自然产生影响,从本质上说,人是自然的一部分,总是从自己的角度参与自然的变化和改造。在此过程中,由于自然界中各种动、植物因生态、环境、条件、遗传等因素所产生的不同作用,使人赋予它们在自己生活中具有的不同的生态属性,由此,人们可以借物言志、象征附会,采纳动、植物来进行装饰图形的艺术生产（图 5.13）。

动物生态型的装饰艺术形式建构的重点依据是神态和比例、动态、体型等因素,其中,神态

图 5.13　湖北通山宝石村古民居群沈家

和动态紧密相连,动物之间的动态差异不仅能体现他们的特点,而且决定着它们所象征的意义表达,比如,松鼠的活泼、可爱,狗熊的粗笨、迟钝,狗的不问二主喻之忠,羊羔跪而吃奶喻之孝等。它们这些象征意义的赋予,就使得在中国传统社会,儒家所倡导的"忠""孝""仁""义"等抽象的概念有了具体的象征物,因此,装饰图形就能够以塑造形神兼备的动物形象来传达人们对于寓意的追求。同样,植物种类繁多,各具姿态,特点各异,经过对它们一系列的艺术变化和加工,强化其某些典型的特征,并把它们和中国传统民居装饰图形的艺术生产结合起来,也能焕发出充满生机的形式美的话语表达能力。

（3）客观事物寓意型

中国传统民居装饰图形在一定程度上反映了中国传统社会人们的幸福观和人生观,所采用的各种物象象征符号,以非常通俗易懂的视觉艺术形式,建构和表现各种祥瑞、吉祥的象征寓意。其中,那些有代表性的日月星辰、风雨雷电、植物山石等自然物象,也能够将它们在历史的长河中所形成的吉祥寓意,通过装饰图形载体传播人们最为直接的祈福形象。例如图 5.14 中金钱、玉石、元宝等都是属于财物

图 5.14　湖北通山民居大夫第装饰

的象征,将其直接应用于传统民居建筑的柱、门、窗等结构部位,可以表达人们对富贵的追求。作为客观物象象征的中国传统民居装饰图形视觉符号,不仅体现了作为创造主体的生活智慧和文化想象力,而且以其独特的"俗信"形式,直接展现出中国传统社会普通民众对美好生活的向往和对人生所寄托的各种质朴的心愿与期望。

（4）多种综合象征型

在中国传统民居装饰图形中还有许多非单一的构造形式,它们往往采用综合上述的语法结构形式进行综合应用,从而赋予装饰图形以更丰富的含义,使装饰图形作品丰满、成熟。例如,由石榴、桃、佛手所组成的"三多图",就是传统民居装饰图形中经常出现的题材,通过综合的构成形式将它们统一在一个画面里,借此表现多福（佛）、多寿（桃）、多男子（石榴,石榴子多）的寓意,以象征人生幸福美好（图5.15）。

2. 抽象的语法结构

抽象的语法结构,是中国传统民居建筑装饰的本质特征之一,这是由传统民居建筑的质料特点和建筑技术的内涵所决定的。中国传统民居建筑装饰抽象的语法结构及其抽象的语言,不是哲学上的抽象,它是依据中国传统民居建筑物态化了的点、线、面、体等建筑结构和包含质料介质特点的色泽、纹理、光影、质感等最为简单、最无含义的元语言,在视觉形式上趋向"抽象性"（图5.16）。

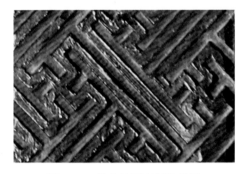

图 5.15　湖北武汉黄陂王家河街罗家岗村　　　　图 5.16　抽象的万字问装饰图

在中国传统民居建筑的构造问题上,最基本的问题在于通过台基、柱、梁、屋顶等各部分的整体组合,来解决重力与承力之间的矛盾。这就使得解决功能性问题的建筑结构在形态上的点、线、面、体等抽象形态及其空间构成,亦即诸如由线条与骨架、色彩与质地一类抽象的结构构成的,并由它们建构出能使人联想到鸟儿的比翼双飞"大出挑""大起翘"的飞檐和使人联想到玉兔银盘、号称为"月亮门"圆形之门洞这一类抽象装饰性作品的可能。当然,这种抽象的语言的应用,在很大程度上取决于创造主体的"艺术意志"和其艺术消费的历时态的能动选择。

（三）中国传统民居装饰图形语法的实现途径

中国传统民居装饰图形在遵循变化与统一的总体原则下所进行的艺术生产,在审美特征上,展现出创造主体对装饰图形建构的程式化艺术处理和理想化追求。中国传统民居装饰图形艺术形式的程式是一种独特的视觉艺术符号系统,有着它特有的艺术语言和语汇。它的形成受到时代、民族、地区的文化传统、审美观念及生活理想追求的制约。从而使得建构装饰图形的点、线、面、色彩的底层结构语言和形象塑造等,无不按照严格的程式去规范和制作。纵观中国传统民居装饰图形发展的历史,其程式化的艺术语言具有相对的稳定性和规律性。由此,在它的实现途径上,积累了很多包括创造主体的创造思维、具体实施的方式方法等方面实践的经验。

1. 创造主体的创造思维

首先,中国传统民居装饰图形艺术生产离不开他们的创造性思维。这种思维是在建构传统民居要求的基础上,创造主体根据委托调动各种相关资料和他们在装饰图形的艺术生产中所积累的经验,综合自然的、技术的、社会的及中国传统文化的诸多创造性因素所进行的创造性构想,是以形象思维为主体的思维。因此,创造主体的创造思维,决定了中国传统民居装饰图形语法更生动、更典型、更美观的创造要求。

其次,作为以形象思维为主体的思维,创造主体还必须充分考虑在装饰图形建构中,形象与形象建构之间具体的遇合关系,通过形象遇合的思维形式,去发现中国传统民居装饰图形语法的一些内在规律,为装饰图形的艺术生产带来活力和生气,并利用这种关系生产出丰富多样的装饰图形作品。具体来说,形象与形象之间的遇合有下面几种常见的形式(图 5.17)。

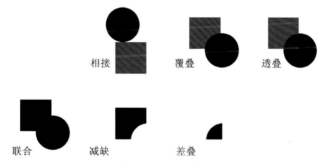

图 5.17　遇合关系

(1) 接触,是两种或两种以上的视觉形象边缘之间相互接触,以接触点和共生线为连接,形成形与形之间的相互借用、相互共生的视觉关系,不同于其他形式的遇合效果。

(2) 覆叠,由一个形象覆叠在另一个形象上,覆盖在上面的形象不变,而被覆叠的形象有所变化,基于覆叠的位置不同,所产生出的形象也就不同,并由此产生形象与形象之间前与后、上与下的空间关系。

(3) 透叠,是两种或两种以上的视觉形象交叠后,形象与形象相互交错重叠,产生透明的面,形象的外轮廓保持完整,交错重叠部分为交叠。在透叠的关系中,由于形象之间的色彩关系,容易产生多种透叠变异的色块层次。

(4) 联合,多种视觉形象之间互相交叠之后,无上下、前后之分,在视觉上联合成为一体,形成一个新的多元化的视觉形象。

(5) 减缺,形象与形象交叠后,保留了覆盖在上面的形象,在视觉上产生了上下、前后的空间关系,被上面覆盖所留下的剩余形象出现减缺感;由多层次的覆盖,可使被覆盖的形象越来越小形成新的视觉形象。

(6) 差叠,形象与形象交叠后,交叠部分成为新的形象,未被交叠的部分被减去,在具象的装饰图形表现中的差叠容易产生抽象的视觉感受。

值得一提的是,在这些装饰图形的艺术形象遇合的思维形式关系中,那些具体而生动的艺术形象既可以表现为具体形象,也可以呈现为抽象形象,二者通过遇合关系相互交融、相互渗透组构新的视觉形象,丰富了中国传统民居装饰图形语法的范围,并在诸如减地雕、镂空雕一类雕刻技艺中被广泛应用。

2. 具体实施的方式方法

中国传统民居装饰图形语法具体实施的方式方法是多种多样的,在具体应用中,根据不同的实际而有所侧重。

图 5.18　山西常家大院厢房
墙上的装饰

(1) 省略法:在装饰图形的艺术生产中,要抓住表现对象的主要部分,去掉烦琐的部分,使所表现的对象在视觉上更加凝练、完整、典型。例如图 5.18 中,牡丹、菊花等花卉题材都有自己生物学上丰富的花形,花瓣较多,如果要在装饰图形的艺术生产中,全部写实地表现出来,不仅会是简单的对生活的照搬,而且也不适合艺术生产。因此,装饰主体在营造过程中,常常会借用省略的方法,对这些客观对象加以取舍,删繁就简,也就是运用提炼的手法,去粗取精,创造出许许多多的中国传统民居装饰图形精妙之作。

(2) 夸张法:在装饰图形的艺术生产中,在省略的基础上将装饰对象的视觉特征进行夸张的艺术处理,以突出对象的形态、神态。从而获得更加典型化,更具有代表性的形象。所谓"不求画面的逼真,只求形象的神似"就是夸张的艺术手法很好的写照。夸张的艺术手法在传统民居装饰图形的艺术生产中应用非常的广泛。突出的特点是,利用装饰图形符号诸如大与小、曲与直、多与少、疏与密、粗与细等视觉表征的变形与夸张,营造意境,赋予建构装饰的那些视觉符号以装饰美的特征。

(3) 添加法:在装饰图形的艺术生产中,往往也会对所加工生产的装饰图形艺术形象进行视觉元素的添加,以谋求更加丰富的视觉效果和艺术感染力。这一点与省略法完全相反,在具体做法上,是将省略、夸张了的形象根据装饰设计与生产的要求,先减后加,从而使被处理的艺术形象富有变化,在视觉上更加完美。像传统民居装饰中各类装饰雕刻的"花中套花""花中套叶""叶中套花"等技法都是添加法的真实案例。

(4) 变形法:在装饰图形的艺术生产中,将装饰建筑的不同部位的形状进行适形的艺术处理是非常必要的,这就要求在装饰过程中,根据这样一类建筑装饰的要求,对装饰表现的视觉形象进行扩大或者缩小、伸长或者缩短、加粗或者减细等多种多样的艺术处理,或者使用简单的诸如点、线、面这样处于装饰图形符号建构底层的元语言进行对象化的变形,以满足传统民居建筑装饰的需要。

(5) 巧合法:在装饰图形的艺术生产中,根据装饰图形表达寓意的要求,常常会利用装饰图形事物谐音、物象特征等来进行巧妙的组合。例如,山西省定襄一带乡村,流传至今的传统民居的门墩(门楼的柱础石,又称为"迎风")的雕刻,通常会选用松、鹤、龟、"双喜"字、"卍"等具有中国传统文化象征寓意的视觉符号,营造出"松鹤延年""双喜临门""六合同春""金折子""万字迭不断""灯笼角""龟背图""金砖墁地""暗八仙""一本万利""二龙戏珠"一类的吉祥图案,以传达人们对吉祥如意美好生活的愿望。

另外,在中国传统民居装饰图形语法具体实施的方式方法中还有拟人法、寓意法、求全法等很多有效的实践途径,在此就不一一赘述。总的说来,中国传统民居装饰图形艺术生产的装饰语法,是它对艺术语言、艺术形式的程式化和理想的追求的结果,是在艺术生产实践中,不断地被创造、丰富和发展的结果。也就是说,是在它纵横交叉发展的坐标系上,中国传统民居装饰图形创造主体无穷的想象力和创造力的结果。

二、中国传统民居装饰图形艺术生产的基本形式

(一)中国传统民居装饰图形艺术生产亲笔书写模式

中国传统民居装饰图形作为一个原创性较强的传播文本,是在它艺术生产的原初阶段,创造主体利用工具介质,通过绘画、雕刻等艺术手段亲笔书写的方式,使其形式介质和质料介质相统一、相依存的结果。由于这种亲笔书写的生产模式,蕴含有与创造主体相关的独具特点的艺术审美特征和精神风貌,因而,自然而然地形成了在中国传统社会,作为传统民居装饰图形艺术生产的主要生产形式,并由这种生产形式赋予装饰图形作为文本媒介的原真性。即表现为创造主体给予其形式介质层面与质料介质层面上的艺术生产的印记,这种印记是作为装饰图形作品区别于其他艺术形式的"艺术品的即时即地性,即它在问世地点的独一无二性"(本雅明,2002)。那种被本雅明称为"原真性"的形式是存在的。

值得注意的是,这里所说的中国传统社会装饰图形的"原真性"与1972年《世界遗存公约》里所规定的"原真性"不同。《世界遗存公约》所规定的"原真性",是建立在历史建筑本身基础上的,是一种在保护历史建筑遗产的语境中所建立的为现代人们所共识的基于历史建筑保护的内在规定性,即被同济大学张松教授解释为"原生性、真实性、确实性、可靠性。主要有原始的、原创的、第一手的、非复制、非仿造等意思"的那种原真性。它强调的是"能够见证某种文明、某种有意义的发展或某种历史事件和城市或乡村环境"[①]。而中国传统民居装饰图形的原真性是建立在创造主体基础上的,这种原真性与装饰图形的质料介质之间密不可分,在众多的中国传统民居装饰图形的遗存中,那些彩绘的笔触,雕刻的痕迹,木、石等材料的质感等,莫不都是中国传统民居装饰图形的视觉符号形式,由创造主体在质料介质层面亲笔所"书写"的结果。具体地说,中国传统民居装饰图形艺术生产涉及彩绘、雕刻及二者相结合的几种亲笔书写方式。

中国传统民居装饰图形亲笔书写的原真性,是与它所置身的中国传统的联系相一致的。由于在它的艺术生产过程中,作为装饰图形的视觉符号语言,它的生产方式并不具备唯一性。它的艺术生产要根据采纳使用的具体需求来决定,一般来说作为比较独特的视觉语言,它们能

---

① 《保护和修复文物建筑及历史地段的国际宪章》(《威尼斯宪章》)。从事历史文物建筑工作的建筑师和技术人员国际议会(ICOM)第二次会议通过的决议。

够被多次生产和使用,这就使在其艺术生产中亲笔书写的原真性出现比较复杂的情况。也就是说,装饰图形中那些源于创造主体手工制作的彩绘、雕刻及综合技法所表现的装饰图形文本是多次生产的,在传统的艺术生产方式的作用下,虽然具有对装饰图形视觉形式的复制的特点,但因为有主体的亲自劳动的参与且产品数量极其有限,再加之在艺术生产中每一次都会给予亲笔书写以新的形式和内容,不是简单机械的复制,而是能动的创造性的再生产和历时态中所形成的"原始的、原创的、第一手的、非复制、非仿造"等因素,这就使得中国传统民居装饰图形不同于那些现代机械复制的艺术品。

(二)中国传统民居装饰图形艺术生产复制模式

一般来说,艺术作品在原则上是可以被复制的。中国传统民居装饰图形也不例外。在它的发生、发展和继承的过程中,不可避免地会被复制,并通过再生产性的复制,在中国传统社会广为传播。

中国传统民居装饰图形的艺术生产,是人们对于传统民居建筑的永恒需求的结果,这是中国传统民居及其装饰,能够为人们提供着极为丰富的艺术产品资源的重要原因。作为一种古老的艺术再生产方式,中国传统民居装饰图形艺术生产的复制,在中国传统社会的生产条件下,存在着的是一种"手工劳动关系",而非现代高技术、发达的、高产出的机械复制。这种"手工劳动关系",由于受制于中国传统社会由工具介质及其使用的技术和技巧所带来的局限和传统的艺术创造主体与受众在历时态发展过程中的不同要求,以及社会演变所带来的创造主体与受众在装饰图形新的视觉形式方面不可预计的交互作用等因素的影响,传统民居装饰图形的艺术生产的在复制较之于原有的艺术样式而言仍然能够表现出它们的创新性。按照"手工劳动关系"所形成的复制技术方式,中国传统民居装饰图形艺术生产的复制可以通过铸造、制模翻制及各种形式的印制等技术手段实现。

中国传统民居装饰图形在复制过程中,能够产生一系列的复制效应。

其一,中国传统民居装饰图形的复制是一个长期存在的现象。本雅明认为,复制有三种原因:学生们为了学习进行复制;艺术家为了传播艺术作品而进行复制;追求盈利的第三种人在进行复制。因此,复制品永远都会存在下去,这是不争的事实。中国传统民居装饰图形的复制在某种程度上不尽然完全如本雅明所说的那样,但是在它的发展历程中,基于其复制的实用功能、技艺的传承、文化的传播等确实存在的实际情况,客观上造成中国传统民居装饰图形复制的存在。

其二,中国传统民居装饰图形的复制不是简单的重复复制,由于复制过程会有一定的创新性存在,因而,其复制在某种程度上仍然可以保持装饰图形意义的再生产可能性,事实也是如此。在中国传统社会的"手工劳动关系"体系中,消费对于中国传统社会有限的装饰图形劳动产品的需求总是大于其艺术生产的供求,由供求关系所造成的复制产品客观上保证和维持了装饰图形产品所谓"炫耀性消费"所具有的象征性、等级感和民俗礼仪等功效。

其三,中国传统民居装饰图形的复制在视觉上仍然能够保持一定程度的审美效应。艺术消费具有对中国传统民居装饰图形的原真性褒有崇高感的崇拜心理,尽管复制会导致部分原真性的丢失,但它的出现客观上可以填充由于装饰图形原创的艺术生产所带来的稀缺性。因而,无论是作为中国传统民居装饰图形视觉符号的同质复制还是异质复制,都能将虽然稀缺但偏好这类装饰的视觉图式进行重复的再生产,以满足消费的欲望。这种消费的欲望不是被动的,它是消费主体能动的艺术接受,所谓能动的接受在于消费接受通过对装饰图形复制的劳动产品的拥有来占有这个装饰图形的视觉符号对象,或者说拥有其抽象的形式介质,并将基于质料介质部分的物质感受通过建构材料的转换,重新获得新的崇拜和欣赏,形成新的审美效应。

其四,中国传统民居装饰图形作为可供传播的视觉文本,复制无疑扩大了受众的层面。由于"复制技术把所复制的东西从传统领域中解脱出来。由于它制作了许许多多的复制品,因而它就用众多的复制物取代了独一无二的存在"(本雅明,1993)。正是这种"独立无二性"被取代,客观上提高了传播的效应,促进了复制的装饰图形产品获得更大的传播空间。

其五,中国传统民居装饰图形的复制的最大缺陷在于它无法保留原作的真实性或者原真性。任何高超复杂的复制技术,是根本无法涵盖基于手工制作出来的装饰图形产品中独一无二的亲笔书写印记的。复制品是无法替代原作的,即使再完美的装饰图形的艺术复制,也会因为缺少了"原真性"的内容,即缺少装饰图形艺术生产在时空上所具有的独一无二性,而割裂了有原真性所赋予的可以传播的那些本质的东西,使原真性被破坏。因此,复制不能将装饰图形在历时态的时间轴线上因时间流逝、空间变化而发生的装饰图形形式介质与质料介质构造方面的变化生产出来,它所能实现的只是现时的或者未来的可能变化。

三、中国传统民居建筑装饰图形艺术生产的书写内容

中国传统民居建筑装饰图形的形成源远流长,在它形成的历时态坐标中,其书写内容的萌生、形成、发展到继承,无不凝结着创造主体的艺术劳动和作为受众接受的消费促进。作为艺术所表现内容体系的形成过程,在某种程度上就可以理解为在中国传统文化背景下,艺术生产的不断修正、改进和不断完善的过程。因而,在其书写的对象上,受创造主体特定的艺术生产工具、艺术生产方式和在继承中发展、在发展中的创造及其文本媒介的原真性对中华民族所能普遍遵从的共性和区域环境下民俗性遵从等因素的影响,呈现丰富的内容。

(一)以动物、鸟虫题材为表现内容的中国传统民居装饰图形

早在图腾崇拜时期,人们就对未知的宇宙万象和身边的诸多飞禽走兽、花鸟虫鱼等都充满了猜测与幻想,甚至迷信某种动物或自然存在物同自己的氏族有着某种神秘的血缘关系,并借此作为本氏族的徽号或标志。在我国,新石器时期的彩陶、玉刻、石雕中就先后出现了各种形状的怪兽,如龙、凤、龟、鸟等动物题材内容的造型纹饰(图5.19)。这一时期所出现的各种动物纹饰大都带有人敬天神、人仰混沌的图腾意味,虽然称不上人们为了表达主观内心祈福求安、吉祥寓意等丰富思想情感而采用视觉符号作为语言,进

图5.19　动物、鸟虫题材的牛腿装饰

行主动创造的装饰图形,但客观上奠定了中国传统的装饰图形纹样发展的基础。直至夏商殷周、春秋战国时期,由于生产力水平的发展、阶级的产生和人们思想意识所发生的巨大变化,作为真正意义上的吉祥图案纹样才得以形成和发展。例如,青铜器、漆器上的"饕餮纹""鸟纹""夔龙纹""象纹"等各种纹饰,以及后来出现的婚礼喜庆的"龙凤呈祥""鱼穿莲""并蒂莲""鸳鸯戏水";节日庆典的"三阳开泰""喜鹊登梅""连年有余";祈子求福求寿的"百子图""绶鸟""灵龟""猫和蝶"等。这些丰富多样、异彩纷呈的动物题材传统装饰图形的具体应用非常广泛,涉及中国传统装饰艺术生产的每一个方面,中国传统民居建筑装饰也不例外。

在中国传统民居建筑装饰图形动物题材的艺术处理上,创造主体在他们的艺术生产劳动中,非常注重动物的具体长相,依据其体重、比例、动态和神态等,采用夸张和变形的艺术手段,塑造时突出其个性。无论是他们依据自己的主观感受,采用变形求方,还是辛辣、稚拙、厚重、灵现、趣味的形象处理,还是夸饰的变形换色和跨越时空的思维方式,他们所生产的劳动产品,无不给人以动物更生动的感受,以及更深化的艺术意味和美的享受。

(二)以植物题材为表现内容的中国传统民居装饰图形

图 5.20 植物题材的装饰

纵观中国传统民居建筑发展的历史,不难发现,作为植物题材的装饰图形乎被大量地应用到其发展的各个阶段,尤其是在中国传统文化背景下的那些"松""竹""梅""兰""菊"等,因为它们美观的外表和生长的特性能够被赋予象征的意义,应用就更为普遍(图 5.20)。

例如,在中国传统民居的门饰中,门铁是铆固在两扇大门下部的两块护铁,它的使用功能就是保护大门不受到损坏。为了满足对于建造功能以外的人的精神世界的追求和视觉上的美观,其外形通常会做成各种形式的造型,并非常注重两扇门合拢后的整体视觉形式。因而在对它的装饰造型上,通常会选用葫芦形——以象征驱邪避祸、如意形——象征吉祥如意,充分体现了中国传统民居装饰图形的美观、寓意和实用三位一体的功能。

(三)以抽象的几何纹样为表现内容的中国传统民居装饰图形

在中国传统民居建筑的装饰中,也经常出现以抽象的几何纹样为表现题材的装饰(图 5.21)。抽象的几何纹样,在装饰的视觉感受上不同于上述的三种具象形态,而是作为装饰的艺术语言,在历史的演进中高度提炼、概括、加工过了的视觉形态,是抽象的、具有象征性的视觉符号。在中国传统民居装饰图形的应用中,创造主体运用抽象的思维模式,在形象思维和抽象思维的基础上,根据装饰的对象——传统民居建筑的不同部位,按照一定的营造法则、象征的概念和观念,进行高度的设计、分析,并综合各种生产技艺进行创造性的劳动,从而使抽象的装饰图形题材内容得到很好的利用。例如,中国传统民居建

图 5.21 抽象"回"文的柱础装饰

筑室内阁楼上的花式栏杆,在装饰上将造型的实用性与美观性相结合,制作时将栏杆芯做成透空的几何纹样,这些纹样多由直线型或曲线形的棂条拼接而成,装饰语言简单、质朴,但由于装饰设计的巧妙,线条的疏密、长短、宽窄不一,穿插结构自由,形成了千变万化、丰富多彩的装饰图形,如"套沙锅套""双喜纹""十字花""鱼鳞"等纹饰,并被赋予了吉祥寓意。在装饰的语言风格上,它们与隔扇门、隔窗相近。由此,在传统民居的室内空间中,它们遥相呼应,共同建构了一道灵透风韵的唯美风景。

（四）以人物题材为表现内容的中国传统民居装饰图形

人物题材的装饰内容,在众多的中国传统民居装饰图形作品中,也是一种备受人们喜爱的装饰形式。作为视觉符号语言,人物形象较之于其他题材内容更具有话语的象征和表现力。在造型形式上,人物题材的使用也要受到装饰法则的影响和制约,就是说,其装饰性可以不受到人物生理特征的限制,而在很大程度上是服从于视觉快感;创造主体在他们的艺术生产中,将多样与统一、节奏与韵律、对称与均衡、动感与静感等形式要素融入装饰图形建构的点、线、面、色、体、块等元语言的构成之中,创建了中国传统民居装饰图形自身民族特色的都有的秩序世界。

图 5.22　苏州网师园门头砖雕

例如,中国传统民居建筑内墙的装饰、门楼的装饰中经常使用的砖雕、石雕及彩绘等,内容上经常使用人物题材（图 5.22）。早在春秋时期,"孔子观乎明堂,睹四门牖,有尧、舜之容,桀、纣之像,而各有善恶之状,兴废之诫焉"（《孔子家语》）。说明当时的中国传统建筑中就有以人物题材为内容的建筑装饰形式,而且根据"兴废之诫焉"可以推断这类建筑的装饰还具有"成教化、助人伦"教育功能。至于那些反映民俗生活的包含吉祥寓意的"福星高照""麻姑献寿""刘海戏蟾""五子闹弥勒"等人物题材,其应用的广泛性更是不胜枚举。

四、中国传统民居装饰图形艺术生产的具体分析——以福建培田村明清时期传统民居装饰为例

（一）福建培田村明清时期传统民居建筑的概况

培田村位于福建省龙岩市连城县宣和乡河源溪上游,旧属长汀县管辖。古汀州府所辖的长汀、宁化、武平、上杭、永定、连城、清流、归化（现明溪县）八县,相当于现在的"闽西",是"客家人"的居住地。这里保存了较为完整的明清时期客家传统民居建筑群,是中国传统民居建筑的重要组成部分,也是客家乡土建筑的典型代表。

培田村吴姓始迁祖于元代末年迁居此地,至今已有 600 余年,生存繁衍了 27 代,现为有

300多户人家共1 400多人口的客家血缘关系的自然村落（李秋香 等,2010c）。培田大部分传统民居建筑建成于明、清两代,尤其是清康熙、乾隆时期,社会稳定,农事顺畅,培田村居民在农、工、文、商等各个方面皆兴旺发达,吴姓人丁兴旺。于是时人大兴土木,或为自己颐养天年,或为子孙传承,逐渐形成了由6座学堂、2座书院、3座庵、2座庙、2座牌坊和20座古祠、30余幢民居及1条千米古街、5条巷道、2条贯穿村落的水圳组成的、总面积超过7万平方米的建筑群。其中,半数以上的建筑面积超过600平方米,15座超过了1 000平方米,而继述堂、中官厅、务本堂的建筑面积则已经达到7 000平方米。如此宏大的规模,在古代闽西以至于闽粤赣边"客家大本营"地区都是鲜见的。

培田村传统民居建筑多以砖木结构为主,设计构思上秉承"先后有序、主次有别"的传统观念,整体布局尊卑有序,考量周到,配置得体,可与福建永定土楼、广东梅州围拢屋相媲美（吴国平,2003）。在建筑的装饰上集中了各种工艺手法,梁托窗雕鎏金,屏曲、梁扇镂空浮雕,有的图形纹样多达9个层次,其风格独特、格调高雅、工艺精湛。在讲究"三分厅堂七分门庐"之说的培田村,那20座百年古祠的门庐也堪技艺超群,其结构斗拱垒撑,立石柱雕梁,架飞檐翘角;安红门,画彩栋,悬金字牌匾,镂雕窗牖墙屏,刻石柱楹联,绘木壁漆画,富丽堂皇,令人目不暇接。这些都真实地反映了培田村先民独特的审美观和丰富的传统文化底蕴。

（二）培田村传统民居建筑的具体装饰生产

1. 以衍庆堂为代表的明代培田传统民居的建筑装饰

衍庆堂,培田吴氏宗祠,建于明成化丙午年（1486年）,坐落于后龙山虎形山头部山麓,至清乾隆年间扩修为郭隆公祠,始取名"衍庆堂",是全村祭祖、拜神打醮、集会等活动之所,也是培田唯一保存较为完好的明代古建筑。

衍庆堂初建时为普通住宅,取《易经》"积善之家,必有余庆。积不善之家,必有余殃"之意,故宅名为"衍庆堂"。追求"堂宇之崇遂。兰玉之娟秀,觥豆之庶嘉,使人流连忘去"[①]的住屋意境,并由此奠定了其建筑装饰的基本格调。至乾隆壬午年（1762年）春,衍庆堂升格为吴氏祖祠。[②]

现成的衍庆堂建筑布局为五开间两进布局,前厅三开间,开敞明亮,两侧均有房间;经过一个天井后再上一级台阶即可进入正厅（或后厅）,正厅只有一个开间,祀奉着开基吴氏历代祖先牌位。两侧各有房间两个,正厅的后面为一小庭院,设有简易小厨房,是加工祭品的场地。正对着祖祠是一个高约1.15 m、宽约5.16 m的戏台,戏台设有侧台和后台,有小楼梯直通上下,舞台左右有"出将""入相"的上下场门。在祖祠前两侧各设一个凉亭,与祖祠连在一起,作为看戏的地方。凉亭与戏台恰好成为一个等边三角形,当中自然形成一个宽敞的庭院。在建筑装饰上,梁架基本无装饰,仅在悬梁与立柱的交角处镶嵌雀替以作装饰,以菊花为题,采用浅浮雕手法,线条简洁、古拙。与之相比,门及门口的建筑部件则显得复杂很多。门口的敞雨坪,原立两对旌表、四幅石桅杆,阴刻本族进士、举人、秀才各学位功名;明墙"书香绵远";大门前两只石狮威风凛凛地镇守两边。石狮采用了圆雕、透雕、浮雕等技法,在其须弥座四周对称分布着卷

---

① 《至衍庆堂记》。
② 《培田吴氏族谱仁让匾额序》。

草、牡丹、"福"字和扇子图案,反映出培田先民追求幸福生活,祈求平安如意的愿望。在衍庆堂下厅屋檐下,有一对作为"门当"的抱鼓石,左右鼓架雕刻对称,都有蜜蜂浮雕图案,造型生动,寓意深刻,蜜蜂头带官帽,翅膀化作腾云状,寓意飞黄腾达,官运亨通,具有相当高的观赏性和艺术水准。它们与"户对"——门楣上方或门楣两侧的圆柱形木雕或砖雕——形成"门当户对",既能够起到装饰、镇宅的作用,又是宅第主人身份、地位、家境的重要标志。反映了由此所形成的"阴阳组成乾坤,男女谱写人文"的人文思想,在聚族而居中对宗族瓜瓞绵延的展望和追求。

另外,值得一提的是,人门前石狮须弥座四周对称分布着卷草的装饰纹样,可以看出培田村的民居在装饰雕刻技术上对汉唐艺术风格的传承和发展。

2. 以官厅、配虞公祠等为代表的明末清初培田村传统民居的装饰

明末清初,是培田村传统民居发展的重要时期,这一时期吴氏家族人口增多,子弟经商有成,且兴回老家建造住宅,荣光耀祖,建筑多采用四点金、前后两进式的样式,墙体夯筑,内部多用木架结构、木板壁等,同时在隔断上已经开始部分使用青砖筑墙体,或用卵石筑墙体,既美观又结实。建筑的形制在该期也已经逐渐丰富和成熟。大型聚居式建筑有双善堂、溪垅屋等七八幢,围龙屋有寨岭下、学堂下等,还形成了以中轴对称的前堂后楼的"九厅十八井"式住宅。在传统民居建筑的装饰上,将日渐精细的装饰雕刻——木雕、砖雕、石雕等,广泛地运用到建筑的构架和室内的装饰、陈设上;审美上追求强烈的对称感;在装饰雕刻技术上有所突破,技艺精湛,具有很高的审美价值;在装饰题材上,这一时期与明中期相比更加宽泛,各种花草鱼虫、飞禽走兽及吉祥图案被大量应用(周红,2007)。

官厅又称"大屋",是吴氏接待官员、商客的地方。其占地 5 900 平方米,为前堂后阁五进带横屋、中轴对称式布局。始建于明末崇祯年间,至今已有三百多年的历史。官厅门前建有照墙、月塘,正门左右石狮把门,加上"门当户对",气度不凡。门庐设有双重屏风。室内所有梁托、窗雕使用鎏金彩绘,屏风、隔扇都是镂空浮雕,雕工精湛;下厅的鲤鱼雀替是镂空雕刻而成的,又整合了圆雕技法,双面对称;窗棂采用"麒麟""狮吉祥""蛟""猴"等象征吉祥的瑞兽,进行夸张变形的艺术处理,与官厅的功能相对应,表达出"封侯拜相"的良好祈愿。

配虞公祠,作为从吴氏祖祠派分下来的房祠,其辈分、层次要低于祖祠,是专为祭祀该房派先祖而建的。该祠在装饰上最大的特点就是在其梁架上刻有 50 余条龙,造型各异,生动活泼;在表现形式上,不同于明代的龙仅作为独立题材出现,此处出现了复合形体,将龙头与凤尾完美结合在一起;在其梁托的装饰处理上,将梁托雕成"寿"字,并配以双龙缠绕,从而使重要的建筑构件的实用性与象征性完美地结合在一起;在装饰的技巧上,其刀法准确果断,层次丰富,极富艺术表现力。至于在封建礼制森严的背景中,配虞公祠是否能使用"龙"作为装饰图形的表现题材这个问题还有待考证。

3. 以继述堂、济美堂等为代表的清末培田村传统民居的装饰

清中期至民国初年,培田地区商业发达、经济繁荣,由此推动传统民居建筑的兴盛。其中,大型住宅依旧以"九厅十八井"式大住屋为主,期间仅建有一栋围龙屋式住宅。在建构上这个时期已经不再使用夯土墙,一律使用砖木结构,或石、砖、木结构。建筑的质量及品味越来越高,在建筑的装饰上日渐繁复,雕梁画栋,尤其是各种砖制门楼、砖雕、石刻、灰塑、彩绘等规模宏大、华丽异常,且装饰技术娴熟,如此才能够满足其时人们对规模较大的住宅、宽敞的庭院、豪华的装饰的要求。例如,较为典型的继述堂大宅,占地面积就达 6 000 多平方米,耗时几十年才建成,像济美堂、如松堂、双灼堂、敦朴堂等占地面积也在 3 000～5 000 平方米。

继述堂,又称大夫第,是由香火堂升格而成的祠堂。培田村里的继述堂"原为住屋记,非为飨堂记,落成之后,本欲另购飨堂以祀先人"[①]。但房祠由于其他原因而始终未建,先祖的排位只能供奉在住宅的香火堂里。后"于丙午(1846)年八月十七日丑时,将本屋上厅建神橱升主,颜其堂曰'继续'。诚以父继述于组、子继述于父……,无忘继述也"[①]。继述堂始建于清道光年间,规模宏大,历时 11 年,有 18 个厅堂、24 个天井、72 个房间,远远超过了"九井十八厅"的建筑规模,共占地 6 900 平方米。继述堂建构的布局合理,其设计构思秉承"先后有序,主次有别"的传统观念,纵主横次,厅、厢配套,主体、附房分离,将排水、通风、采风、卫生及子孙的发展都纳入规划之中。充分体现出房屋建构上对礼仪的要求和平时居家过日子的使用方便,确实独具匠心,显示了客家人在营造上的聪明才智。在建筑的装饰上,门前一对石狮已完全拟人化,前额饱满,双目传神,笑容可掬,特别是母狮与狮仔嬉戏的神态,和蔼可亲,洋溢着浓浓的亲情和家庭生活气息。门前的对联"水如环带山如笔,家有藏书陇有田"也充分反映了建筑与环境的和谐之美和主人对耕读文化的理想追求。在其屋脊及翼角等处,采用立雕式灰饰(或灰塑),题材主要有鸱吻、阴阳太极、垂鱼、鸱尾、水兽等。在继述堂大门左侧墙上、后门的门楣之上,最别致的灰塑,要属象征着镇恶驱邪的壁上兽——剑狮的图案装饰了,口含利剑的狮首据说能保佑一家老小永远平安。

济美堂,是吴昌同生前建造的七座华堂之一,取《左传·文公(元年～十八年)》"世济其美,不陨其名"之意。建于清嘉庆年间,为三进厅结构,坡顶飞檐高挑,气势恢宏,屋脊陶饰吉祥兽禽,千姿百态。济美堂的装饰十分讲究,尤其以中厅隔扇四块三层的镂空鎏金雕刻,正面是"二十四孝"组图,雕刻技法融合了浅雕、深浮雕、线刻、圆雕、透雕等,人物众多,场景生动,构图完整,层次分明,多达九个层次,人物形象神态各异,栩栩如生;背面有两层,上层是楷书阳雕,雕刻的是《史记》八贤之品德铭文,下层是万字连续纹样。整个雕板构图精巧,气势恢宏,线条流畅,层次清晰,工艺精湛,是中国明清建筑装饰雕刻艺术中不可多得的精品。除此之外在上厅有八片窗棂的漏窗雕刻,同样精彩绝伦,其中包含着"白蛇传""捉放曹""大名府""刘备招亲"等历史典故和民间传说(戴志坚,2001)。同时,济美堂还出现部分雕刻打破传统左右对称的法则,如在下厅跌廊上方的悬梁雕刻,左边刻有象征名扬四海的绵羊和象征马到功成的骏马,而右边刻有寓意三阳开泰的山羊和寓意诸事大吉的猪雕刻。

值得一提的是,作为"九厅十八井"式合院建筑的双灼堂的装饰,它不仅建筑构架最为精湛,是集科技与艺术为一体的培田村传统民居的精品,而且其厅堂的檩头、雀替、窗扇、屏风等部位的装饰都很精细,雕刻的图案惟妙惟肖、含义深刻。尤其是堂前 8 块精美的窗扇上每扇浮雕一个字,连起来为"礼、义、廉、耻、孝、悌、忠、信",突出四维八德,训化以德治家,以德持家。堂下天井以卵石铺就金钱三枚,以喻"三元及第"之美意。这些惟妙惟肖的精雕细刻,客观地反映出这一时期培田村传统民居装饰技术已大大超过前代,达到空前的水平。

---

① 《培田吴氏族谱·继述堂记》

（三）培田村传统民居建筑装饰生产的艺术特征

从培田村传统民居建筑装饰个案可以看出，其装饰图形所展现的艺术风格不仅仅是局限于装饰本身，而是通过建筑装饰手段如木雕、砖雕、石雕，彩绘、漆画等，从更深层次展现出人们对于梅兰竹菊"松鹤"花鸟虫鱼人物典故等能够象征吉祥如意的装饰视觉语言符号的文化内涵的追求，是建筑与艺术完美的融合，有着其独特的艺术风格。下面从其表现的题材内容和象征表达等几个方面进行分析。

在题材内容方面，培田村传统民居建筑装饰图形所表现的题材内容十分广泛，既体现了作为民俗题材内容"图必有意，意必吉祥"的共性特征，又有培田地区自身的特点，按照中国传统民居建筑装饰图形艺术生产的书写内容的划分原则，大致可以分为以下几种类型。

（1）植物花卉题材类型，培田村传统民居中表示吉祥内容的植物种类很多，常见的有岁寒三友松、竹、梅和四君子梅、兰、竹、菊等，其他的如水仙、牡丹、荷花、海棠、桂花、桃花等亦数之不尽。在乐庵公祠的垂帘柱巧妙地雕刻成倒置的莲蓬造型，雕刻浅中有深，莲蓬上的六莲子也一目了然，寓意莲生贵子。素有花王之称的牡丹，是富贵和荣誉的象征，常与其他花卉一起组成图案，如与芙蓉一起，象征"荣华富贵"；与桃花一起，象征"富贵长寿"等，在乐庵公祠、官厅等的梁上都雕有牡丹的图案。

（2）飞禽走兽、鸟虫题材类型，这是培田装饰雕刻中最为常用的图案题材，有龙凤呈祥、麒麟送子、五福（蝙蝠）临门、封侯（猴）拜相、双狮献瑞、马到成功、松鹤延年等，数不胜数，不仅如此，培田雕刻还出现复合形体，如敦朴堂、配虞公祠的横梁将龙头与凤尾结合、济美堂的雀替将龙头与鱼身结合等，让人们有更大的想象空间，表达了人们更美好的祝愿。

（3）抽象的几何纹样题材类型，在培田传统民居中常用的有波纹、回纹、卷云、"万"字纹、太极八卦等。回纹是由古代青铜器上的云雷纹演变而来的，因图形酷似"回"字被称为回纹。培田古民居建筑中的隔扇、窗棂、飞罩等处都能见到以回纹作主要装饰的纹样，数量最多，它盘曲连接，无休无止，象征福寿吉祥，深远绵长。其他纹饰有如官厅下厅雀替的波纹、济美堂隔扇中间层的万字纹以及官厅门前石鼓上的太极八卦图等等。

（4）历史人物题材类型，包括那些在文学典故、戏曲故事、民间传说、日常生活、民俗风情中的历史名人、文学人物和各类神仙形象等，如老子、孟子、李白、苏东坡、八仙等人物形象，常在培田装饰雕刻中被表现出来。这类题材与人们的生活情感十分贴近，表达了人们渴望幸福生活的愿望，同时宣传了封建伦理道德的三纲五常和三从四德的社会伦理观念，从而达到道德教化的目的。

在文化传播方面，培田村的传统民居建筑装饰不仅是一种建筑文化现象，而且具有文化传播的作用。在培田，儒家的观点、思想和主张是重要主题，从村落里众多的楹联镌刻中可以发现培田民众对儒家文化的推崇。例如，济美堂的"孝悌忠信，礼义廉耻"儒家八德，务本堂的"行仁义事，存忠孝心"，中正祠的"立修齐志，读圣贤书"等。佛教和道教对培田装饰雕刻的影响主要是符号的借用和造像模式风格的借鉴。官厅中厅悬梁的佛门八如意，继述堂中厅石柱础中的暗八仙，门前石狮头顶刻有太极图等。因此，可以说通过将培田客家人的民俗生活、理想追求、文化内涵等与装饰的视觉图形相结合的建筑装饰，真实地反映了在传统社会，培田普通民众的丰富思想感情和精神寄托。

在美学价值上,培田村传统民居建筑的装饰是功能与形式的完美结合。那些装饰于培田传统民居建筑部件上的装饰视觉图形,通过具体生动的视觉艺术形象,将"礼、义、廉、耻、孝、悌、忠、信""白蛇传""捉放曹""大名府""刘备招亲""松鹤延年""玉棠富贵""福星高照""长宜子孙""瓜瓞绵绵"等具有丰富传统文化内涵的表达内容,以美的视觉形式表现出来。在功能上,不仅体现了它所具有审美的教化力量,而且造就了装饰图形艺术情趣的表达,从而使装饰图形在培田村的传统建筑艺术中扮演着重要的人文角色,使培田的传统民居建筑充溢着浓郁的民俗气息和人文氛围,并以此为载体传递它独有的艺术魅力。

总的说来,培田村传统民居装饰图形的艺术生产,不仅一种物质生产的活动,而且是一种具有满足人们精神需求的艺术生产活动。它的生产、过程、结果有着与其他一切人类活动不同的规律和特点,是一种创造性的艺术劳动。作为一种特殊的艺术生产活动,它要受到特定的历史时期、特定的经济条件的制约。因此,在从纵向历时的角度探究其恒定的本质规定和从横向共时的角度探究其受制约的变易的特性的纵横交叉坐标中,考察培田村传统民居装饰图形在明清发展的三个历史时期,不难发现,三个时期的培田村传统建筑装饰图形艺术生产之间是相互联系、互为因果的。无论是以衍庆堂为代表的明代对称、素雅的不饰雕琢,还是以官厅为代表的中期装饰题材、技艺和审美特征的突破,抑或晚清装饰的反复与华丽等,都客观地反映了培田村普通民众对幸福生活的追求和崇尚高雅的审美情趣文化内涵。就其艺术成就而言,在某种程度上,它代表了明清时期中国传统民居建筑装饰鲜明的闽南地域性特色。

第六章

中国传统民居装饰图形的艺术接受

　　中国传统民居装饰是在满足建筑使用功能前提下,进行艺术创造的实践活动。它依据传统民居建筑实体或构件进行艺术设计,实现补充、完善、保护建筑及主体构件的物理功能,使用功能,同时,又以它独有的艺术语言展现出中国传统民居建筑装饰的审美功能、营造出传统民居建筑人文诗意的传统文化氛围。

　　中国传统民居装饰图形,作为中国传统文化的结晶,蕴涵着丰富的文化形态和深厚的哲学思想。它不仅将中华民族以儒、道、释为核心的中正雄健、宽宏包容、浑厚博大的阳刚气息包含其中,而且兼容自然质朴、空灵阴柔、共生共荣的美学品格,在千百年来的发展历程中绵延不衰,历久弥坚。因此,在艺术传播中,中国传统民居装饰图形所形成的艺术感召力与传统文化融为一体,彰显出传统民居建筑美化与精神表达的双重魅力,成就了中国传统民居建筑装饰鲜明的艺术特征。

　　从艺术接受的角度来看,中国传统民居装饰图形的艺术接受是包括审美接受在内的各种信息的总和。它是传统民居装饰图形消费应用、审美认知、意义诠释、价值得以实现的根本途径,也是其艺术传播活动的最后环节和目的所在。具体表现为以视觉经验所主导的视觉审美接受。视觉经验包括文化、哲学、审美、心理、社会经验等各个方面,并会因为接受个体的差异而影响艺术接受。

第一节　中国传统的接受观

　　中国传统的视觉接受是建立在中国传统文化基础上的视觉信息接受的实践行为。"中国传统民居作为中国传统建筑的一个重要类型,凝聚了中华先民的生存智慧和创造才能,形象地传达出中国传统文化的深厚意蕴,从一个侧面相当直观地表现了中国传统文化的价值体系、民族心理、思维方式和审美理想。可以说,中国传统民居是中国传统文化的载体和有机组成部分"(陆元鼎,2003)。传统民居装饰图形的艺术传播,是在中国传统民居建筑媒介中得以完成实现的。毫无疑问,以视觉经验为主导的中国传统民居装饰图形视觉审美接受,有着中国特色鲜明的、丰富的信息接受形态和信息接受观。

一、中国传统视觉信息接受的特点

　　在中国传统民居装饰图形的传播过程中,受众占有极其重要的位置。在对受众的研究中发现,艺术传播的对象或者视觉信息的接受者,通常呈现出比较复杂的结构特征。有时,从营造的角度,他可能是民居建筑的委托者,对建筑及其装饰有特殊的、详细的构造要求和规定,但具体的装饰实践中他往往又不是直接的实施者,因而会导致他在装饰图形建筑过程中图形传播与接受的双重身份;有时,接受者也可能是作为不特定的社会某一阶层或者群体的普通者,仅仅只是在传统民居建筑这个特定的媒介空间中,以观看的方式,进行艺术信息的接受和交流。但无论他们以什么方式参与到艺术传播过程中,他们都是艺术接受的一员。

在中国传统社会,人们对住宅装饰的目的有两方面,一方面是为了满足功能,装饰依附于建筑实体和构建,对它们起到保护作用;另一方面就是审美意蕴,它充分利用我国传统的象征、寓意等艺术手法,通过装饰图形的视觉艺术符号,将中国传统文化的哲学观念、价值体系、民族心理、思维方式和审美理想表达出来。也就是说,人们接触和使用传统装饰图形的目的均是基于自身和目的的需要,包括传统文化信息的需求,审美、娱乐的需求,社会关系地位确立的需求,以及心理和精神满足的需求等。一句话,中国传统民居的装饰就是以对中国传统社会受众需求的"使用与满足"①为目的的行为。它表明,在中国传统社会中,艺术传播并非仅仅是以传播者为中心的,受众在艺术传播中的能动作用及其意义也不能被看轻,受众也是艺术传播的动力。而非被动的、无知、毫无自觉意识的"乌合之众"。

在中国传统文化的许多典籍中,用来记载和描述视觉信息接受的词汇很多。主要包括"观""看""见""视""睹""望""顾""瞻""察"等。其中,"观"最能反映和揭示中国传统社会受众视觉信息接受的精神状态及操作特点。它在使用过程中具有丰富而深刻的言语表现力,"观"的本义、借代、通用及引申义的意义承载,体现了在中国传统社会,视觉信息在传播、分析、认识和接受方面高超的东方智慧,因此,以"观"为代表的有关传统文化视觉接受的文献分析,有助于探究中国传统视觉信息接受的特点。

(一)视觉信息接受的整体性

在中国传统社会,中国传统民居装饰图形的形成,是人们意识形态和文化建构的产物。在"观"看方式的视觉信息接受中,观看对象之视觉图形符号所呈现的艺术形式、情感及信息意义等,是中国传统社会中人的主观意识参与的结果,在艺术传播的视角,这些结果,即由视觉图形符号建构的艺术作品的内在价值、审美意蕴,最终实现的根本途径在于艺术接受,它是艺术传播活动的终点。因而,观看就成为在艺术接受过程中,受众基于如"中国传统民居装饰图形"这样的视觉对象的审美认知、诠释和能动创造的接受方式,也是与艺术作品的创造者的精神交流和对话的接受方式。这种方式是处在中国传统文化的背景中,由于受中国古代哲学追求与宇宙统一和谐思想的影响,视觉信息接受呈现整体性的特点。

首先,为了保证视觉信息接受的及时性和完整性,古人非常强调在接受信息的时候,要从

---

① 使用与满足理论是站在受众的立场上,通过分析受众对媒介的使用动机和获得需求满足来考察大众传播给人类带来的心理和行为上的效用。同传统的讯息如何作用受众的思路不同,它强调受众的作用,突出受众的地位。该理论认为受众通过对媒介的积极使用,从而制约着媒介传播的过程,并指出使用媒介完全基于个人的需求和愿望。

1974 年 E.卡茨在其著作《个人对大众传播的使用》中首先提出该理论,他将媒介接触行为概括为一个"社会因素+心理因素—媒介期待—媒介接触—需求满足"的因果连锁过程,提出了"使用与满足"过程的基本模式。简单来说,"使用与满足"是一种受众行为理论,该理论认为受众基于特定的需求动机来接触媒介,从中得到满足。由于人类需求与行为的复杂性和媒介环境的不断变化,使用与满足这一开放性的理论也不断地深入发展完善。

统一、整体的角度去观看、审视视觉所观看的对象。《周易·系辞上》说："圣人有以见天下之动,而观其会通。"所谓"观其会通",魏晋玄学大家王弼从整体、联系的、统一的角度,将其注解为"异而知其类,睽而知其通"。这种视觉信息接受的整体性要求,刘熙载在绘画艺术的欣赏和接受方面,描述得更为具体:"观晋人字画,可见晋人之风猷;观唐人书踪,可见唐人的典则"(刘熙载,1978)。以"观"之方式的信息接受的整体要求,还体现在"凡观书,不可以相类泥其义,不尔,则字字相梗,当观其文势上下之意。如充实之谓美与《诗》之美不同"(程颢 等,1981)。在中国传统文化典籍中,有关这样的记载不胜枚举,对这些文献的分析发现,在视觉信息接受过程中,接受信息要从统一、整体出发,由浅入深、由表及里,才能避免在信息接受中为烦絮、杂乱的现象所困扰,以获得全面的信息接收,完成审美认知和艺术接受。

其次,视觉信息接受的整体性表现为传播与接受之间的相互联系。视觉"观看世界被证明是外部客观事物本身的性质与观看主体之间的相互作用"(阿恩海姆,1998),而非孤立、片面的。所谓"观听不参,则诚不闻",意味着"观"不等同于粗略地看,而是联系的,信息接受是思维的方式(邵培仁,2004)。视觉信息的接受往往伴随视觉思维的发生,"在中国传统哲学中占主导地位的思维方式,以重和谐、重整体、重直觉、重关系、重实用为特色"(张岱年 等,1990)。因此,在传统民居装饰图形的艺术接受中,观看不是单向的、被动的信息接受,表现为审美接受主体的创造性实践活动。视觉信息接受的"这种过程,实际上是一种把知觉特征与刺激材料所暗示出的结构相对照的过程,而不是一种接受原材料本身的过程"(鲁宾斯坦,1963)。如果只是停留在"接受原材料本身的过程"上,视觉信息的接受就失去了其存在的价值。

（二）视觉信息接受的审美理性

以观看方式的视觉信息接受,不是简单的感性接受,还表现出中国传统社会人们视觉接受实践活动的和谐和审美理性。中国传统哲学讲求的"中庸"或者"天人合一"的观点,在中国传统的审美文化中,成为视觉信息审美接受的理性尺度。

1. 视觉信息接受表现为审美理性的认识

在视觉接受的信息中,审美对象,如中国传统民居装饰图形,不仅具有可以视觉感知的感性的视觉形式、生动可感的艺术形象,而且有其内在的本质内容。因此,基于审美理性认识的思维活动,有益于视觉信息接受过程中,深刻地认识美的内在本质、内容及意义。下面从三个方面具体分析。

第一,"观"作为中国传统审美方式的基型,是主客体之间建立审美联系的特殊方式。

在众多有关审美意味的"观"的典籍记载中,其中"观物取象"最有典型意义。有关"观"最早的文献记载可以追溯到《周易》。在《周易》中,观卦是重要的卦象,就字义而言,包含观示、观察、观视等,是与视觉有关的直接感知。"物大然后可以观,故受之以观。"(《周易·序卦传》)这句话就表明"观"可以作为视觉信息接受的方式,而且还说明视觉信息接受的条件,也就是说要将通义展示于众人之前,众人必然有对自己瞻仰的道理。这种"道理"与传达人类社会意义的符号之"约定俗成"相比较,二者之间有着惊人的相似之处。

在《周易》中,"象"通常被看成对客观现实事物的一种模仿与反映。例如,《系辞》中说:"是故《易》者,象也,象也是,像也。"实际上,"象"不仅仅是对客观事物表层形象简单的反映与模仿,也是视觉所捕捉到的具有象征意义的物象或者说审美对象。同时,也是对视觉对象深层蕴含的符号化表现。

在"观"与"象"的问题上,"观"是视觉感知、认知的方式,"象"则是"观"的对象,也是结果。关于"象",李哲厚、刘纲纪是这样认为的:"《周易》所说的'象',虽非艺术形象,却同艺术形象相通。其所以如此,当然不是出于什么巧合,而是因为《周易》中大约始于殷商的各个卦象,经过《传》的阐释发挥,已不只是为了定凶吉而已,而且成为整个宇宙万物、人类社会的象征,俨然成为一种解释世界的模式了,而《传》的作者们既然企图用殷周遗存下来的卦象来解释自然和人类社会,特别是解释奴隶主阶级理想中的文明社会,他们就不可能把'文'或美的问题撇开不管,因而使得《周易》所说的'象'既包含着对现实事物的模仿,同时又有美的因素,涉及了自然和社会中美的事物。这样,《周易》所说的'象'就不只是卦象,而同时具有美学的意义了。"(李哲厚 等,1984)因而,"象"作为解释世界的模式,观物就成为取象的基础,取象也就成为观物的结果,也是观物的意义所在和对意义的深化。如果只观物不取象,这种"观"便只是一种视觉的直觉感知,而缺乏美学意味。就此,《周易》实际上已经提出关于"象"与"言"和"意"的关系问题,并将"象"作为表达"圣人之意"的最为重要的因素。《周易·系辞》:"子曰:'书不尽言,言不尽意。'然则圣人之意,其不可见乎子曰:圣人立象以尽意,设卦以尽情伪,系辞焉以尽其言,变而通之以尽利,鼓之舞之以尽神。""言、意、象"三者的这种关系,王弼认为:"夫象者,出意者也;言者,命象者也。尽意莫若象,尽象莫若言。言生于象,故可寻言以观象;象生于意,故可寻象以观意。意以象尽,象以言著。故言者所以明象,得象而忘言;象者,所以存意,得意而忘象。"(《周易略例·明象》)王弼上述言论清晰地表明了言、意、象三者的有机联系。

在视觉信息的传播与接受中,在从言到象,再从象到意的过程中,"观"是它们得以联系的必要中间环节。"观物取象""立象以尽意"的信息接受经过"观""观象""观意"三个阶段的有序递进,通过"观微"可以"知著","观过"可以"知仁"。也就是说,只有在"观物""取象"之后,才能达到"尽意"的目的。这些说明了"尽意"的获得离不开"观"的直觉感知。通过"观",人们就能够贴近社会本身的状态,去体会细微的情感变化,以领会到"象"所包含的丰富的、真正的象征意义。因而,可以说"观"是融感性与理性于一体的信息接受方式,是审美理性认识,是有目的的、有序的、循序渐进的接受行为。

第二,观看的审美理性认识是艺术真实性的反映。"观看,可以说是人类最自然最常见的行为。但它并非是最简单的。观看实际上是一种异常复杂的文化行为。看,不是一个被动的过程,而是主动发现的过程"(孟建,2002),也是一种求真过程。也就是说,在认识和把握世界的时候,人们在很大程度上要依赖视觉,视觉审美的理性认识也不例外。

在中国古代,关于文艺的功能,孔子在《论语·阳货》中讲得非常全面:"小子何莫学夫诗?诗可以兴、可以观、可以群、可以怨;迩之事父,远之事君;多识与鸟兽草虫之名。"(霍松林,1986)"兴观群怨"虽然直接言说的对象是《诗经》,但对整个文学艺术都有意义,即对本书探讨的视觉信息接受过程中,审美理性认识的真实性问题也有意义。其中,"观"的含义,郑玄注"观风俗之盛衰",朱熹则注"考见得失"。表明诗歌具有一定的真实地反映和认识现实的功能,人们通过对诗歌的欣赏接受而得到对现实生活的观察和判定,同时也是作者主观感情的抒发。因而,以"观"为特征的直觉理性接受,也就成为艺术真实性的解读方式。也就能够理解郭绍虞先生对"观"定义:"什么叫'观'?诗可以真实地反映现实生活,在诗里可以'考见得失'(朱

注)、'观风俗之盛衰'(郑玄注),使人更正确地理解和认识人类社会的现实生活。"(郭绍虞,1959)当然,以"观"的方式,对视觉信息接受的真实性内涵是不能完全包括的,还需结合"兴观群怨"诗教理论,从整体出发,考虑艺术的审美特征、文艺心理、艺术功能和社会教化等因素,以获得视觉信息接受的"博观""善观""统观""实察"的现实关照。

第三,观看的审美理性认识是建立在一定限度的审美认知尺度下的接受行为。从视觉文本讯息的实际出发,在视觉信息接受中,接受的理性尺度包括明确的目的,观看优雅,老成持重及意义解读的共同约定等。的确,视觉文本通常都有着非常丰富的信息和思想内涵,但观看的解读却不能无止无尽,不能带有预先的成见,更不能穿凿附会。如果"看文字先有意见,恐只是私意",将导致信息接受的随意解读,"谓如粗厉者观书,必以勇果强毅为主;柔善者观书,必以慈祥宽厚为主,书中何所不有"(朱熹,2002)。南宋词人刘克庄也认为:"先贤平易以观诗,不晓尖新与崛奇。若以后儒穿凿说,占人字字总堪疑。"(《答惠州曾使君韵》)这些都说明了审美理性认识尺度的重要。再从构成视觉文本的符号任意性来看,这种审美理性认识的限度也是必需的。任意性是符号最本质的特征,这里的本质是指除去次要的和现象后的最重要的和实质性的东西。因为,从功能上讲,视觉符号是人们传达意义的工具,必须是约定俗成的。即使某些符号的能指与所指有理据性和相似性,这些符号的使用也必须得到交流双方的认可。

例如,在中国传统民居装饰图形的视觉信息接受中,构成装饰图形的视觉符号——传播符号,都是以关系为基础的,只有在其能指和所指所连接的关系中,视觉信息的接受才成为可能。这里,关系使装饰图形符号具有了"共享性和共同性",即为中华民族文化群体共同所有的符号意指。它构成传统民居装饰图形审美理性认识的尺度。在中国传统民居装饰图形中,鱼是经常被用来进行装饰的题材之一,在装饰中,鱼的实体功能已经退出,被赋予了在中华民族文化群体中共同认可的意义"年年有余(鱼)",成为非语言的视觉传播符号,通过它,人们能够将自己追求富裕的愿望、理想准确地表达出来,实现视觉信息的传播交流。但离开中华民族文化群体的范围,鱼所具有的符号的特殊意义就不可能被其他文化群体的人们所理解、所接受。值得一提,这种"共享性和共同性"是在历史的积累中形成的,也是时势的产物。它在历史的进程中,发展成为中华民族文化背景下,所有成员所能共同感受的审美认知和视觉经验,并在共同遵守的约定俗成中被认可。作为审美理性认识的尺度,它也就成为中国传统民居装饰图形符号能指和所指关系确认的前提。所以说,任何超越视觉文本客观内容和价值方向的信息接受是不可以的。离开了这个限度,接受到的视觉文本信息及对文本的解释,都会偏离视觉文本信息的本义,造成视觉符号意义不确定的疑惧,成为"泛"意义化的解读,影响视觉信息的接受,损害视觉文本的审美价值。

2. 视觉信息接受的审美理性是直觉理性

它不同于逻辑认识中的理性认识。逻辑中的理性认识是从大量的感性认识中抽象出来的概念、判断和推理,它排斥一切感性认识的因素。视觉信息接受的审美理性认识,并不排斥视觉对视觉对象的感知,它存在于知觉、表象等感性的认识之中,存在于审美对象的感性形象的品评的体验之中,即视觉经验,是感性与理性认识的中和、统一的理性直觉。

源自视觉经验的理性直觉,现代西方图像学研究与中国传统的"观"有着许多相同的地方,尤其是在"艺术意志"①方面。例如,帕诺夫斯基的图像学分析方法就是这种理性认识的最好典范。针对一幅视觉艺术作品文本的分析,他认为应该从历史、时代等外界现实对艺术作品表达的主体、所包含的信息进行三个层次的诠释。第一,是初级和自然主题。在这一个层次中,观看、视觉接受者最先欣赏到的是画面上线条和色彩的组合配置,这只与视觉形式有关,不涉及主题和内容,是视觉对视觉对象的感知。第二,是中级或理性主题(或惯例),这是在第一层次基础上的进一步深入。视觉接受依赖于之前形成的艺术形象象征的意义约定或者表达惯例,实现画面中存在的意义的传递。在这一层,意义传递过程的关键是艺术作品中,组成艺术形象的视觉符号语言诸如点、线、面、色彩等造型要素的质料介质特征,以及表达的艺术风格所起的作用。是视觉信息接受的理性认识。第三,是内在意义或内容。在这一层次视觉的接受、图像的诠释"揭示了一个民族、一个时期、一个阶级、一种宗教和哲学流派之基本观点的根本原则"(沃克 等,2004),即艺术作品被视为艺术家及一个时代文化和文明的综合反映。将帕诺夫斯基的诠释与《系辞》中"古者包牺氏之王天下也,仰则观象于天,俯则观法于地,观鸟兽之文与地之宜,近取诸身,远取诸物,于是始作八卦,以通神明之德,以类万物之情"这段话进行比较时,不难发现,以"观物取象"的典型的传统审美关照方式,是在阐明观照与意象创造之间密切关系的上智慧。

中国传统审美"观"看的理性直觉观,涉及中国传统美学史的许多重要范畴和文献资料。除"观物取象"外,"味""道""澄怀观道""涤除玄鉴"等,都能体现"观"在传统审美活动中,作为视觉信息接受的审美的理性直觉,而今,能为学术界和艺术领域所广泛应用。所以说,"观"的理性直觉决定了它不同于一般的感性观看与观察,它是视觉信息接受主体进入一定的审美情景后,以内在的理性直觉对观看对象的欣赏和晤对,是在感性信息接受基础上,视觉信息接受主体以特有的理性将"观"看对象审美意象化,是心灵与审美对象"情""意"的交流。这与以主体情感意向为基本定式的中国传统思维相对应,通过"观"照自身,反"观"本心的体验方式,整体地、直觉地把握所观看事物的意义,获得精神的自由和自我的评价。是故"瞻万物而思纷"(陆机:《文赋》)、"登山则情满于山,观海则意溢于海"(刘勰:《文心雕龙·神思》)、"采菊东篱下,悠然见南山"(陶渊明:《饮酒》),无论哪种形式的观看,都离不开视觉经验的理性直觉。

3. 由技术水平的提高带来的审美理性的变化也不容小视

纵观传统民居装饰图形在中国的发展历史,不难发现,艺术生产技术水平的提高为艺术生产带来新的手段和表现空间,很简单的例子,如果没有锯、斧、刨等工具的革新,传统民居建筑木作装饰——木雕等装饰就不会得到如此广泛的应用,形成传统民居建筑装饰的经典。当然,不排除技术水平的提高对原有艺术形式以及审美固有法则的冲击。审美接受也不例外。可以说,技术水平的提高带来了传统民居装饰图形艺术形式上、审美观念上、思想文化上的许多变

---

① 艺术意志是西方艺术学奠基人之一李格尔提出的一个著名的概念,是他为反对那种以材料与技术作为决定因素来解释艺术风格变迁的"物质主义"观点提出来的,以此强调艺术作品是人类自由的、富于创造性的艺术活动的产物。"图像学"研究的先驱帕诺夫斯基改造并利用这一概念,认为"艺术意志"应被理解为艺术作品的一种构成性原理,也是将杂多的艺术现象统一起来的一种内在意义。从此"艺术意志"的概念便不再是单纯心理学意义上的概念,它变成了艺术科学的先验概念,成为阐释一幅画或一座建筑的一个绝对视点;它赋予了一件作品或一个时期艺术的内在统一性,而这统一性的概念,与科学判断中的因果性概念是相对应的,是理性的。

迁,但源自中国传统文化的视觉信息接受的高度理性,消解了继承与创新方面的种种矛盾冲突。

因此,在观看的视角,传统民居装饰图形将审美视觉愉悦接受的实践,在一定程度上,帮助形成了审美主体的审美自主观点;展示了装饰被利用于传统民居建筑的华丽与尊严;在传统社会、文化领域,装饰促进了社会群体审美素养的培育,使得装饰在不断增长的民俗需求中,形成对传统装饰图形审美共同快乐、普遍追求的理性,并起到了实现以文化为中心的传统文化自我建构的作用。

(三) 视觉信息接受的人文自觉性

在中国传统社会,以"观物取象"的象征性和直觉体悟的直观性为特征的传统思维方式,决定了审美主体在对客体的认识方面,注重直觉体悟而非明晰的逻辑把握,无论儒家的道德直觉抑或是道、释的宗教直觉,都主张直觉地去把握宇宙人生的全部真谛;"观物取象"的象征性思维是通过直观表象或具体事物,去表现一些抽象的概念、思想感情的一种思维形式。它在传统民居装饰和建筑文化中存在着,并且在发展中逐渐形成中国传统视觉信息接受的人文自觉。

首先,作为人视觉感知的"观"本身带有自觉地看、仔细地看的意味,是对观看对象的主动接受的行为。所谓:"观,谛视也"(《说文》)、"观,视也"(《广雅·释诂一》)均有此意。作为主动接受的观看,仅仅只是仔细还不够,还需要"仰则观象于天,俯则观法于地"(《易·系辞下》),灵活地依据被观看的对象进行辨证的观看。在对艺术的接受方面,我国古代著名的文学理论家刘勰对观看提出了更高的要求:"是以将阅文情,先标六观:一观位体,二观置辞,三观通变,四观奇正,五观事义,六观宫商。斯术既形,则优劣见矣。"(刘勰,1958)也就是说,在艺术欣赏、审美接受过程中,不仅要注重对象的组织结构、文辞、继承革新,而且要注意观看的时候驭奇执正、明辨事义的能动接受心态。

其次,在传统民居装饰图形的艺术接受过程中,受众有着传统民居装饰图形进行住宅装饰的社会心理要求,而且在建筑媒介空间中,采纳什么样的图形样式进行装饰,受众往往有着自己绝对的话语权力,最重要的是在传统民居的装饰活动中,受众能够通过观看装饰图形而获得审美的享受和艺术的熏陶。上述的这些现象与 20 世纪 70 年代在传播学领域出现的"使用与满足"基本吻合。由此说明,在中国传统社会,由受众的心理动机与心理需求的主动性所决定的视觉信息接受的自觉性是存在的。

下面以传统民居建筑门的装饰为例来分析视觉信息接受的人文自觉性。

在中国传统社会,门神信仰由来已久。门神源于远古时期的庶物崇拜,殷代天子祭五祀,门既为其一;周代祭五祀于宫"门"。门神,传说是能捉鬼的神荼、郁垒。(南朝梁)宗懔《荆楚岁时记》中记载:正月一日,"造桃板着户,谓之仙木,绘二神贴户左右,左神荼,右郁垒,俗谓门神"。后来,随着社会的发展和人们意识形态的变化,受众对门神的装饰图案的形式和内容不仅限于满足"神荼""郁垒"这两个形象,东汉时期的姚期、马武,唐代的钟馗、秦琼和尉迟恭,宋代的抗金英雄岳飞、韩世忠等人物都成为门神所表现的题材。至明代,在以武官形象为主的武门神的武士像上经常被添画"鹿、蝠、喜、爵、宝、马、瓶、鞍"等内容,并逐渐演化为专为祈福而用的门神类型,中心人物为赐福天官。也有刘海戏金蟾、招财童子小财神。供奉、张贴者的家庭多为商界人物,希望从祈福门神那儿得到功名利禄、爵鹿蝠喜、宝马瓶鞍,皆取其各、以迎祥址。

文门神则演变为一些身着朝服的文官,如天官、仙童、刘海蟾、送子娘娘等。如此样式众多的、艺术特色鲜明的、具有中国传统文化意味的门神的形成,充分说明在传统民居装饰图形的艺术传播中,在求吉心理和审美心理的作用下,受众将门神为观物取象的意义由原来的辟邪免灾扩散到功名利禄、福禄双全等更为广阔的理性追求、在装饰图形的题材、造型及样式上表现出审美接受的能动自觉。

二、"观、味、悟、知"等——中国传统审美信息接受的具体形式

中国传统审美信息接受是包含"观"看方式在内的"观""味""知""悟"的完整审美体验过程。它们作为中国传统审美关照的方式,是既感性又超越感性,非理性又超越理性的直觉,融感性与理性于一体的审美直觉是它们共同的特点,揭示了中国审美在认识和信息接受层面所体现的整体真实的特色和规律。

"味"是中国传统美学中颇具特色的美学范畴,是关于美的本质的不带价值倾向的客观认识。"味"源于饮食之味,但又非味觉本身,味在这里只是一个象喻,以此来表达中国传统审美信息接受的过程、特征和标准。老子是最早从信息接受的视角使用"味"这一概念的。《老子·第六十三章》中载:"为无为,事无事,味无味。"这里的"无味"是强调"道"之"无味"。"乐与饵,过客止。道之出口,淡乎其无味。"(《老子·第三十五章》)"无味"作为一个规定性,以"乐与饵"比拟"道之味"。显然《老子》的"味"不同于"子在齐闻《韶》,三月不知肉味"(杨伯峻,1980)那种感官的味,突出了接受信息内容所具有的能使味觉和心理得到某种享受的特性,因而也就具有了审美的色彩。

"味"作为受众审美接受信息的方式,有着其特殊的规律。"味无味"前一"味",包含在通过感官(视觉、味觉、听觉等)信息接受活动中,探求、辨别、咀嚼、品尝、欣赏的过程。"之所以用味来比喻审美,是强调审美的体验性;的确,在所有的感觉器官中,味觉是最富有体验性的了,它的感受最为细腻、微妙,也最多个体的、主观的意味。"(陈望衡,2003)所以,"文必丽以好,言必辩以巧,言了于耳,则事味于心"(王充,1974)。"味"的行为,才能体会"在艺术品的审美鉴赏活动中,审美主体所体验到的味觉快感相通或相似的那种可意会而难以言传的审美感受"(李泽厚:《美学百科全书》),才能使内容不再是感官刺激的味道,而是感官对象精神性的信息。

"知""观""味"都是体验性的审美信息接受,"知"则表现为更深层次、更高境界的审美信息接受。《荀子·儒效》:"见之不若知之,知之不若行之。"说明了"见"与"知"在信息接受的程度和状态上的差异。"见"反映的是观看到的信息接受的初始状态,是在视觉信息接受过程中,对视觉对象的关注和辨认;"知"则表现为视觉信息接受后的状态,是理解和体悟的结果。为保证信息接受的准确和完整,古人认为,"圆照之象,务先博观"和"披文以入情,沿波讨源"(刘勰,1958),是获得视觉审美信息接受"知"的科学办法。

"悟",是源于禅宗的一个审美方式。东汉许慎《说文》:"悟,觉也,从心,吾声。"禅宗认为:"然则玄道在于妙悟,妙悟在于即真,即真则有无齐观,齐观则彼己莫二,所以天地与我同根,万物与我一体。"(《肇论·涅槃无名论》)可见,"悟"和"妙悟"是一个"渐修"与"顿悟"的过程。

禅宗主张人通过自身的内省去体悟与把握佛教的真谛,以实现对"真如佛性"的顿悟。在佛教术语中,"悟"又可称为"极照"或"湛然常照"。是故,"悟"的直觉体悟方式为传统审美提供

可以借鉴的范式。尤其是在宋代,禅宗的高度发展加深了诗、禅之间的紧密联系。"学禅必悟禅境,学诗须悟诗境"(敏泽,2007),借用禅宗"悟"的理论与方法来阐释诗歌之学,在宋代形成"以禅喻诗"的蔚为壮观的浪潮。严羽的《沧浪诗话》为典型代表,他认为:"大抵禅道唯在妙悟,诗道亦在妙悟。"在他看来:"然悟有深浅,有分限,有透彻之悟,但也有一知半解之悟。汉、魏尚矣,不假悟也。谢灵运至盛唐诸公,透彻之悟也。"文献资料表明,其"透彻之悟"并非绝对排除理性的逻辑思维,在诗学的体悟中包含着"用文字创造出的特殊艺术符号,使读者产生超越文字表层的意义的审美表象"(张晶,2001)。所以,"悟"是理性、感性一体的整体的直觉妙悟,对其他形式的艺术审美会产生重要影响。

最后,通过"观""味""知""悟"的审美过程获得视觉审美对象的"言外之意"。

故以"意"为美的观看,是在中国传统社会,对美本质状态的价值界定。寄托了人们对审美追求的理想。即在观看中以象征的表达方式追求审美的体验滋味,这种体验的滋味,在中国传统美学看来,不是事物自身的形质,而是事物所寓含、所象征的人化精神,这种精神一方面表现为审美主体在接受过程中,个人情感、直觉、意念的即时投射。"情以物兴,故义必明雅;物以情观,故辞必巧丽。"(刘勰:《文心雕龙·诠赋》)"有我之境,以我观物,故物皆着我之色彩。无我之境,以物观物,故不知何者为我,何者为物。"(王国维:《人间词话》)这些均是在传统的视觉审美中,视觉信息审美接受经验的经典写照。在艺术创造上,"意存笔先,画尽意在"(张彦远:《历代名画记》)的艺术编码也为视觉信息审美接受奠定了良好的基础。另一方面,也可表现为客观化了的主体精神,在中国传统文化中,由于受社会、伦理、文化规定性的影响,审美接受主体在规定的约定俗成的前提下的意义解读。也就是说,客观化了的主体精神已经成为视觉符号语言的所指,如传统民居装饰图形中的"梅、兰、菊、竹"的象征寓意,因吻合儒家的"君子"之德,而受到文人雅士的普遍喜爱。因此,源于人化自然美的观看的意义,就成为艺术之美之人的本质对象化。"诗"者"言志","画"者"写意"。展现中国传统"有意即味"审美本质。

中国传统审美信息接受的诸多方式的关系是整体的、联系的。恩格斯在关于各种感觉的性质及其相互作用问题上,作过如下论述:"我们的不同的感官可以给我们提供在质上绝对不同的印象。因此,我们靠着视觉、听觉、嗅觉、味觉和触觉而体会到的属性是绝对不同的。"(中共中央 马克思 恩格斯 列宁 斯大林 著作编译局,1972d)但这些源于人体感觉器官的感觉不是孤立的、绝对的,而是相互补充、相互渗透、相互作用的。对此,他强调:"视觉和听觉二者所感知的都是波动的。触觉和视觉是如此的相互补充,以致我们往往可以根据某物的外形来预言它在触觉上的性质。"因此,在整体的、联系的基础上,中国传统审美信息接受,可以获得完整的审美认识和审美的美感享受。

第二节　中国传统民居装饰图形的视觉接受

中国传统民居装饰图形是诉诸受众视觉感受视觉形式,是视觉语言。作为非语言的视觉传播,它有自己特有的、能被人们理解的表情达意的方法。在人类发展历史上,"图形"是最为核心、最为悠久且最为重要的传递和留存信息的手段,尤其是在人类创造出成熟的文字之前。传统民居装饰图形也不例外,它是中国传统社会人们生活和思想观念图形化的表现,是构成中国传统文化的重要组成部分。

一、中国传统民居装饰图形视觉形式的接受原理

中国传统民居装饰图形产生和装饰的目的,是在满足传统民居建筑物理的功能意义基础上,通过直接再现或者象征表达的语言,在传统民居装饰图形的物质形态中,发挥装饰的审美意识和装饰图形形式的艺术自觉,在装饰中创造出完美的艺术形式,编入丰富的内在意蕴信息,并为广大的受众群体所接受。

毫无疑问,在人类交流传播的历史上,中国传统民居装饰图形视觉形式的发生和接受可以追溯到很久远的年代。同语言文字相比较,其发生与接受有着更为广泛的空间。所谓"文义有深浅,而图画则尽人可阅,纪事有真伪,而图画则赤裸裸表出,盖图画先于文字,为人类天然爱好之物。虽村夫稚子,亦能引起兴趣而加以粗浅品评"(戈公振,1995),清楚地说明了这一点。

(一)中国传统民居装饰图形视觉形式的发生

在学术研究上,随着学术研究对象和文化视野以及价值观的拓展,从视觉艺术形式发生的角度来看装饰,存在着多种认识。

劳动、实践说认为,从根本上讲,装饰图形视觉形式的发生和接受植根于人类早期的物质和精神活动以及社会生活的诸多领域。装饰的基础还在于"食必常饱,然后求美;衣必常暖,然后求丽"(《说苑》)。也就是说:"人们首先必须吃、喝、住、穿,然后才能从事政治、科学、艺术、宗教等;直接的物质的生活资料的生产,以一个民族或一个时代的一定的经济发展阶段作为基础,人们的国家制度、法的观点、艺术乃至宗教观念,就是从这个基础上发展起来的,因而,也必须由这个基础来解释,而不是像过去那样做得相反。"(恩格斯,1972)因此,劳动实践就成为一种基础。在此基础上,装饰涉及生产、生活、信仰、祭祀、礼仪以及国家和民族的政治、经济等许多方面。

在此基础上,我国学者李泽厚对视觉形式的认识提出了"心理积淀说"。他认为人的本体是历史性、心理性、建构性的结构存在。人的审美和接受不是一种先天自在、一成不变的生理和心理的本能,而是在实践中逐渐发展、积淀、形成的。心理学研究的成果表明,心理是人脑的机能,是人脑对客观现实的反映,客观现实是心理活动的源泉。基于此,他得出结论:形式既不是完全先验的,也并非完全后天形成的,而是人的心理形式和外在行为及文化经验相互构建的结果。实践是形式构建的途径,也是形式得以发生的根本源泉。

李泽厚"心理积淀说"的观点和瑞士心理学家皮亚杰的"发生认识论"理论有着较深的理论渊源。尽管皮亚杰的理论没有明确地表明实践说的逻辑基点,但其理论对接受主体心理图式建构与发展的研究产生着极为有效的理论影响。"发生认识论"把认识的发生与发展归纳为两个主要方面:知识形成的心理结构(即认识结构)和知识发展过程中新知识形成的机制。他认为,新知识的形成是连续不断构成的结果,适应性是人类智慧的本质,每一智慧活动都含有一定的对新知识适应的认知结构。他反对传统的单向活动模式(刺激→←反应,即 S→←R 公式),提出了认识的双向建构(刺激→反应,即 S→R 公式)的理论。后来,他又进一步提出 S→(AT)→R 公式。试图表明在一定刺激(S)被个体同化(A)与认识结构(T)之中,才能对刺激

(S)做出反应(R)。他认为:"认识起因于主客体之间的相互作用,这种作用发生在主体和客体之间的途中,因而同时包含着主体又包含着客体。"(皮亚杰,1981)也就是说,认识并非客体所决定,也不判断主体所先天具有,而是源自于主客体之间相互作用的结果。在这个结构中,"图式""同化""顺应""平衡"这四个基本概念保持着一定的逻辑递进关系。

先验说认为,人的头脑中生来具有一个先验的框架和图式,它是非历史的,非经验的,而是后天的感性经验提供的感觉材料被这种框架所组织和结构,形成了我们现有的知识。因而,人们的认识和知识都依赖这种先验形式的存在。

康德的这种认识论,后来成为许多学者研究的逻辑基点。在视觉形式发生问题上,荣格的"先天无意识"①说最有代表性。"先天无意识"也是一种"集体无意识",荣格也把它称为"原始意向"或"原始模型"。他认为:"自从远古时代就存在的普遍意象,原型作为一种'种族的记忆'被保留下来,使每一个作为个体的人先天就获得一系列意象和模式。""每一种原始意象都是关于人类精神和人类命运的一块碎片,都包含着我们祖先的历史中重复了无数次的欢乐和悲哀的残余,并且总的说来始终遵循着同样的线路生成。"(荣格,1998)这种"原始意向"是已经被生理学证实的科学存在。荣格通过对临床的治疗经验和神话的广泛研究,发现了这种原始意向是在人类世代相类经验的反复相传中,在大脑皮层上遗留下来的一些先天的神经通路,它们在很大程度上影响着整个意识的形成和发展。

具体到装饰艺术的心理研究中,贡布里希同荣格的观点非常相近,他认为:"装饰艺术的心理学研究——表明有一种'秩序感'的存在,它表现在所有的设计风格中,而且,我相信它根植于人类的生物遗传中。"(贡布里希,1987b)同样,阿恩海姆的研究也遵循了康德的"先验图式"理论的逻辑基点。在艺术传播活动中,作为观看与接受的人之间,他认为存在一个刺激物,"这一刺激物的大体轮廓,在大脑中唤起一种属于一般感觉范畴的特定图式。这时,这个一般性的图式就替代了整个刺激物,就像科学陈述中,总是用一系列概念组成的网络,去替代了真实的现象一样"(阿恩海姆,1998a)。因而,"先天无意识"的心理经验,对中国传统民居装饰图形视觉形式的发生与接受的分析有许多值得借鉴的地方。

(二)中国传统民居装饰图形视觉形式的接受

中国传统民居装饰图形视觉形式的接受不囿于传统的讯息传播线性过程模式②,作为一种文化、艺术研究,中国传统民居装饰图形的视觉接受分析中,接受不能简单地被认为是一个或另一个媒介渠道、这一类或那一类媒介内容或表演的读者、听众或观众。事实上,在中国传统社会,中国传统民居装饰图形的视觉接受都是伴随着理性精神的、主动的、能动接受(图6.1)。从视觉形式发生的论述中可以看出,尽管人们对视觉形式的发生持有不同的观点,但将人作为

---

① 先天无意识是荣格基于佛洛伊德的先天意识——潜意识提出的一个概念。在艺术研究中,弗洛伊德从"个人无意识"的角度对文艺现象进行解释,而荣格则用"集体无意识"理论进行解释。二者的区别在于,"先天意识"是个人童年生活经验所形成的,是个体的。而"先天无意识"则是一直集体无意识。之所以说是集体的,是由于这种意识是整个人类的生活经验在长久的历史发展中经过无数次的重复所形成的心理深层结构;而无意识则表明这些结构带有遗传性,是先于个体意识的存在,并且在意识形成之后,它仍然以自己的先天痕迹影响了意识。在荣格看来,文艺作品是个"自主情结",在创作过程中不完全受作者自觉意识控制,还要受到一种积淀在作者无意识深处的集体心理经验的影响,这种心理经验就是"集体无意识"。

② 信源、渠道、讯息、接受者、效果。

接受的主体和人艺术作品向接受主体体验研究的视角转向是共同的。因而,视觉形式的发生研究为中国传统民居装饰图形接受分析提供了理论基础。

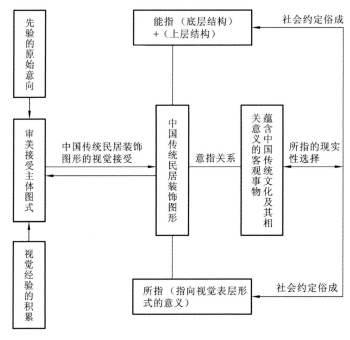

图 6.1　中国传统民居装饰图形视觉形式接受结构图

1. 中国传统民居装饰图形视觉形式接受的基本结构

对视觉形式的发生的研究表明,任何一位接受者在面对中国传统民居装饰图形进行审美对话和交流时,接受者的大脑不可能一片空白,必定预先存在着接受主体的图式和确证艺术对象的框架,包括主体的生活境遇、文化背景下逐渐形成的人生经验、文化修养、审美惯例等。从"发生认识论"预先存在的前理解的角度来看装饰图形的审美接受①,接受的发射源存在着两

---

① 这种预先存在着的接受主体图式和确证艺术对象的框架在解释学上称为"前理解"。所谓前理解就是相对于某种理解以前的理解。即在具体的理解之前,对要理解的对象预先有的某种观点、看法或信息,它主要表现为成见或偏见。海德格尔在其著作《存在与时间》中,将"前理解"的结构分为"前有""前见""前设"三个层次,认为:"我们之所以将某事理解为某事,其解释基点建立在先有、先见与先概念之上,解释绝不是一种对显现于我们面前事物的没有先决因素的领悟。"一切理解都是在"前理解"的基础上所达到的新的理解。可以说,没有前理解,也就没有所谓理解,所以,前理解是理解产生的前提和条件。在艺术传播中,前理解储存的不是具体意义,而是以经验形式储存视觉语言符号,这些符号是一类意义(含义)与情感的代表,在时机成熟时,主体便把它们冠链接到新的当下的审美体验中,生成新的理解。正是依靠这种前理解,审美接受主体与对象文本之间才能进行审美对话和交流。

浙江武义俞源村传统民居的装饰中,有一种叫做"骑门梁"的装饰,早期形制多为微呈弧形的月梁,两端有鱼鳃,中央浅浅地雕刻一个圆形的寿字,并在其左右装饰一对蝙蝠。门屋的骑门梁的中央常常装饰"双凤朝阳"的装饰图案。晚期,骑门梁则基本平直,仅仅在下缘两端呈微弱的弧形,鱼鳃也演变成造型简洁的卷草图案,中央部分的雕刻题材更为广泛,包括戏曲场景,历史故事等。这里,鱼、蝙蝠、花草、凤鸟等都是客观的、中性的,本身是不带情感的。作为意象,它们则寓意丰富多样。在审美接受中,只有当接受主体自身产生意义、情感期待,并把它灌注到对这些题材内容的装饰图形的理解中去的时候,装饰图形符号语言的具体意义才开始在审美交流中显露出来。因而,前理解就向着有意味的理解发展。可以说发展的必然是审美当下预期判断的必然,是由当下审美判断所要求的前理解的必然性。

种形式:其一是接受主体图式;其二是作为对象形式的中国传统民居装饰图形的组织结构方式。

从图 6.1 中可以看出,视觉接受体现为人的心理形式与作为对象形式的中国传统民居装饰图形之间的相互作用。作为受众的接受主体图式,既要受到先验的生物遗传的"原始意向"因素的影响,又要在历史的发展过程中,兼顾主体视觉经验的积累;同时还要涉及作为对象形式的装饰图形独立的对象化意识和所呈现出符号学的诠释特征。也就是说,只有在审美接受主体与对象形式产生一致时,中国传统民居装饰图形审美接受才能实现。

2. 中国传统民居装饰图形视觉接受的过程

中国传统民居装饰图形视觉接受作为人的一种行为,是要受到文化心理结构[①]的支配和调节的。其中,审美经验起着很重要的作用。也就是说,在审美接受过程中,审美接受主体在面对装饰图形时,审美接受首先表现为直觉感知的过程,即在经验的文化心理结构的基础上对视觉对象的装饰图形进行判断和评价。感知作为艺术接受的初始阶段,从表面上看,它是人的直觉本能,但任何直觉都不仅仅是一种本能,文化心理结构研究表明,在表层的无意识行为下隐含着丰富的人类实践的成果,这些成果沉积在人的心理层面中,以不自觉的方式参与或构成人们的感觉。虽然说审美接受的感知是源自主体个体的本能,但这种个体性、本能性又经过人类集体实践(认识的、意识的、审美的)的陶冶与规范,是"集体的无意识"或者"原始意向",内藏着丰富的文化内容信息。因而,当审美对象吻合人的文化心理结构时,便出现"同化"的心理现象,审美的对象这个时候很容易被纳入审美接受主体图式之中,在其已有的经验文化心理结构中获得经验的解释和说明。

相反,当审美对象迥异于人们经验的文化心理结构时,审美的接受则需要进一步的理解。

理解是较感知更为深层的一种接受行为。理解的基础是"前理解"。海德格尔认为,任何存在都是在一定时间空间条件下的存在,而超越自己历史环境的存在是不可能的,存在的历史性决定了理解的历史性;我们理解任何东西,都不是用空白的头脑去被动地接受,而是用活动的意识去积极参与,并将其解释基点建立在先有、先见与先概念之上。因而,对艺术作品的理解不是用科学的方法分析出文本的所谓意义,理解的本质在于其先验的结构以及现实存在作为解释者的偏见才使得理解成为可能(杨文虎,1985)。

基于审美接受理解的结果,大抵会出现两种情况。

其一是否定、抵制和不接受。阿恩海姆认为:"当一个刺激式样的内在结构与一个先前熟悉的图式的结构发生尖锐的矛盾时,即使先前认识的这个图形在记忆中痕迹很深,也不能对眼

---

① 文化心理结构是经由文化所塑造的人类在动机、情感、思维、知觉等方面的种种表现形态,是特定生物基础上的文化的内化。一定的文化心理结构是在一定的实践基础上产生的人化自然的结果。从文化心理结构的构成成分的性质来看,包括自然元素(由遗传而来的气质类型、生物性驱力等"生物模块")和文化元素(经由后天的学习与实际操作中所获得的知识、经验、信仰、价值观等)。在构建人类的行为模式、心理结构方面,这两部分表现为一种互动关系。前者自然的生物性因素是人格建构的基础,对人类的行为制约不言而喻;后者文化因素对人的塑造则更不容忽视。这种塑造"不只在一个人生长成熟的过程中如此,甚至在孕育成形时就开始的遗传设计的转化也是一样"(罗杰·M·基辛,1986)。在中国,中华文化源远流长。从先秦子学儒、墨、道、法等,以及在两汉之际传入的佛教,除了墨家在汉以后一段时间内断绝外,它们一直对中国的政治、教育、文学以及民族的深层心理结构、生活方式等各个方面产生着深远的影响。因此,艺术接受作为人的行为的一种,自然要受到文化心理结构的支配与调节。

前的认知发生影响。"(阿恩海姆,1998a)这种不被接受的现象,在中国传统民居装饰图形发展的历史中不乏实例。

例如,"忍冬草"作为佛教艺术中常用的图案,在北周时期,由于周武帝灭佛,直接导致当时人们对装饰中采用忍冬草普遍抵制和拒绝,从而造成了这一装饰图案审美接受困难。当然,在历史的发展、佛教与中国文化的融合过程中,"忍冬草"图案还是在我国得到了广泛的认可和使用。这一点正如心理学研究证明的一样:"在人的心理活动中,个体面对外部刺激所做的反应都不单纯是这个刺激的结果,而是此前发生的一系列刺激的结果。"(曹日昌,1980)这表明,个体对某一刺激的反应不是简单的一一对应关系,而是在此之前,由无数外部刺激造就的整体文化心理结构对该刺激的反应。从忍冬草图案在中国的发展来看,最初,忍冬草图案的特征为三瓣叶或者四瓣叶造型,以富有节奏的变化组织形式组成单独纹样、二方连续或者四方连续。后来又常与仙鹤、狮子等祥禽瑞兽等一起进行组合,通常用于建筑壁画的边饰、藻井的边饰及佛像底座石雕、门饰、龛楣等不同部位的装饰。至唐代发展成为具有代表性的中国传统纹样之一——"唐草",从而得到最为广泛的接受和发展。这个例子说明,只有当频繁的刺激形成的新的知识和经验影响到人心理经验中的"知觉定势"时,加深的理解才使曾经被拒接的刺激式样有成为认知的可能。

其二是"顺应""调节"。就是在中国传统民居装饰图形审美接受过程中,受物质条件限制或者审美对象特殊意义的作用,审美接受主体的文化心理结构与之无法达成一致,但又无法回避。也就是说,源于"前理解"的"审美期待"不能被满足,审美对象不被已有的文化心理结构所接纳,从而迫使接受主体已有心理结构对装饰图形对象的妥协,表现出积极的调节。通过扬弃,在不超越中国传统文化阈限的尺度范围内,与审美对象——传统民居装饰图形进行积极双向的审美调节,使得"同化"与"顺应"彼此交替更迭,实现审美接受由旧的平衡向新的平衡的不断建构。总的来说,这两种结果充分显示了在审美接受中,审美接受主体的能动自觉。这种能动的审美接受,对中国传统民居装饰图形的建构与发展,无疑意义重大。

3. 中国传统民居装饰图形视觉接受的本质

文化心理结构在艺术中的基础地位表明,中国传统民居装饰图形艺术接受与个人的视知觉活动相关。其视觉形式的接受是一种直观、感性体验世界的方式。在具有中国传统文化指向的视觉活动中,通过观看来获得对于中国传统民居装饰图形整体意义的把握。

众所周知,知觉是对客观事物的本质的直接的整体反映,而思维则是对客观事物的本质的间接反映。那么,人的视觉活动就一定是带有普遍精神价值倾向的行为。通常"人们生活的现实,都是存在于动态的时间空间连续体之中的,然而被刻画出来的图像却只有两个维度的静态平面,把动态的生活世界处理成两个维度,如果没有精神上的变革就不可能实现。而且这种变革并不直接作用于人类的物质需求,也无法直接应用于日常操作,看起来似乎只是一种为了满足人们'视看'的需要的形式活动,因此,它一开始就是与动物的活动有着本质差别的活动,表现出了人类在观察世界和构造世界中的某种精神属性"(李鸿祥,2005)。

由此看来,中国传统民居装饰图形所营造的建筑空间,不仅改变了人们的生存环境条件,而且改变了人的文化境遇。在由中国传统民居装饰图形营造出的文化氛围中,视觉接受作为主体对装饰图形作品刺激的反应,视觉活动势必普遍地参透到审美接受者文化整体体验之中。

在这里,中国传统文化价值的基本属性是视觉性的,文化的建构在一定尺度范围内成视觉化趋势[①]。通过视觉,也就是说,"通过创造一种与刺激材料的性质相对应的一般形式结构,来感知眼前的原始材料的活动。这个一般形式结构不尽能代表眼前的个别事物,而且能代表与这一个别事物相类似的无限多个其他个别事物"(阿恩海姆,1998a)。阿恩海姆认为:"应该把视觉活动视为一种人类精神的创造性活动。即使在感觉水平上,直觉也能起得理性思维领域中成为'理解'的东西。任何一个人的眼力,都是以一种朴素的方式,展示出艺术家所具有的那种令人羡慕的能力……这说明,眼力也是一种悟解能力。"因而,"被称为'思维'的认识活动并不是那些比知觉更高级的其他心理能力的特权,而是知觉本身的基本构成成分。"(阿恩海姆,1998a)

从上述观点可以看出,中国传统民居装饰图形视觉接受的本质类似于人们"观看"的本质,是一种自觉的直观和形象化的理解方式,具体表现为视觉主体与视觉形式对象的关系,即装饰图形之间的相互作用过程,它是视觉思维活动的结果。

二、影响中国传统民居装饰图形视觉接受的因素

中国传统民居装饰图形的视觉接受是接受主体与客观对象的装饰图形相互作用的结果。我们在考察这种相互作用的过程中发现,视觉审美接受主体所接受的对象内容无论在哪一个层面,都永远不可能与对象内容的信息完全一致。这一方面与接受主体的所具有的审美经验有关,另一方面也取决于对象所处的历史文化环境以及自身的艺术规律。源自主客两方面的因素就使得对装饰图形艺术文本的接受变得不确定,从而影响到对装饰图形的解读和审美接受。下面从内外两个方面的因素来探讨对中国传统民居装饰图形接受的影响。

(一)视觉接受对象性因素

在《政治经济学批判》导言一文中,马克思指出:"艺术对象创造出懂得艺术和能够欣赏美的大众,任何其他产品也都是这样。因此,生产不仅为主体生产对象,而且也为对象生产主体。"中国传统民居装饰图形也不例外,作为视觉对象的装饰图形有着悠久的历史、辉煌的成就及非常复杂的视觉体系。在视觉接受的众多客观因素中,中国传统民居装饰图形对审美接受会产生直接的影响。

(1)在视觉形式上,包括雕刻(砖雕、木雕、石雕等)、彩绘(壁雕、镶嵌画、彩色玻璃画、陶瓷壁画等)等多种艺术样式,采用夸张、变化、寓意、象征等装饰语言,视觉形式造型优美、风格变化多样,具有浓郁的民族风格。

在长期的发展历史中,中国传统民居装饰图形形成了自己独特的装饰语言和法则,具有"美是客观方面某些事物、性质和形态适合主观方面意识形态,可以交融在一起而成为一个完整形象的那种性质"(朱光潜,1987)。所形成的关于平衡、和谐、比例、秩序、节奏、多样统一等形式美法则,不但能够促进装饰图形的发展、完善,而且作为视觉形式美的法则在审美接受方

[①]　马克思认为:"人懂得按照任何一个种的尺度来进行生产,并且懂得处处都把内在的尺度运用于对象。"(马克思,2000)

面,能够借用视觉形式美的法则,勾连出中国传统民居装饰图形深层的结构关系和视觉形式之间内部的逻辑关联,以减少人们在视觉接受中的诠释阻碍,唤起审美接受主体的心理共鸣。

(2)在题材内容上,中国传统民居装饰图形的题材来自人们现实生活。题材的选择与其产生的社会实际状况相对应,不同的聚落地域、不同的地理环境、不同的民族和文化、心理、历史背景及人们的生活实践,所要求的装饰图形的题材也不同。总的来说,其题材众多,内容广泛,涉及山水、人物、花鸟、虫鱼、祥禽瑞兽等许多方面,在装饰上,多用于传统民居建筑屋脊、梁、柱、门窗、拱杆栏板等所有能被用来装饰部位。

在中国传统民居装饰图形中,人们对题材的选择和对题材的接受都不是随意的。而是基于审美接受的需要和时代的变化所决定的。在看待题材问题上,美国著名图像学学者潘诺夫斯基①的观点很有见地。他认为,面对一幅艺术作品,人们可以从它的题材或者意义中区分出三个层次:第一,第一性的或自然的题材;第二,第二性的或约定俗成的题材;第三,内涵意义或内容。这三个层次是对艺术作品的综合考察,其目的在于更好地揭示出隐含在图像符号中复杂的内涵和象征意义。对此,他分别提出"前图像志描述""图像志分析""图像学解释",这三种解释方法并不是割裂的、相排斥的,而是有关联的、相辅相成的,它们共同构成了一个有关图像解释的完整系统。他的理论正好与皮尔斯的"符号三角模式"形成对应关系。因而,借鉴这种理论,不难发现在装饰图形广泛的题材内容中所蕴含的民族文化内涵和对人性的关怀。

(3)在文化传统上,继承了传统文化以儒、释、道为核心的精髓。在中国,几千年来,儒、释、道三家思想之间既对立又交融、既排斥又渗透的关系,形成了一个中国特色浓郁的文化氛围,造就了中国传统文人独特的价值观与审美情趣。这些在中国传统民居装饰图形中都有深刻的反映并影响到它的审美接受。

中国传统民居装饰图形的视觉审美接受作为人的一种行为,必定受到接受主体存在状况的影响。受到装饰图形建构的历史文化环境、生活条件的制约。在对原始艺术的研究中发现,原始狩猎民族的洞穴中,出现的都是有关动物题材的绘画作品,这一点在西班牙的阿尔塔米拉和法国的拉斯科洞顶壁画中可以得到确切的证明。他们之所以选择动物题材,欣赏动物之美而不接受花卉、植物之美,很明显取决于当时狩猎民族的生产社会条件和文化认知的水平,充分说明环境和文化的差异会影响到接受的差异。因此,在审美接受中,装饰图形所包含的信息都牢牢打上了时代的烙印,审美接受在由这些信息所形成的文化场中进行。由此,审美接受主

---

① 潘诺夫斯基:图像学的开创人之一,美国学者。他认为面对一幅艺术作品,人们可以从它的题材或意义中区分出三个层次:第一、第一性的或自然的题材;它又分为"实际题材"和"表现性题材"两类。要领会这种题材,就要把某些纯形式,如线条和色彩组成的某些形态或者青铜、石头构成的某些特殊形式的团块,看成人、动物、植物、房子、工具等自然对象的再现,把它们的相互关系看成事件,把这类表现特质看成姿势或手势的悲哀特征或者看成一种安详舒适的内景气氛。被认作第一性的意义或自然意义的载体的纯形式世界可以被称作为艺术母题的世界。第二,第二性的或约定俗成的题材。它是建立在前者基础上的知识性题材,在这种题材的辨认过程中,要把艺术母题及母题的组合(构图)与主题或概念联系起来。被这样认作第二性或约定俗成意义之载体的母题就可以被称作图像。第三,内涵意义或内容,这是对图像的综合考察和智力探险,为的是揭示出隐含在图像中的复杂内涵和象征意义。他认为,要领会这种意义,就得对那些揭示了一个民族、一个时代、一个阶级、一种宗教或一种哲学信仰的基本态度的根本原理加以确定,这些原理体现于一个人的个性之中,并凝结于一件艺术品里。对应上述的三个层次,他分别提出"前图像志描述""图像志分析""图像学解释"三种解释方法。这三种解释方法并不是割裂的、相排斥的,而是有关联的、相辅相成的,它们共同构成了一个有关图像解释的完整系统。他的有关图像解释的三层次理论正好与皮尔斯的"符号三角模式"形成对应关系。

体的视觉经验、主观需求以及接受的行为,便在具体的体现在着讲求中庸、注重道德伦理、追求天人合一的中国传统文化场中,去解读、去欣赏与之相对应的中国传统民居装饰图形符号,并建构一道东方文化的独特景观。

(二)视觉接受主体性因素

在中国传统民居装饰图形接受过程中,受接受主体性因素的影响,即接受主体主观的不同和视觉的视觉经验的差异性,会造成对传统民居装饰图形的不同解读,从而不同程度地影响到中国传统民居装饰图形的艺术接受。下面从三个方面来进行分析。

1. 视觉素养对中国传统民居装饰图形接受的影响

所谓视觉素养就是人们正确地识别、理解、运用、创造、享受视觉材料的能力。本质上,视觉素养的作用是通过协调视觉材料和观者或生产者之间的关系,使得主体和客体之间形成良性的互动。接受主体的视觉素养作为最基本的因素在艺术接受中发生作用。沃尔夫林认为:"视觉的呈现自然就浸润着社会的态度,思想的品质和个性,这是不言而喻的。"(张坚,2004)纵观中国传统民居装饰图形发展的历史,从原始社会穴居的古朴到明清时期民居装饰的辉煌,无一例外都是以人为主体的实践活动。科学实践证明,人类"视而能见"①的能力不是与生俱来的,而是需要通过实践才能得以掌握。作为受众,在装饰图形的视觉领域中,接受主体的视觉素养影响到对装饰图形作品内容的多样化的要求和期待。在中国传统社会,接受主体独有的思维方式、文化背景、人生境遇等所构成的视觉素养,制约着对装饰图形的审美认知。不同的接受个体产生不同的观感。正是由于接受主体视觉素养接受解读的差异,才形成中国传统民居装饰图形审美接受的最为重要能动动因。

2. 审美经验对中国传统民居装饰图形接受的影响

审美经验是审美接受主体在审美过程中的经历和体验,其本身也是一种审美能力。包含感性和理性两个部分。接受主体的视觉素养决定了接受主体的审美能力,在审美体验中,审美能力的差异势必影响到艺术作品的审美接受。这种差异性从接受主体的审美心境和审美感觉两个方面体现出来。

一方面,审美接受活动是作为主体的人的一种特殊的精神活动,它不仅要受到中国传统民居装饰图形作品的影响,而且要受到观看者心境的影响。在审美接受中,有准备的、合作的、开放的良好心态,有助于主体的审美接受。当然,作为视觉对象的装饰图形对接受主体刺激的强度,也会影响到其审美接受。接受的心态研究表明,接受者往往存在着五种定向,即"享乐定向""交际定向""认识定向""价值定向""模糊定向"。其中,"价值定向"和"模糊的希望——希望有可能表现被称为'共同创造'的自身积极性,希望自己的想象参与到创作行为中去"(卡冈·M,1985)。从"希望自己的想象参与到创作行为中去"可以看出,主体审美接受的结果,不仅是对中国传统民居装饰图形的审美接受,而且是对其意义的再编码和再创造。

---

① 2003 年 8 月 23 日,《参考消息》报道了标题为《恢复视觉的盲人仍在黑暗中》的研究文章。据载,美国一名叫迈克·梅的男子在 3 岁时失明,40 年后在医院的治疗下重见光明,走路时也不再依靠导盲犬或手杖,但是他仍然无法正确理解两眼收到的视觉信息,他分不清平面和立体,也无法理解静止中的物体、平面形状和颜色。美国的科学据此认为,人类"视而能见"的能力不是与生俱来的,而是需要通过实践才能掌握。

另一方面,审美接受活动也会受到审美感觉的影响。"因为我们对现实的全部储存都是由感觉和想象组成的。"不同的接受主体对装饰图形的审美感觉有所不同。基于视觉感觉上的差异,敏感型的接受主体在观看的时候所获得的理解和享受优于审美迟钝型的接受。之所以这样,是因为普通的观看一般注意到的只是转瞬即逝的外在视觉对象的不相联系的视觉存在,并由之构成他们所认知的视觉现实;而敏感的接受观看则超越了一般的程度,能将诸如中国传统民居装饰图像这样的原始感觉材料,转化为有精神的、有价值的发现。就接受主体审美感觉而言,其本身固有的观念或者说前理解以及定式心理,影响到对装饰图形信息接受判断、识别和筛选。审美的感觉是不等于人的直觉本能的。一个人的审美感觉能力往往会受过往视觉经验、人生的阅历、哲学态度等众多因素的制约。这样源自观看得来的视觉信息,才能经由视觉思维的过程获得理解、获得接受和欣赏。

第三节 中国传统民居装饰图形受众分析

一、聚落——中国传统民居装饰图形艺术传播的基本场域

"聚落"一词,源起秦汉时期,据《史记·五帝本纪》载:"一年而所居而成聚,二年成邑,三年成都。"注释中称:"聚,谓村落也。"《汉书·沟洫志》也载有:"或久无害,稍筑室宅,遂成聚落。"由此可知,聚落是人类各种形式的聚居地的总称,是人类聚居和生活的场所,是人类有意识开发利用和改造自然而创造出来的生存环境。

（一）聚落的结构类别及其信息传播

聚落作为一种历史现象,是人类社会发展到一定阶段的产物。影响聚落整体布局形式的因素主要包括自然环境因素(由地理位置与地形地貌所决定的因素)和人文社会因素(社会组织结构等)(严文明,1997)。在自然环境结构上,聚落的外部形态、组合类型无不深深打上了区域性地理环境的印记;在社会形态结构上,聚落构成重要的传统文化景观,直接反映出区域性经济发展水平和民俗风情等。聚落的社会形态构成主要包括聚落内部人员的构成及其等级关系、社会运行制度等。人是聚落结构中的主体要素。聚落内部人员的等级划分是聚落类型划分的依据,在传播学的视角,也是中国传统民居建筑装饰图形艺术接受者结构划分的重要依据之一。

根据中国古代聚落的实际情况,王鲁明教授认为,中国古代的聚落可以划分为内聚平等的聚落和等级分化的聚落两个基本类型(王鲁民 等,2002)。在根据聚落结构、规模和在聚落系统中的作用,对聚落还可以进行更为细致的划分。就等级划分的中心聚落而言,又可以划分为等级分化的散居型中心聚落、等级分化的集聚型中心聚落,如图 6.2 所示。

从图 6.2 可以看出,在内聚平等的氏族聚落形态结构模式和内聚平等的部落聚落形态结

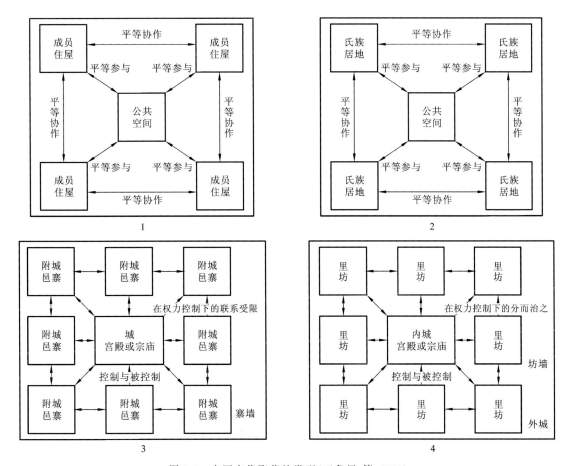

图 6.2　中国古代聚落的类型(王鲁民 等,2002)

1.内聚平等的氏族聚落形态结构模式;2.内聚平等的部落聚落形态结构模式;

3.等级分化的散居型中心聚落形态结构模式;4.等级分化的集聚型中心聚落形态结构模式

构模式中,人的权力、地位是没有差别的,都能平等地参与到聚落中的社会活动,只是聚落内部成员构成较为单纯,他们源于同一氏族,以血缘关系为纽带聚族而居。而等级分化的聚落则不同,出现了阶级差别。以两宋时期,辽、金、蒙古的聚落居住形式——等级分化的普通聚落为例,来看居住形式、装饰和人的信息传播交流(表 6.1)。

表 6.1　蒙古传统聚落民居的基本特征(单德启,2004)

名称	分布地区	平面和空间特征	造型特征	材料、结构、色彩	聚落特征	精神中心或交往中心
蒙古包	北部、西北部蒙、哈萨克聚居区	半圆形空间	包袱形状	木立柱、木条扎半球骨架,视季节盖毛毡、芦苇等	散点集聚	室内火塘中心

《辽史·营卫志》载:"皇帝牙帐以枪为硬寨,用毛绳连系。每枪下黑毡伞一,以庇卫士风雪"。在规模和装饰上,南有省方殿、殿北有鹿皮帐,往北约一公里,为寿宁殿,再北有八方公用

殿。构筑上皆木柱竹椽,以毡为盖,"彩绘韬柱,锦为壁衣,加绯绣额"。牙帐基高一尺①多,两厢廊庑也都以毛毡为盖,无门户,窗扁都以毡为之,并缚以黄油绢。

而普通民众只在空地上,以木立柱、木条扎半球骨架,视季节盖毛毡、芦苇等搭盖较为临时的包房,缺乏装饰,在一定程度上能够形成集团,是离散形聚落。

等级分化的散居型中心聚落则不同,城中的聚居点和城堡关系紧密,城内"居民"的结构分别为统治者、源于同一氏族的贵族管理者及为其服务的特殊人员。聚落也有寨墙,建构方式受到礼制、等级的约束。在由等级分化的散居型中心聚落向等级分化的集聚型中心聚落的转变过程中,大面积的加建外城并不是出于一个简单的统一防御目的,而是意味着整个散居型中心聚落要在空间上被重新调整,即空间上的位置和空间上的规模。伴随着这种调整,其结构必然会被深层次地重新整合。在这一过程中,原来隶属于不同氏族组织的个人转化为城内居民,原来的社会组织逐步变迁为适应新的聚落形态的社会组织。

在信息的传播和接受上,随着等级分化的集聚型中心聚落的形成,统治者权力的日益聚集,由"血缘—宗法—国家"家国同构的一元政治结构决定了中国传统社会传播体制的一元格局。统治者既是政治权力的主宰,同时又是全社会信息的总源和总汇,对社会信息有绝对的控制权(秦志希,1996)。在聚落中,这种一元传播体制直接反映为宗法等级制度及其观念对传播活动的渗透、影响,从而导致传统社会信息流动的不平衡。一方面,从上而下的信息传播,包括统治者、权力掌控机关政令、尊长贤者的观念等;相反,自下而上的信息传播则会受到挤压和变形,难以通达,反映出信息传播不是依照自身价值的大小,而是依据传播者社会等级的大小来显示其传播的价值,社会信息的等级影响着传播的力度。另一方面,社会横向的传播往往也不被重视,原因在于基于平等、自由思想的横向传播与宗法等级制度相抵触,不同社会层面的横向信息交流势必影响到"统一"的社会传统,从而被统治者防范、监听和堵塞(秦志希,1996)。因而,这种传播呈现出非正规、时断时续、补充性的特征。

(二)传统聚落中的文化空间

居住,是人的本能需求,"意味着人们与既定的环境之间建立起有意义的关系"。传统聚落民居建筑作为住居的物质实体,是涉及在千百年的风雨沧桑中,中华各族人民所创造的自然、社会与人之间广泛而又复杂的系统工程。"包含着自然和社会环境本身;包含着人的生存、生产、交往、发展以及审美对建筑的要求;包含着民族、地域特征以及由这些特征所形成的文脉、信仰、心理等种种因素。"(单德启,2004)它所营造出来的建筑空间,不仅满足人们生存的需求,作为传统文化的载体,还表现出自然、社会与人之间高度适应性的美学特征,提供人们精神自由交往的思想、文化空间。下面从几个方面来对传统聚落及民居建筑所形成的文化空间环境意象进行分析。

1. 宗族意象

从上述"中国古代聚落的类型"的研究中可以看出,血缘是人类居住最早、最自然的联系纽带,在人类文明形成的初期,以血缘关系所形成的纽带促进人们在同自然、生存的抗争中获得整体的优势,实现生存、发展的目的。因此,血缘宗族关系构成影响聚落形成的重要因素,并在

---

① 1尺≈33.33 cm。

中华文明的发展中形成以宗族为核心的文明现象。

在中国传统社会,宗族是中国传统文化存在的基础及其发展的隐性载体。在聚落中,宗族在政治、经济、文化等各方面表现出突出的作用,而且逐渐反映到地域乃至国家等多向度的坐标上,由此形成"血缘的空间投影"(费孝通,2008)。

同西方宗族制度相比较,中国宗族制度有以下特征。

(1)核心轴是父子之轴。

(2)单系共同祖先。

(3)外婚。

(4)宗族在成员之间在公共场合都有相应的亲族称呼。

(5)拥有自己的族谱和家谱。

(6)拥有用于公共福利和教育的族田、族山、族池塘等公共财产。

(7)制定有共同遵守的行为规则制度。

(8)族中的长者是行政决议、民事纠纷裁决者;实行政权、族权合一。

(9)在居住文化上体现出统一的居住方式,如宗族的祠堂,大厅或其他公共建筑等。

(10)同族的人不仅是同姓,而且还共同供奉、祭祀同一祖先,也就是同宗。同宗是指同一庙祭祀者。古代国之大事,惟祀与伐,可见家族在古代不仅仅为一血缘团体,而且为祭祀同一祖先的宗教团体,又为同一旗帜的战斗团体(丁俊清,1997)。

上述特征充分说明了宗族在中国传统社会的作用和力量。总的来说,宗族形成作用和力量,从大的方面可以决定国家的发展,在个人的发展上,它始终拥有着绝对的权力,影响和规范个人的行为。在传统文化信息的传播和接受问题上也不例外。

2. 生态优化的空间环境意象

传统聚落的生态哲理受传统的哲学思想所支配,表现为哲学观念和生态观念的有机联系和统一。在古代,人们崇尚自然、效法自然,早就认识到人与自然是不可分割的整体,"天人合一"是这种认识的高度概括和总结。在此观点的影响下,从聚落的选址、总体的规划、民居建筑及装饰等都充满了生态优化的理念。在具体操作中是按照"风水"的基本原则和格局实施的(图6.3)。

风水在长期的发展过程中形成了其特有的环境生态模式,"负阴抱阳""背山面水""藏风纳气"等的具体要求是,山为依托,依山面水,形成与自然环境相适应的相对封闭的空间。这里,山为靠山,即龙脉所在,称其为玄武之山,左右护山为"青龙"与"白虎",前方近处称为"朱雀",后为"玄武"。远处之山为朝山,拱之山;中间平地为"明堂",为村基所在;明堂之前若有池塘或

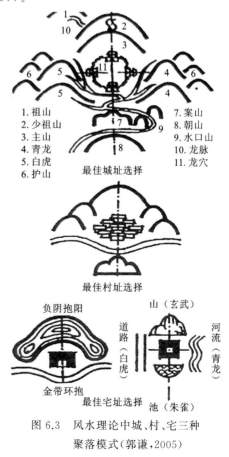

1.祖山
2.少祖山
3.主山
4.青龙
5.白虎
6.护山
7.案山
8.朝山
9.水口山
10.龙脉
11.龙穴

最佳城址选择

最佳村址选择

负阴抱阳

山(玄武)

道路(白虎)　河流(青龙)

金带环抱

最佳宅址选择　池(朱雀)

图6.3　风水理论中城、村、宅三种聚落模式(郭谦,2005)

流水,由此围合的空间是最为理想的宜居环境。

3. 传统文化与民俗意象

传统聚落由居住的自然环境、建筑及特定社会文化、习俗的人等许多要素构成。其中人的活动最为重要,围绕着人的一切物质存在都是服务于人的生命需求和人的精神自由。由此形成的以儒家为内核的传统文化传统涵盖到人们生活的方方面面,而且能动地影响到人的行为和社会实践,促成个人与社会、个人与群体的和谐。对此前文有过重点探讨,在此不再赘述。

不过,民间信仰还是值得一提的。民间信仰在民居宗教中的宇宙观包括三个世界,即,"天、人、神"所构成的人间现实环境和超越现实的天庭、冥府,如图 6.4 所示。

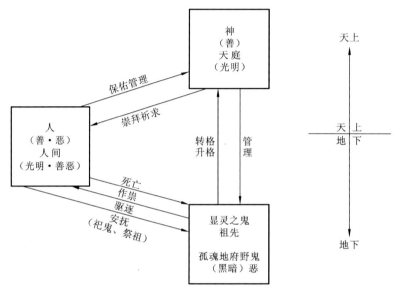

图 6.4　民间宗教的"三界"(关华山,1989)

图 6.4 可见,作为世俗的活动中的传播者与接受者,传播者与受众早在民俗信仰中便已经约定俗成了。受众因拥有了和传播者同等的共时性社会生活经历,拥有相同或者相似的文化背景以及瞬时体验,传播和接受都能够按照自己的习俗和行为规则进行信息的传播交流,并将交流的结果反映到社会劳动和生产之中。在传统民居建筑及其装饰上,这种民间信仰作用直接表现如下。

就传统民居装饰而言,"驱邪避凶""祈福纳祥"是必不可少的题材选择。具体表现为在门饰上,有门神护卫,门墙上有兽牌,门内有刀剑构成的屏障,门外构筑照壁,在巷道折冲之处设立石敢当,在正厅门楣多见悬挂八卦镜,屋脊设宝瓶、风狮爷,山墙尖端立怪兽泥饰等,目的在于驱鬼消灾;相反,那些仙花异草、仙人瑞兽、福禄寿等题材的内容则被雕饰或者彩绘于建筑室内,意在迎接神明祥瑞安居家内,保佑平安。

在民居构造行为上,相地卜宅、奠居、正位到置础、安宅、落成、迁宅等整个过程,无不祈求神灵保佑,趋吉避凶、以得安居乐业。民间信仰不仅影响到居宅的建造和装饰,甚至还影响到居住的习惯和人们的生活方式。

综上所述,在传统聚落所形成的文化场域中,建立在传统社会农耕加人伦的生活方式基础上的传播与接受,被赋予了礼制等级、维系道德、巩固伦常、尊敬尊长等众多内容,从属于传统民居建筑的装饰图形,作为一种艺术传播,必然会呈现出像传统文化含义深广的概念同样宏观的现象,从题材内容到艺术表现形式以及审美接受,都与上述的内容息息相关。基于这种形式的艺术传播,最为主要的是它能够产生社会的连接,通过装饰图形的艺术形象及其内在意蕴吸引广大的审美接受者,其所缔造和宣扬的有关传统文化建构的"共同信仰",即儒家忠义、佛教悲孝、尊重长者、忠贞爱情等使得人们之间的连接成为可能,并渗透到民族的血液中,成为内在的文化联结,成为传统聚落人居空间环境中、人们的日常生活和精神生活人文结构及文化意义在传播层面的具体体现。因此,由传统聚落所形成的文化空间场域,在传播与接受的共同参与、互动及创造中,构成传统民居装饰图形艺术传播无法剥离的环境和场所。

二、中国传统民居装饰图形传播中的受众

从上述聚落的分析研究中可以看出人类社会生存的环境包括自然环境、社会体制环境和符号环境三个部分。显示传统社会文化特征的各种符号系统是通过传播构筑出社会的现实。因此,没有人们对这些文化符号的创造、处理、交流和传播,就没有传统文化的生存和发展。中国传统民居装饰图形的传播,可以肯定是和这些文化符号中的视觉部分相勾连,是以视觉观看为主要特点的传播行为。在受众的视角,从以下几个方面进行具体的研究。

(一)受众接受的动机

中国传统民居装饰图形建构的文化形态不同于以语言为中心的文化形态,是以视觉形象为中心的视觉文化形态,占据重要地位的是装饰图形视觉符号的艺术生产及其流通和消费接受。在传统民居建筑装饰上,它不仅仅局限于建筑功能的满足,在考察它的发展历程中发现,它还越来越多地倾向于满足人们精神的需求,尤其是其受众接受的审美、精神要求。正是这样的需求,决定了中国传统民居装饰图形受众接受的动机。

众所周知,海德格尔曾经引用荷尔德林关于"人,诗意的安居"这样的说法,并进一步指出:"人栖居,是因为人筑造——这话现在获得了本真的意义。人栖居并非由于,人作为筑构者仅仅通过培养生长物同时建立建筑物而确立了他在大地天空下的逗留。只有当人在已然作诗的'采取尺度'意义上进行筑造,人才能从事上面这种筑造。本真的建筑之发生,乃是由于作诗者的存在,即,那些为设计、为栖居的建筑结构采取的作诗者的存在。"(孙周兴,1996)诚然,"作诗者"是包括建筑师以及使用者在内的与建筑设计、与栖居有关的所有人。本真的诗意的建筑将成为包含:思想、制度、物质材料、科学技术以及文化层面所蕴含哲理、艺术和社会生活融为一体的设计(梁思成,1962)。那么,受众关于"诗意的安居"在精神层面上的要求是不容被忽视的(图6.5)。

中国传统社会生产关系和生存的环境,决定了传统民居建筑现实性的社会生活图式,"建筑即是家,即是宗族,即是宗法,即是国家,即是天地君亲师,即是诗心,即是道德"(刘述杰,2003)。因此,受众接受的动机影响到其接受的态度和行为实践。

中国传统民居装饰图形审美接受的动机,物欲化倾向是一个很重要的成分。就建筑而言,与中国传统建筑不同,西方建筑是理念化的社会生活图式,建筑是神、天堂、教堂、自我、理性及

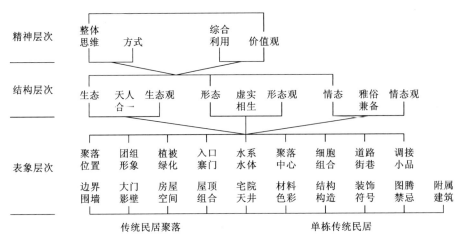

图6.5　中国传统民居多元复合的结构层次（单德启，2004）

哲学等。反映在审美的思想观念层面上，世俗审美文化的物欲化倾向。"把中西双方稍一比较，就能够发现，西方的美偏重精神，而中国最原始的美偏重物质。这同平常所说：西方是物质文明，而东方是精神文明，适得其反。这是一个颇为值得深思的问题。"（季羡林，1997）在古代，美在《康熙字典》中的解释是："美，甘也。从羊从大。羊在六畜主给膳也。美与善同意。"（图6.6）。所谓"美善同意"，在一定程度上说明美的事物在初始都是与实用等功利性相结合的。

甲骨　　　　　甲骨文　　　　金文　　　　金文大篆　　　　小篆

图6.6　"羊"的字形演变

在康殷释辑《文字源流浅说》中，美则被认为："像头上戴羽毛装饰物（如雉尾之类）的舞人之形……饰羽有美观意。"关于美，孟子也曾提出过自己的看法，他认为："五谷者，种之者美也。"上述文献资料表明，中国的美学传统是存在这物欲化倾向的，并折射到中国传统民居装饰图形审美接受之中。

在中国哲学传统中，"天人合一"作为人们的终极追求，从未脱离过人事的形上思考，在传统民居建筑及其装饰上更是如此，它强调以人为中心、以人为本的世界观，实际上是将"天文"纳入"人文"的范畴，在中国，人的思维是很难做到真正意义上主客分离的，不存在超越物质世界的纯粹精神。体现在传统民居建筑及其装饰中的那些寄景托兴，借物寓意等装饰图形作品，无不烙上政治、道德、人伦实现的印记。在这里，受众作为传统社会生活方式的亲历者、解释者和创造者，以传统民居建筑及其装饰为媒介，将传统哲学所规范天地君亲师、君君臣臣父父子及男尊女卑的社会图式，以建筑的形式、结构、空间、装饰等物化和符号化。并从中努力探索新的社会生活方式，建构新的思维模式和文化传统。

受众在中国传统民居装饰图形审美接受中的物欲化动机，不能被看成一种消极的思想倾向。在中国传统社会,受宗法礼仪规范的信息传播"一元传播"体制的制约,受众精神解放的空间被禁锢,在传统社会物质贫瘠的生存环境中,受众接受的物欲化动机,在赋予了政治、道德、伦理等意义的传统民居建筑装饰图形的接受中,同中国传统审美的"以和为美""以心为美""以形媚道""以境为高"方式相融合,才能获得审美的快乐、生活的幸福感和满足感。无疑,这是有积极意义的。

（二）受众的结构类型

在中国传统社会,社会的异质化程度有着很大的差别。社会的差异主要体现在构成社会的主要要素,即人的差异方面。毫无疑问,是人组成了社会,而社会又在影响、涵化着生活在社会中的人。无论源自中国传统社会什么样群体的人,人和社会都有着特定的对应关系,这种关系要求社会的发展和人的属性必须保持一致,两者中的任何一个都不可能超越对方而独自发展。就传播接受而言,中国传统社会一元传播体制的传播特征主要为"纵向"传播,这是由于传统社会人的差异差别所决定的。自然,受众结构类型就应该体现在"纵向"的差别上。在中国传统社会,由于受众所具有的血缘关系、地缘差别、身份角色及所处的社会发展阶段不同,决定了他们的不同属性、不同的结构类别。

按照中国传统社会人的关系的构成,中国传统民居装饰图形审美的受众大致可以分为权力尊贵型受众、知性小众型受众、普通大众型受众三种基本类型[①]。

在中国传统社会中,自然和人之间的矛盾始终影响到人类的生存。面对自然,在生存危机的不确定性面前,个人是无从单独面对生存危机的,必须依靠社会群体的力量才能给获得生存,社会群体在给予个人提供安全生存的空间时,还必须拥有社会群体的凝聚力,为此,在传统社会的群体中,个性的自由和发展又会受到限制和制约。社会群体通过群体内部的严格等级及其相关制度来保证个人在群体中所扮演的角色。

（1）权力尊贵型受众,是中国传统社会由官僚、地主、士绅所构成的社会精英阶层中,带有政治、权力色彩身份的那一类人群,在政治、经济、文化上承担维系社会的组织功能。他们之间存在着频繁的横向流动,对信息的传播和接受会产生广泛的影响。在传统民居装饰图形的发生和艺术传播中,他们扮演着传播和接受的双重角色,拥有对建筑装饰图形采纳的绝对选择以及关于意义诠释的权利,如对传统民居装饰题材的选择,由于"社会犹如一个生物有机体,必须时刻监视周围的环境以保证其种族的生存需要"（阿特休尔,1989）。因而"驱邪避凶""祈福纳祥"题材的选取是必须的。另外,他们作为社会群体的人,不可能超越历史的局限,是生活在一定的社会和地缘的边界之内,对于传统文化、审美的内容不可避免地存在审美接受的前理解,而这种前理解正是他成长过程中对传统文化、审美潜移默化地接受和同化的过程,以此获得对于社会群体内部成员一致的话语方式、审美情趣,并影响到其他成员类型的审美接受。

（2）知性小众型受众,在传统民居装饰图形的艺术接受中,是处在传统社会群体中的少数

① 中国传统民居装饰图形的受众是有着非常复杂结构的群体。既包含着传统的家庭、血缘、土地等纽带,彼此相互依赖、相互影响的生存状态,又具有分散、规模大、匿名、草根性等特点。在中国传统民居装饰图形漫长的发展过程中,它的受众也经历了同样漫长的过程。因此,作为中国传统民居装饰图形在"社会环境和特定媒介供应方式的产物"（麦奎尔,2006）的受众,其结构关系必然带有他们所处的社会和环境的鲜明特征。故本研究依据其所处的时间、社会环境、传统民居建筑媒介等因素,将中国传统民居装饰图形审美的受众归纳为权力尊贵型、知性小众型和普通大众型三个基本类型。

文化精英和文化边缘人。在社会分层体系中,政治、权力色彩身份淡化、而知识、经济身份特点突出的诸如宗族首领、士绅、庶民地主及一定财富的占有者。这一群体的社会影响力要明显大于其他社会阶层和群体,具有相当的道德解释权和评价权。费孝通曾经在论述封建社会政治体制的特点的时候指出:"绅士是没有退任的官僚或是官僚的亲亲戚戚。他们在野、可是朝内有人。他们没有政权,可是有势力……"也就是说,他们所处的地位超越与普通人的普通环境,以至于其决策、行为方式等能够影响到普通人的日常生活世界。

在传统民居装饰图形的审美接受上呈现以下特点。

由于其所具备的"当的道德解释权和评价权",使他们能够按照自己的理解对装饰图形文本进行"解读",并从中建构新的意义,获得审美愉悦。

在审美接受中,他们对装饰图形文本所传递的道德、伦理等的教育意义的追求尤甚与其他题材内容,社会责任的任务取向突出。

传统民居装饰图形文本的内容通常由他们来制定和影响普通成员的话语形式和理解媒介文本意义的框架。

他们从不是被动地接受,和普通大众型受众不同,由于其受教育的程度、一定的社会地位及入世的观念和丰富的审美经验,使得他们的审美接受更加积极、能动。

(3)普通大众型受众拥有共同的特点、相对同质化、稳定的构成。不同于现代意义的脱离家庭、血缘、地缘关系传统纽带的、所谓规模巨大、分散、匿名和无根的大众受众。他们是在传统民居建筑媒介空间环境中,相互依赖、彼此相连的社会群体。在传统民居装饰图形的艺术接受中,表现出很大程度的依赖和脆弱。一方面,通常,普通大众型受众的社会地位较为低下,缺乏很好的文化、知识素养,在审美修养上呈现出强烈的物欲化特点、和视觉感官的刺激满足。在信息接受单向度的传统社会,普通民众在满足传统的装饰图形审美的需求和审美心理上面,作为媒介的传统民居及其装饰图形,可以造成人们对其产生极度依赖的能力,促成了这种依赖的形成。另一方面,"建筑是生活的容器。"建筑包含了人们生活的方方面面。在传统民居建筑构成的空间中,建筑的规范、形制、大小、装饰等都是由处于更高特权阶层的人群所决定。因而,对于普通大众型受众的审美接受而言,在审美接受问题上,很少能有自己的话语权和选择的可能,只能在规定好的"容器"之中,按照民俗的约定俗成进行选择。

(三)受众接受的技能——审美素养

视觉对于中国传统民居装饰图形的审美接受者来说,不仅仅表现为人生理结构本身,而且应该是思考、信息交流、接受和传达的工具。从本书的"中国传统接受观"和"视觉接受"的研究表明,观看是一种复杂的文化行为,接受的观看不只是观看的直觉体验过程,同时也是思想的组成部分。这"正是因为视觉的传播是直接的,因此它必定在比语言更深入、更生动的体验层次上与人们的心灵相联结"(中川作一,1991)。在传统民居装饰图形艺术发展的历史的中,贝拉·巴拉杰所说的"心灵相联接"的观看,会随着人们思想观念的变化引发观看方式和审美方式的变化,逐渐形成受众在审美接受过程中审美接受的视觉素养,并反过来影响和制约受众对中国传统民居装饰图形的审美接受。

约翰·戴伯斯认为视觉素养是一个人通过看与此同时产生其他感觉,并将看与其他感觉经验整合起来的一类视觉能力。在中国传统民居装饰图形的艺术传播过程中,受众作为艺术接受的主体,其接受的程度和效果,自然受到与装饰图形作品直接发生联系的受众的文化心理结构的调节和支配。这种文化心理结构包括先验的自然元素和后天的文化元素两部分,前者在本研究的中国传统民居装饰图形视觉形式的发生中做过探讨,这里不再赘述。后者则是由后天的学习和传统民居装饰图形的审美实践中所获得的知识、信仰、审美经验、价值观等所整合起来的部分。二者的有机整合形成了受众审美接受视觉能力。因此,对传统民居装饰图形观看的过程不仅是审美接受的过程,而且还是审美接受技能——视觉素养培养、形成的过程。

比起先验的"原始意向"的自然因素,中国传统文化和受众后天的审美实践对其视觉素养的重要性是不容忽视的。下面具体分析在传统民居装饰图形审美接受中,受众视觉素养需求的 3 点理由。

其一,从理论上看,在传统民居装饰图形的审美活动中,受众获取视觉信息的部分能力必须通过后天的学习得到,并非与生俱来。科学研究表明,人们对视觉图像的认识和感知,都是经过知觉系统组织后所呈现出的可视知觉的轮廓、形态,而不是所有各自独立部分的集合。意思就是说,人的知觉系统对其所见的事物有着组织功能,以至于人们最终接收到的视觉信息并非人最初出于本能所见到的。显然,人在面对视觉元素进行组织加工的过程中,必然受到个体的思维方式、文化心理、个人经历和艺术审美体验等后天因素的影响和制约。

其二,中国传统民居装饰图形媒介文本的特性要求具有审美素养的受众。在装饰图形的符号结构中,受众在观看时是先从辨别装饰图形符号结构的"能指"入手,然后逐渐深入到"所指"的意义中去。感性的观看只有通过概念、判断、推理等,才能上升到理性的高度。解读出装饰图形符号"所指"或者说象征的意义。而这一切,缺乏审美的视觉素养是无法实现的。

其三,因受众审美欣赏能动性的影响,良好的审美视觉素养有助于受众自主地对传统民居装饰图形进行观看和使用。在中国传统社会,人们日常生活中的审美信息传播,很大程度上都是在建筑所构成的媒介空间中,通过这些装饰图形进行传播,并获得伦理的教化、日常物欲的化的精神满足等。良好的审美视觉素养,有助于解开隐藏在传统民居装饰图形媒介文本背后的话语机制,了解装饰图形文本媒介表层下面的人的精神追求的实质,促进装饰图形的艺术生产和审美认知水平的不断提高。

三、中国传统民居装饰图形受众实践

麦奎尔认为:"受众既是社会环境——这种社会环境导致相同文化兴趣、理解力和信息需求——的产物,也是特定媒介环境供应模式的产物"。(麦奎尔,2006)在中国传统社会特定的环境中,受众的接受条件和接受的对象——传统民居装饰图形,决定了传播接受的方式和体制,从而影响到受众的接受态度和接受实践。在中国传统社会,随着传统民居建筑装饰审美生活日常化的显著变化,尤其是明、清时期,这种变化影响、改变着传统社会传播体制的一元格局的向度,即接受过程中受众简单、被动的线性接受方式,转向受众能动的接受和主动的观看,使中国传统民居装饰图形意义的文化链接和视觉形式美不断完善。同时,促进了中国传统民居装饰图形构成传统文化消费的社会现实,并成为中国传统文化传播较为深刻的媒介,实现着中国传统文化的传播。

（一）受众接受的审美选择

按照受众社会结构类型的划分,不同类型的受众对传统民居装饰图形的艺术接受的选择也不尽相同。也就是说,源于受众个人差异的因素,不同的受众,在传统民居装饰图形的审美接受中会发生不同是选择行为。具体表现为以下三点。

其一,是主动的选择性注意。麦奎尔在其传播学名著《受众分析》中,从"受众方面"因素和"媒介方面"因素两方面进行过受众选择过程的分析,其中,来自社会与媒介两个方面的影响,如图 6.7 所示,根据它们与受众进行选择和注意(媒介选择)是的相应距离,距离最远的是最稳定的,即社会和文化背景,以及一般的品味、偏好、喜爱、兴趣等因素。说明社会背景对受众的选择行为具有强而有力的指向性和倾向性的影响。而距离大约相等的不稳定因素是,不同媒介的总体构成和各种内容的组合,对此,受众通过已经积累的知识和审美经验、媒介倾向,是可以认知、可以评价和接受。由此可知受众个人的知识、相应的态度等,决定了选择的品味和偏好和接受的行为。

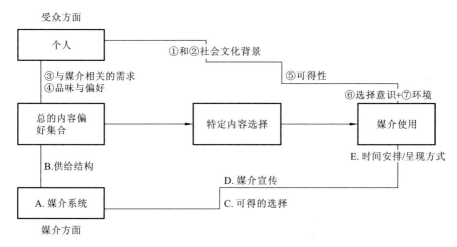

图 6.7　媒介选择过程的整合模型(麦奎尔,2006)

在麦奎尔的这个模型(图 6.7)中,当媒介系统替换为中国传统民居建筑及其装饰的时候,有意思的是就会发觉受众在审美选择行为上的一些特点:受众对自己固有的认知结构包括其审美认知的观点、立场等,都有一种维护和加强的倾向。在中国传统民居装饰图形审美接受的受众群体中,无论是权力尊贵型受众、知性小众型受众还是普通大众型受众,他们都积极地选取和接受与自己地位身份、知识结构和审美趣味相近的装饰图形,装饰图形媒介文本总体构成和内容的广泛性为这种选择提供了可能。把握权力地位的受众在装饰图形题材内容上,对弘扬三纲五常、礼制秩序的装饰就比较容易接受和融合,而普通百姓的民居装饰则是在日常生活化的平安吉祥之中,追求审美所能获得的健康、长寿和快乐。

其二,是选择性的理解。中国传统民居装饰图形媒介文本,能够在历史的长河中绵延流传,本身说明了其作为成功媒介所包含的多义性和多价性的存在,它就像一个丰富的文化宝库,能够被受众挖掘千年而难以穷尽,还能不断推陈出新,葆有旺盛的生命活力。

受众在对传统民居装饰图形文本媒介的"符号解读"或"解码"过程中,携带有传统文化信息即意义的装饰图形符号经过受众选择性的理解,被还原成为意义。选择性的理解期待同装饰图形符号意义可以达成相对的一致,但很难做到完全一致。当然,完全的不一致也不常见,因为违背了受众审美接受固有态度的那一类形式的装饰图形,很难通过受众选择性的关口。因而,选择性的理解就像一种滤清器,可以帮助受众对装饰图形艺术作品做出不同的合意性理解和意义的阐释。尤其是一些创造性的理解,这种理解能够引导受众遵循装饰图形艺术传播的方向思考,按照其编码轨迹、传情线索和审美理性的逻辑途径进行。积极的态度和选择性的理解,有利于受众主动地去发现和理解一些装饰图形媒介文本中的东西,甚至是一些隐藏在其中的未被发现的意义,从而充分展现装饰图形作品所蕴含意义的丰富性和深刻性,不断促进装饰图形装饰功能的完善、意义的完整。例如,中国传统民居装饰图形中的"麒麟",原本是古代神话传说中的神奇动物,是仁慈、吉祥的象征。《蔡邕月令章句》中说:"凡麟生于火,游于土,故修其母,致其子,五行之精。"《说苑》记载麒麟:"合仁怀义、音中律吕,行步中规,折旋中矩,择土后践,位平然后处,不群居,不旅行,纷兮而质文也,幽间循循如也。"但在后来的发展中,经过审美接受的选择理解和演绎,它逐渐演化成为民俗文化中送子的神物。仁慈、吉祥的象征意义渐渐隐退,而意在祈求、祝颂早生贵子和子孙孝顺、贤德的象征意义理解、解读和选择凸显。特别是儒学领袖孔子——麒麟儿,也被纳入到麒麟送子这一文化事项之中,受众对这一类装饰图形选择性的理解和接受更是扩大化、艺术形式更加多样。在传统民居建筑中,"麒麟儿""麒麟送子""对麒麟""麒麟玉书"等的装饰图形比比皆是。应该说,这都是受众选择性理解接受的结果。

其三,是受众选择性的记忆。即受众总会对曾经经历过的装饰图形审美实践活动保持一定的记忆,同选择性注意相类似,更倾向于选择相对正面的信息内容,排斥反面的信息。日常的审美接受经验也证明,媒介信息在接受过程中经过受众刻意记忆、加工和处理的信息要比未经加工、处理的信息更容易记忆,媒介选择过程的整合模型图例表明,选择性记忆的有效性是建立在受众主观因素的稳固性和明确性基础之上的。也就是说,受众主观因素的稳定和明确是提高选择性记忆的重要依据,也是受众反馈发生作用的基础。

上述的特点反映的是,受众在传统民居装饰图形审美接受中最为基本的内在实践行为方式,也是依据麦奎尔受众分析理论推衍出的受众在传统民居装饰图形审美接受中,实践行为的主动选择的特点和作用。总的来说,受众发生作用的审美选择,既取决于"受众个人"因素和"装饰图形文本媒介"因素的各自特点和形式,也取决于受众主体和装饰图形文本媒介之间审美接受和产生共鸣的程度。

（二）受众接受过程中的"陌生化"

麦奎尔认为:"媒介内容人意义如何,很大程度上都取决于受众的认识能力、经历和社会地位。受众按照他们自己的认识和期待,对媒介源所提供的信息进行'解码',虽然这种解码常常是在某些共同的经验框架内进行的。"（麦奎尔,2006）"陌生化"方法,作为寻找适应意义变化的各种可能性的处理方法,能够提高受众认识水平,形成在信息解码的共同的经验框架之中,对继承下来的制度和社会模式所谓"永恒"的、"自然"的怀疑。在传统民居装饰图形审美接受中,这种批判性的怀疑,有助于受众运用装饰图形符号语言构成的变化来实现内蕴意义的转换。

"陌生化"符号学研究中最负成就的概念之一。巴尔特依据索绪尔的能指与所指的人为约定性原理,通过对文学基本媒介语言人为约定性的肯定,揭示人们可以不断改变语言的使用方法,而且可以打破日常经验中那些习以为常的思想观念,借助于能指和所指关系的诠释,借助于符号和社会潜在关系的联系,来破除人们曾经认为的那些"自然的"和不可改变的观念。也就是说,借助这种改变来进一步改变世界,改变人们对世界的看法。"陌生化",具体到巴尔特等则同于宣布"作者之死",以此来解放对文本意义解释的垄断,解放作为受众的读者,并赋予受众解释文本意义的权力。这种解放,使受众不再将自己与媒介和媒介传播之间的关系,视为日常生活中的难题,"作者之死"营造了一个自由多元的环境,受众刻意按照个人的意愿,根据自己的选择、理解和判断来选择自己的媒介源,而不必理会那些不确定的或可能会造成自己不快内容。尽管在这个过程中,"传统的"受众可能会保持着某种对他们所选择的媒介源的忠诚、喜爱和尊重,但这些都不妨碍他们对陌生的、惊奇的审美感受的追求。

"陌生化"对中国传统民居装饰图形审美接受的启示意义在于,受众在面对装饰图形媒介文本的时候,能够从熟悉的这类装饰作品中能有不断的新的发现,从而感受装饰图形作品的超常之处,感受到装饰图形艺术语言的真实本质。在历史发展的长河之中,不断建构新的艺术形式和内蕴意义的完善。例如,在佛教东渐的传播过程中,"莲花"通常被作为佛教世界中净土纯洁的象征,出现在与佛教有关的建筑、装饰及相关的生活器物和文化活动之中。然而,"连"和"子"的谐音以及荷花本身的视觉形态,使荷花题材装饰图形的符号和传统民俗社会潜在的两性愉悦、祈嗣、生殖、产育等愿望发生联系,在意义解读上,完全超越了其在佛教中的象征意义,成为迥异于"净土""纯洁"的世俗化、物欲化的象征。这不能不说是在装饰图形审美和认知上的一种惊奇。

在传统民居装饰图形是审美接受中,受众"陌生化"的审美接受行为,对装饰图形所产生的影响如下。

(1)促进传统民居装饰图形尺度的变化。阿恩海姆认为:"每一件艺术品,都必须表现某种东西。这就是说,任何一件作品的内容,都必须超出作品包含的个别物体的表象。……而要做到这一点,就要用一种十分活跃的'力'去构成表达时使用的知觉式样。"(阿恩海姆,1998a)在传统民居装饰中,人们常常会通过改变装饰图形的大小,将装饰图形的视觉形式陌生化,以求把受众的视觉感受控制在一种较为鲜活的审美经验范围之内,获得装饰图形视知觉样式中那种"力"的心灵震撼。

(2)促进传统民居装饰图形材料的变换。中国传统民居装饰图形包括木雕、砖雕、石雕、彩绘等多种多样的艺术表现形式。通常,在装饰中,各种不同的装饰材料往往会与相应的题材内容,在长期的艺术实践中,形成由材料符号意义表达的指向向约定俗成的转变,并在其艺术传播过程中逐渐稳定下来。材料的变换,往往能够颠倒这种习惯化的审美概念,使受众获得装饰图形审美体验的新奇感。

(3)促进传统民居装饰图形的变形换色。在装饰图形的艺术形式上,造型的夸张变化,装饰色彩的不合常理的搭配等,会在视觉上造成极富矛盾冲突的戏剧性效果和陌生感。从历史发展的宏观视角,传统民居装饰是图形是由各种视觉元素、以相互和谐的方式所组成,在整体上体现出和谐圆满、温柔敦厚的美学魅力。形成相对稳定的艺术样式。因而,装饰图形变形换色的艺术手法,会打破常规,满足受众在民居建筑装饰上新的需求,无论视觉还是审美心理,以制造出的新奇感烘托气氛,让受众在审美中赏心悦目,同时,新的新奇的装饰图形艺术样式,会引起受众在审美接受中,主观与客观、理性与现实、情感与理智、内容与形式之间新的勾连,实现装饰图形艺术特色的不断丰富和完善。

(4)促进传统民居装饰图形时空概念的自由化和造型方法上的综合、多元化。在中国传统民居装饰图形中,有许许多多生动的艺术形象,它们的造型形式多样,表现手法不拘常理,打破时空的观念,进行自由的组合,以满足受众求吉求安的心理需求。例如,凤凰在传统文化中,一直以来都是被信奉为神鸟而被予以普遍的崇拜,作为想象中的一种保护神,人们无法用某一具体的造型来建构这样一个被视为神圣的东西,因而,凭借人们的生活、审美经验以及图腾崇拜,从许许多多的被认为是瑞兽祥鸟的生理结构中,按照理想的图式,构造出头似锦鸡、嘴似鹦鹉、身如鸳鸯、翅如大鹏、腿如仙鹤、尾如孔雀的视觉形象,以此象征美好和平。

因此,在传统民居装饰图形的审美接受过程中,从受众接受的视觉域看,装饰图形艺术表现手法上的反常搭配和陌生化处理,能够给受众既定固有的观看方式和习惯以巨大的冲击,从而激发受众的好奇心和审美兴趣,最大限度地调动受众装饰图形视觉接受中审美的想象能力。这是由于装饰图形视觉元素的反常搭配和陌生化重组,完全解构了受众以往观看的经验,形成装饰图形审美接受的空白。从逻辑上讲,正是这种空白"赋予接受者参与作品意义构成的权利"(金元浦,2003),同样也是它增加了受众观看理解与诠释的难度和高度。自然,受众更高审美的需求决定需要更高水平的装饰图形艺术作品来满足,则是不言而喻的。

(三)受众接受的使用与满足

人们一切活动的基础是满足各种需要,中国传统民居装饰图形的接受也不例外。马克思指出:"任何人如果不同时为了自己的某种需要和为了这种需要的器官而做事,他就什么也不能做。"(中共中央、马克思、恩格斯、列宁、斯大林著作编译局,2002)说明了人是有需要的动物。中国传统民居装饰图形的审美接受,表现了在中国传统社会,人们对传统民居建筑装饰的物质功能、社会民俗的约定和人的精神方面的需求。受众接受动机的分析表明,在中国传统民居装饰图形的艺术传播中,受众普遍存在对审美满足的需求。例如,文化信息方面和视觉感官愉悦的需要等。受众的这种需求和中国传统民居装饰图形——祈吉避凶、求真、求善、求美、求乐、求安、求富等等的题材内容相吻合。这些又充分说明了,受众在中国传统民居装饰图形的审美接受中,不是完全被动的,实际上,他们总能在某种程度上主动地选择自己所喜欢。所偏爱的装饰图形文本媒介的内容和作品的艺术形式,以满足不同的需要,达到不同的审美目的。

在传播媒介并不发达的中国传统社会,传统民居及其装饰图形的媒介性,使中国传统民居装饰图形的艺术传播成为大众传播的可能。受众是其艺术传播的目的地,是艺术信息传播链条上的重要环节,是装饰图形艺术传播的接受者或传播对象。作为一个集合的概念,它最直观地体现为不同社会层次的不同接受人群的组合,与装饰图形文本媒介构成艺术传播过程的两级。

现代传播学理论认为:"媒介能够为潜在的受众提供他们基于以往经验所产生的期望的(也是所预料的)报偿。这些报偿可以被认为是个体对自己的媒介经验进行评估后产生的一种心理效果,有时被称为媒介'满足'。"(麦奎尔,2006)具体到中国传统民居装饰图形的艺术传播中,这些报偿可能就来自于使用装饰图形文本媒介,如一次愉快的装饰图形的审美观看,或者装饰图形内涵的故事情节等。随着无数次这种审美经验的积淀和积累,不断增加了装饰图形文本媒介信息的储备,为人们后续的选择提供可供借鉴的指向。传播学者卡茨曾经将受众与媒介的接触行为概括为"社会因素+心理因素→媒介期待→媒介接触→需求满足"这样一个因果连续的过程。本书关于中国传统信息接受的文献资料和视觉接受研究的结果表明,受众的视觉接受从来都不是被动是接受,而是包含上述几种情况在内的审美接受过程。由此,借助使用与满足理论,可以进一步探索装饰图形审美接受中受众更为具体的实际动因和行为结果。

(1)调查研究表明,受众的行为在很大程度上受到具体的有意识的动机的支配。在传统民居建筑的媒介空间中,受众通过"观看"的方式是其进行视觉审美和享受必由之路。例如,徽派民居建筑中的书房的装饰,通常就比较容易接受冰片纹一类题材的装饰图形进行装饰,以此获得励志心理的满足。以下是桃李园内两个室门的装饰(图6.8、图6.9)。

图6.8　桃李园私塾先生住屋房门装饰(安徽黟县西递)　　图6.9　桃李园学童读书房门装饰(安徽黟县西递)

图6.8为私塾先生住房门的门饰。门自上而下分四块板,门楣镂空雕刻着花藤,中间是蝙蝠形花朵。第二块板由镂空花纹和竖条栏杆组成,回形纹上装饰以花叶,中间是蝠形牡丹,象征富贵。以上两部分原来都糊纸。第三块板在实木上刻浮雕,为拐子龙纹,中间有半朵桃花(或李花)和藤蔓组成的蝠形,反映了主人教书先生的身份,另外,在题材内容方面,还有横着的鹤形图案,以此表达延年益寿的生活理想追求。

图6.9为学童读书学习之地的门饰。在结构上同样分为上下四段,上两段左右两扇门不相同,右面一扇有两扇小窗,可开启,左边是一块整板,不可开启。小窗的设计构思精巧,可能是为往室内递东西之用。上部第一段都雕有空的云纹,第二段都是冰裂花雕、点缀梅花的隔栏,表现了寒窗苦读的私塾生活。第三、四段为实木板,无雕刻,整扇门朴实简洁,实用美观。门的材质是银杏木,不易招虫蛀,使用寿命长。

在装饰图形的题材内容和表现形式方面,装饰图形在其历史发展过程中并不是一成不变的,往往会随着时代的变迁发生许多变化。但还有一种情况,无论是在哪一个年代,装饰图形题材内容一旦形成民俗约定和作为文化的形态,它们就会受到普遍的认同、接受,不会像前者那样,发生很大的变化,如图6.10"卍"字形装饰图案所示。

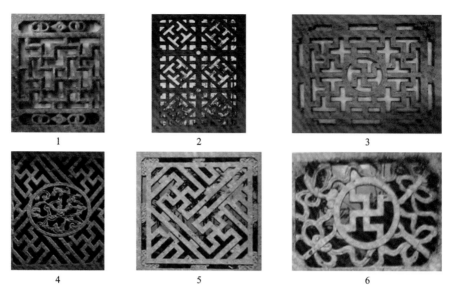

图 6.10 "卍"字形装饰图案

1."卍"字形流水纹石窗；2."卍"字形石窗-1；3."卍"字形石窗-2；

4."卍"字形福纹石窗；5."卍"字形不断头纹石窗；6."卍"字形博古纹石窗

在传统民居装饰中，"卍"字形象征着吉祥福瑞。起初随佛教东渐而来，是古代印度宗教的吉祥标志，传至中国唐代，宋编《翻译名义集》（卷六）中载："主上（武则天）制此文，着于天枢，音之为万，谓吉祥万德所集也。"在其应用过程中，题材内容本身并没有多大的变化，然而据此题材所出现的装饰图形样艺术形式则不计其数，丰富多彩。从受众的角度来看，与其说是对"卍"字形装饰图形的改良，还不如说是以装饰图形视觉形式的多样化，来满足受众的多样化的选择。由此可知，传统民居装饰图形作为文本媒介使用的时间越长，意味着受众审美接受相应的满意度也随之增加。而且积累的报偿越多，其指向性就越明确、作用就越显著。

（2）从对受众的结构类型及其受众个体的审美素养的分析中可以看出，受众不同的社会背景、地位、身份和具备不同审美素养，影响到对报偿的寻求和对媒介的期望和使用。例如，在装饰图形审美接受中，受教育程度和社会所处的阶层较低的受众，大多会倾向于简单的观看，在对现存的传统民居古迹的考察中，不难发现这一点。社会地位、经济条件及受教育程度低的受众，他们所居的传统民居建筑的装饰图形，无论是装饰题材、内容的选择还是那装饰的艺术形式等都倾向于最为普通的、大众化、民俗化的需要与满足类型的装饰图形，如图 6.11 中所示的国家重点保护文物山西高平姬氏老宅及其装饰；与之相反，作为乡村望族的王氏后裔——静升王氏家族，在山西平遥先后历经清康熙、雍正、乾隆、嘉庆数朝建成的王家大院，总面积达 25万平方米以上，共有大小院落 123 座，房屋 1 118 间，面积 4.5 万平方米（图 6.12）。其建筑依山而建，气势宏伟，在装饰上，砖雕、木雕、石雕等多种艺术形式，题材内容广泛、用意匠心独运、艺术风格特征鲜明，足以显示出主人对于建筑装饰的更高层次的物质和精神的需求和满足。

由此可以推断，装饰图形受众的审美接受需要和满足呈现，受众的需求与满足越是下层越具备相近性，越到上层越带有独特性的特点。

图 6.11 山西省高平姬氏老宅及其
装饰(元代民居)

1 2

图 6.12 山西省平遥王家大院
1.山西平遥王家大院；2.王家大院内照壁

　　综上所述,笔者借用一句马克思的名言:"没有需要,就没有生产。"说明在中国传统民居装饰图形的艺术传播过程中,正是因为受众的需要、使用和满足,才能促进中国传统民居装饰图形的艺术传播和发展。

第四节　中国传统民居装饰图形艺术接受的能动作用

　　中国传统民居装饰图形的艺术接受,是接受主体在情感上、精神上对中国传统民居装饰图形欣赏和认同过程。在接受主体的视觉经验中,各方面的视觉经验综合建构了接受主体的艺术感悟能力,这种能力不表现简单的、机械的观看接受,而是表现接受主体能动的再创造活动。并能促进中国传统民居装饰图形的不断发展和完善。下面就传统建筑中柱子的装饰变化来进行分析。

表 6.2 中国传统建筑柱结构装饰流变图表

	先秦与秦汉时期	魏晋南北朝时期	隋唐五代时期	宋	元	明清
柱的装饰特点	1. 先秦时期,柱子装饰主要以刷色为主,或作简单局部彩绘,依次以丹、黑、青、黄等级排列。为初级阶段的柱子彩绘 2. 至汉代,柱饰多雕刻、彩绘并用,或多作通身装饰,题材多为云气、花卉、符瑞辟邪等	1. 柱体装饰通体刷秦红。使红色不再为皇家专用,较以前开放 2. 柱体装饰红底彩绘,比单涂柱身更进一步。题材可见忍冬草、连珠纹等异域纹样。同时,雕刻楹柱也成为这期柱饰的主要方式之一 3. 除彩绘、雕刻外,还出现用金银铜和织物等材料进行附丽装饰的手法	1. 柱体装饰以彩绘为主,雕刻装饰仅为佛寺、宫殿等高级建筑所用。附丽的装饰手法为彩绘所取代 2. 外来文化带来建筑装饰上的变化,鲜艳的色彩、丰富的纹样、新颖的手法,使彩绘的柱饰更为成熟 3. 柱身彩绘分为柱头、柱脚、柱身三部分进行装饰,并对北宋柱饰产生直接影响(《营造法式》)	1. 柱体装饰受宋代总体艺术风格影响,呈现平稳典雅特征。彩绘依然是最主要的装饰手段 2. 柱子装饰规范化、制度化。并形成一系列的制作标准 3. 装饰题材更为多样、装饰技术更为娴熟。柱子彩绘的艺术风格日臻完美	元代柱子彩绘多传承于宋代,虽有蒙古族的文化元素,但总还是中原的艺术特色	明清时期的传统建筑艺术发展到巅峰时期,装饰艺术手法完美。但受到建筑体量以及建筑制度、规定的制约,该期柱子装饰与建筑相反,呈简洁状态

续表

	先秦与秦汉时期	魏晋南北朝时期	隋唐五代时期	宋	元	明清
装饰手法	装饰手法较先秦时期丰富复杂,装饰部位有原来局部拓展到整个柱身	装饰手法受老庄玄学和佛教影响,吸收外来文化和艺术样式,出现"晕染""叠晕"技法	该期装饰的色彩颜料、装饰纹样、构成方法均较前期发展,柱子质朴,并成柱头、柱身、柱脚三分装饰趋势	装饰手法相当成熟,继承了唐代的许多特点,并向着繁丽奢华的方向发展,达到柱子装饰的高峰	装饰手法继承宋代,但又略显粗糙	随着传统建筑式样的发展,柱饰呈素饰化趋势发展
文献记载	《春秋·谷梁传》:楹,天子丹,诸侯黝,大夫苍,土。雕楹	洛阳伽蓝记:朱柱素壁,白壁丹楹,绣柱,绮柱等。《南史·后妃传下》:花梁绣柱	敦煌唐代壁画中的建筑式样。《入唐求法巡礼行记》:壁檐椽柱,无处不画	《营造法式》:柱子彩画。现存实物:广东佛冈县龙山镇上岳村	《辍耕录》:矫揉于丹楹之上。现成实物:高平姬氏老宅	现成实物安徽黔县承志堂福建省浦城县观前村

(根据研究文献资料整理)

从表 6.2 可以清晰地看出,传统建筑柱子的彩绘装饰是在春秋时期开始,初时仅以颜料进行涂刷和彩绘的方式出现,到隋唐发展成为柱子装饰的主流,至宋代达到统一的规范;雕刻装饰则在秦汉时期和南北朝时期盛行过后逐渐衰减;彩绘装饰经历了由早期的质朴到唐宋的华丽,再到明清的简洁过程。虽说柱子的装饰在明清时期较为简洁,那也是传统建筑发展的需要,而在千百年来的发展历史中,在柱子装饰过程中所形成的关于传统装饰图形的形式美的造型法则、装饰图形的题材内容、民族审美的差异、个体生活的习惯、中国传统文化等经验因素,都融入中国传统民居装饰图形之中。可以说:"中国古代建筑装饰则是在历史的长河中不断发展而成为一种传统的,是随着建筑类型的增加,建筑结构的变化,建筑材料的多样化,以及民族文化的发展而不断丰富起来的。因此,传统建筑装饰的发展本身就意味着它的应用价值。"(楼庆西,1999)

中国传统民居装饰图形的创造是人劳动实践活动的结果,无论是装饰的创造者还是审美接受者,都对柱子装饰的发展变化发生作用。从艺术接受的视角,黑格尔认为:"艺术美是诉之于感觉、感情、知觉和想象的……我们在艺术美里所欣赏的正是创作和形象塑造的自由性。"(黑格尔,1979)那么,黑格尔所说的这种自由性就可以被理解为在艺术接受中,接受者对传统建筑柱子装饰的发展和变化会产生能动作用。

第一,艺术接受的能动性对中国传统民居装饰图形意义的构成有着重要的作用。审美接受理论的研究表明,在艺术的审美接受中,接受者对艺术作品的意义构成具有至关重要的作用。只有通过接受主体的审美接受活动,才能真正体现艺术作品的社会意义和审美价值,才能真正形成它艺术的生命力。按照符号学的结构理论,中国传统民居装饰图形作品在意义表达上,存在着一个多层面的未完成的图式结构,具有未定性。正是这种不确定的特性,造成了装饰图形文本结构上意义的空白点,使得审美接受主体能够在装饰图形的审美过程中,将个人的审美体验,个人的情感、思想感情、审美趣味等以其自身独有的方式置入装饰图形文本之中,突破装饰图形文本原有意义的指向。在它意义的空白点,接受主体才能在装饰图形文本在接受过程中,形成新的意义编码解读;揭示装饰图形"内蕴意义"未完成的部分,使未定性部分意义得以确定,促进"内蕴意义"的不断完善,丰富了中国传统民居装饰图形作品中传统文化的内涵。

第二,促进和完善中国传统民居装饰图形艺术形式,丰富题材和表现内容。在艺术接受过程中,接受主体往往根据自己的个人趣味、思想情感、审美偏爱、生活经验及生命意识等,对装饰图形作品的意义进行审美的第二次加工和再补充,将个人情感投入作品的艺术形象上,使装饰图形作品中艺术形象的内涵变得更为丰富、鲜明和深刻。呈现出审美接受主体对装饰图形作品的二度体验状态,在这种二度体验中,接受主体不仅能够获得审美欣赏的愉悦,而且还能将其审美能动的力量对象化到装饰图形的创造中去,也就是说在历史上,由无数个审美接受主体共同再创造出来的艺术形象,一定会对装饰图形中的艺术风格、艺术形象会有新的开拓和审美要求。因而能促进在随后的装饰图形创造中,对它的艺术形式的改进以及题材内容的选择,以满足审美接受主体的要求,永葆中国传统民居装饰图形的艺术魅力。

综上所述,在审美接受能动性问题上,姚斯指出:"简单的接受将转化为批判的理解,被动地接受会转变为积极的接受"(瑙曼,1988)。因此,借用姚斯的观点,在中国传统民居装饰图形的艺术接受中,离开了接受主体的能动参与将不可想象。

第七章
中国传统民居装饰图形及其传播的现代实践

中国传统民居装饰图形是中华民族艺术的瑰宝,它以丰富多彩的地域特色,时代特征鲜明的艺术形式传承着中国传统文化的血脉精神,千百年来备受广大人民群众的喜爱,得到广泛传播和实际应用。它作为一种文化现象,是根植传统社会人们深厚的生活基础之上的文化创新的产物。为此,本论文借助传播学理论,对中国传统民居装饰图形及其传播进行了系统的研究,在艺术设计与传播学结合研究的基础上做出了有益的探索,揭示了其艺术传播的规律,并得出以下主要结论和启示。

第一节　中国传统民居装饰图形及其传播研究的结论

一、中国传统民居装饰图形及其传播中的民族形象

作为传播媒介的中国传统民居装饰图形是离不开视觉审美的,只有当它们与传统文化中更深层次的意义发生链接时,才会富有价值。装饰图形作品中那些不断重复的题材内容、形式丰富多样的造型、不断演进变化的艺术样式,凸显出历史的长河中不同时期民族形象的传播。

所谓民族形象,是一个民族在历史发展中所形成的相对稳定的民族观念的外在表现形式。就中华民族而言,民族观念表现为我们拥有共同先祖意识和共同血缘关系的民族群体,在历史发展中经由"共同的经历、共同的生活、共同的文化"所形成的"共同心理状态"(朱寰,1997)。由此可以看出,民族形象是在历史发展过程中逐渐衍生和演化的形象。尽管民族形象的内涵极为复杂,但民族形象的创造和存在必须具备地域环境的依托、社会政治状况、民族文化、民族历史、民族情感、世俗生活等要素,这是人们的共识。中国传统民居装饰图形在一定程度上能够很好地体现出民族形象建构要素的诸多表征,从而在中国历史的发展过程中,对民族形象起到了很好的传播作用。

中国是一个多民族统一的国家,是由 56 个民族所共同缔造的。中华文明五千年的历史已将各民族结成具有政治共同、利益共同的整体,任何一个民族都不可能离开国家强大的利益保障;因为国家赋予了民族生存和发展的空间,所以多样性的传统民族能够保持着完整的形态。也就是说,民族形象和国家形象有着天然的、不可分割的联系。所以,从国家形象的精神要素来看,"国家形象的精神要素包括民族的文化心理和社会意识两个层面的内容,它是国家形象在国内民众的文化心态及观念形态上的对象化"(张昆,2005)。由此可以发现,这与中国传统民居装饰图形所包含、所传播的传统文化内容是相吻合的。

马克思认为:"在不同的所有制形式上,在生存的社会条件上,耸立着由各种不同的感情、幻想、思想方式和世界观构成的整个上层建筑……通过传统和教育承受了这些感情和观点的个人,会以为这些感情和观点就是他的行为动机和出发点"(马克思,1972)。在这里,要强调的是,不仅仅个人的发展离不开"获得性遗传"这一基础,而且整个民族的性格之形成、发展也遵从这样的规律。在一定的历史环境中,中国传统民居装饰图形,在由"获得性遗传"基础上,将在长期的生产实践活动所获得的传统文化积淀,诸如中华民族的情感意象、思想方式、行为方式、生活习惯、宗教信仰及审美态度等,都包容在作为传播的中国传统民居装饰图形媒介之中。如果说"国家形象是一个国家中民族性格和精神性格的象征和表现"(张昆,2005),那么,中国传统民居装饰图形在传播中对民族形象的传播作用无疑是肯定的。

二、中国传统民居装饰图形非'机械'复制的传播

中国传统民居装饰图形所建构的装饰艺术风格,是中国传统文化的重要组成部分。它与其他中国文化保持着相互依存的关系,其文化特质的传播扩散不是简单机械的复制、分裂与组合,它必然与整个文化系统发生联系,以先进的技术为依托,将中国传统民居装饰图形所蕴含的传统文化带到人们的日常生活之中,从而满足人们普遍的审美诉求。为此,中国传统民居装饰图形的复制就有了其存在的合理性。事实上,作为传播的中国传统民居装饰图形,在复制传播的过程中,还出现了很多的创新。研究表明,它不仅仅是在物质层面上满足人们视觉的愉悦,而且在历史的发展中,影响到中国传统文化大众化消费和文化审美属性、内在意蕴的再拓展。在这个意义上,中国传统民居装饰图形的现代传播是非"机械"复制的。

同样,中国传统民居装饰图形在现代社会的传播,也不可避免地要接受新时代的政治、文化哲学思想、机械化生产方式的影响和制约。当这种现代"复制"秉承了优秀的传统文化基因,以一种开放的理性、积极扬弃的方式、兼容并蓄的胸怀进行时,其传播便成为非"机械"复制的传播,而是创新的传播。如此,才能使得中国传统民居装饰图形在历史发展中与时俱进、而历久弥新。

三、中国传统民居装饰图形超越于传统民居建筑的传播应用

中国传统民居装饰图形在中国历史上的传播,早已形成了其独特的传统文化景观和艺术样式,其历史的传承和影响力不仅仅表现在作为传统民居建筑的装饰方面,而且扩散到与之相关的更广泛、更深层的艺术设计领域。

中国传统民居装饰图形是在中国传统文化的环境中生成和发展起来的,同其他姐妹传统装饰艺术一样,是我国人民用来装饰自己的生活,并利用装饰语言来表达对美的向往和追求的一种方式。它融合了历代建筑营造设计中许许多多能工巧匠的智慧和才华,将中国传统社会的政治、宗教、道德伦理、民俗风情等文化基因,以一种开放的姿态,在不断接受新的观念意识和新的生产技术的基础上,自觉演进而获得新的进步和创新,使中国传统文化的精神和内涵在历史延伸的脉络中得以绵延传播,并熔炼成独具中华民族特色的装饰艺术体系的重要组成部分。

从中国传统民居装饰图形的视觉符号形式、创作及传播过程来看，它创作的目的是满足人们对建筑的装饰及心理需求，是实用和审美的结合体。作为一种传播的媒介，它是人们在创作过程中通过丰富的艺术想象，运用感性和理性的思维方式所建构的视觉艺术形象，叠进实用意识、宗教礼制、道德伦理、民俗风情等内容而获得作为传播媒介的传统文化信息。作为装饰图形建构的那些点、线、面、体、色彩、材料肌理等基本符号元素，则以中国传统图案的构成所普遍遵循的形式美法则为准则，以象征的手法来表达人们的审美意识和情感，营造出具有生命活力的传统民居装饰图形艺术作品。因此，无论从哪一方面说，其艺术传播中都蕴含着中华民族创造与审美的最本源的精神。对于领域宽广的中国传统艺术设计来说，这种精神的影响和作用是深刻而有效的。就这个意义来说，中国传统民居装饰图形及其传播无疑是一种超越。

四、中国传统民居装饰图形及其传播的现代文化自觉

中国传统民居是人们生活和生产的活动场所，其建筑与装饰图形是传统文化最具代表性的综合载体，它将中国传统文化以视觉艺术的形式在历史的长河中传播留存下来。充分体现出我国劳动人民在文化创造上的聪明智慧和卓越成就。

现代民居住宅类型的装饰设计是现代设计艺术的一个重要组成部分，在设计艺术的普遍性和共性上，它反映出"以协调人的生产和生活活动为目的的文化活动"的特点(荆雷,1997)，表现出现代建筑装饰设计和建筑装饰空间中，人对文化需求的自觉。这种文化自觉具体表现为"生活在一定文化历史圈子的人对其文化有自知之明，并对其发展历程和未来有充分的认识。换言之，是文化的自我觉醒，自我反省，自我创建"(费孝通,1999)。在此意义上讲，中国传统民居装饰图形能够传播留存至今正是这种文化自觉的结果。

纵观中国传统民居装饰图形及其传播的历史，基于传统文化的自觉，其设计思维和建构方式上，都能表现出对自然万物的尊重、认可和人与人之间的包容、协调、沟通及自我调节。正如《考工记》所载："天有时、地有气、材有美、工有巧。合此四者，然后可以为良。""良"是文化自觉的必然结果。在传统文化中，宗法伦理、礼制等级所形成的社会组织结构将个人的文化自觉强调为对他人的责任和义务。传统民居装饰图形作为一种负载信息的文本媒介，为传统文化的自觉起到宣传教化的作用，从而使"以人为本""天人合一"的传统文化精髓的得以有效地、长久地传播。

现实的问题是，包括现代民居住宅类型在内的中国现代建筑装饰艺术设计中，无论是设计还是消费的接受，都存在着缺乏对本民族自身优秀文化的认同。具体表现为在物质生活日益丰富的状况下，精神的追求迷茫和空虚。"回顾中国近百年来建筑文化的表现，看出来是一种浮动的历史。人们弄不清我们的民族在现代发展中应当有种什么定位。所以世界建筑发展的'现代建筑'到了中国大地，也自然被'调和''中庸''折中'所融合。现代建筑的基本精神难以彻底、也难以整体的被理解。一种调和、折中的样式时时在中国大地上漂浮回荡"(齐康,2002)。因此，对中国传统民居装饰图形及其传播的研究无疑找到了一些解决问题的线索和答案，即避开简单、机械复制的装饰设计思维和技术，秉承文化自觉的传统，进行创新的装饰艺术设计。

需要强调的是，传统民居及其装饰并不是每一种样式都值得现代人们去借鉴和延续的，这

就需要在现代社会范围内遵从文化自觉的传统,在继承传统民居及其装饰精华的时候去其糟粕,而且还要融合西方建筑文化的精髓,通过理性思考,形成各具特色的现代住宅类型设计的范式,为新时代的现代民居及其装饰和文化传播拓展出可持续发展的空间。

第二节　中国传统民居装饰图形传播的现代途径

中国传统民居装饰能在历史的长河中传播留存至今,自然有着其顽强的生命活力和传承的道理。尽管其在现代发展和传播的过程中存在着不少的困难,但对其研究的结果仍能够为中国传统民居装饰在现代的继承和发展提供很多有益的思考和借鉴。

一、中国传统民居装饰图形及其传播的现状

传统民居作为以居住类型为主的非官方建筑,在民间一代一代地绵延传承。受"天人合一"思想的影响,它的建造者在营造中眼观天文、俯察地理,近取诸身、远取诸物,注重环境、因地制宜、就近取材,将在实践中得到的感悟、思考通过装饰的方式融入民居建筑之中,从而造就了传统民居在居住功能、装饰艺术、技术等各个方面都达到很高的成就。形成具有浓郁的中国传统文化特色和形式多样的中国传统民居及其装饰图形。

在中国,中国传统民居的物质遗存大多在广袤的农村大地。近些年来,随着改革开放 30 年的发展,我国的政治、经济等各个层面都发生了巨大的变化,农村也不例外。伴随着乡村工业化、村落城镇化、农民市民化、城乡一体化的新农村转型的大趋势,许许多多传统文化的载体——传统民居及其装饰一步步地被逼进狭小的生存空间内,一些留存很久的优秀历史民居建筑甚至因人为毁坏而消失。在我国经济社会快速发展的当下,如何将承载并传播中国传统文化信息的传统民居建筑及其装饰保存和延续下去,的确面临着很多困难和压力。

有关数据显示,由于行政村拆并,全国行政村从 1990 年的 743 278 个减少到 2005 年的 640 139 个,减少了 103 139 个,平均每年减少 6 875.9 个(王景新,2008)。到目前,中国民间文艺家协会的普查结果显示,在我国现存的 230 万个村庄中,依旧保存与自然相融合的村落规划、代表性民居、经典建筑、民俗和非物质文化遗产的古村落,已由 2005 年的约 5 000 个锐减至不到 3 000 个(单颖,2012)。也就是说,七年的时间,传统古村落锐减 2 000 多个。从这样的数据中可以感受到,在中国当代社会农村城镇化转型的过程中,村落和村落文化正在逐渐消失。中国传统民居及其装饰的现存的状况是令人担忧的,究其原因大致有如下三类。

第一,是由于空置而造成的自然损毁。传统民居建筑在其存在的历史时空中,由于年久老化、风雨、白蚁侵蚀等自然因素的影响,导致建筑结构性毁损而自然坍塌。其中空置是最为显著的诱因,建筑常年无人居住势必会加快其毁灭的速度。例如,广西连南瑶族自治县南岗古排,据有关资料记载,南岗古排是全国最古老、规模最大的瑶寨。始建于宋朝,鼎盛时期有民居 700 多栋,1 000 多户,7 000 多人。保留着 368 幢明清时期建的古宅及寨门、寨墙、石板道。2009 年,南岗古排被授予"中国历史文化名村"称号。但瑶寨在 20 世纪 80 年代初的城镇化建设中,在政府资助下,寨民大多搬到山下,如今那里的大量民居建筑因为无人居住而出现不同

程度的毁损甚至倒塌,令人痛心。

第二,是人为损毁。近现代时期,由于战争和缺乏保护意识的规划和开发造成传统民居的损毁。

以传统徽派民居建筑为例,根据黄山市文化局提供的不完全统计数字(表7.1),黄山市1985年进行文物普查时,发现1795年以前就存在的4 700余幢传统民居,在20多年的时间里,以平均每年近100幢的速度在原生地消失。现今,因为没有准确的统计数据,谁也说不清黄山市到底还有多少这样的古民居,仅浙江横店电影城就有被异地重建的传统徽派民居建筑120幢。值得庆幸的是,自2009年起,黄山市开始实施"百村千幢"传统徽派民居保护工程,即准备用5年时间,分两期,总投资约60亿元,对全市101个古村落和1 065幢古民居采取相应的保护利用措施(李逢静,2012),并出台相应的保护规划措施,以控制传统民居建筑这种不断毁损、萎缩的局面。

表7.1　部分传统徽派民居现状况调查表

	时间	现存历史	损毁情况	原存地	迁移状况	新迁地
荫馀堂	1997年	200余年		安徽休宁	已迁	美国
翠屏居	2006年	200余年		安徽石台	未遂	瑞典
承德堂	2004年	200余年		安徽屯溪	已迁	浙江横店
寝安居	2006年	200余年		安徽黄山	已迁	浙江横店
上叶村高庙	2010年	600余年	毁损	安徽黄山		
王氏祠堂	2007年	300年	毁损	安徽歙县	拆迁后追回	
徽派古建群	2009年	均200年以上		安徽皖南	整体搬迁	宜兴高塍镇

第三,是在保护、建设和发展中由于种种原因所造成的毁损。在这一类原因中,保护、建设和发展传统民居建筑及其装饰的出发点都是很好的,但由于思想观念、认识、技术水平等不够,客观上造成传统民居建筑及其装饰损毁的现象也非常严重。

其一,是保护性破坏。1982年第五届全国人民代表大会常务委员会第二十五次会议通过并颁布了《中华人民共和国文物保护法》。其中,第十四条文物古建筑的修缮原则规定:"古建筑保护单位在进行修缮、保养、迁移的时候,必须遵守不改变文物原状的原则。"也就是说,在传统民居的保护过程中,要依据这个原则,做到修旧如旧,从而有利于保护传统民居建筑及其装饰的实体,同时要保护它的文物价值,即其文化历史、营造技术及艺术价值。但是,在实际操作中,往往因为对所保护修缮传统民居建筑及其装饰的传统文化和文物价值的认识不足或者技术水平的低劣,使保护修缮的建筑实体的原有形制、结构、装饰图形、色彩等发生变化,从而造成对所保护的传统民居建筑的破坏。

例如,被誉为"闽南建筑的大观园"的蔡氏古民居建筑群,位于福建省南安市官桥镇漳里村,主要由蔡启昌及其子蔡资深于清同治年间至宣统三年(1911年)兴建,座座屋脊高翘,雕梁画栋,装饰极尽华丽,堪称绝妙。并于2001年被国务院列为第五批全国重点文物保护单位。当地政府在获得国家文物局专项修缮资金后,对包括蔡氏古民居建筑群内的10栋古厝进行修缮。

2011年10月,当地政府开始对其中5栋进行首期修缮,目前正在修缮的是建于光绪年间的蔡浅别馆和德梯厝,以及建于同治年间的攸辑厝。但是,由于维修人员技艺或者设计方案的缺陷或管理层面的监察不力等因素,造成了对蔡氏古民居建筑群的"破坏性保护",不能不说是一件憾事(图7.1)。

1   2

图 7.1 古厝翻修前后"燕脊"
1.古厝翻修前的"燕脊";2.古厝翻修后的"燕脊"

其二,是旅游性保护的破坏。乡村旅游和传统民居关系非常密切,乡村旅游的重点在于传统村落中民居建筑和与之相适应的生存环境、民俗生活及传统文化等内容。因此,对传统民居建筑及其装饰的保护应该同保护其整体的传统文化、生产、生活及与其相适应的生态环境等方面相结合。然而,事实上,在乡村旅游开发的过程中,由于对乡村旅游认识的不注重特色,急功近利,追求片面化、扩大化的思想,过度开发利用资源,以及管理体制上各相关职能部门之间很难协调,不易形成有效的合力等问题的存在,导致一些传统文化特色鲜明的原生态的居住文化特点消失,从而对传统民居建筑及其装饰造成破坏。

其三,是建设性损毁。在我国城市化加速发展和由乡村型向城镇型转型的新农村建设过程中,尤其是最近十年,大量古村落及其传统民居建筑快速消失。在建设新农村过程中,一些地方政府片面地去追求新村庄建设和新农房建设,而不是把党中央和国务院所要求的发展现代农业、富裕农民放在最重要的地位,也不能从当地实际出发,因地制宜,而是一哄而上,盲目跟风,照抄大城市的建设模式,照搬大型主题公园的做法,以基本建设和行政命令的方式强行推动村镇建设,或"假借"新农村建设的名义,大拆大建,强拆强建,搞所谓农民集中新区、集中上楼,不顾客观条件单纯追求为城市腾挪建设用地指标。由于缺乏"我们应当站在整个乡村生态景观系统的高度,看待民居、村落和民居建筑环境、生产环境、山水农林环境的关系,注重整个系统的平衡关系"(唐文浩 等,2006)的认识,在村庄整治和建设中出现这样或那样的偏差,造成许多难以弥补的损失。这些不仅是对新农村建设危害,而且也是对国家建设危害。

以安徽省黄山市徽州区潜口镇上叶古村为例,该村于 2010 年被列入"潜口镇东山村土地整治整村推进项目",随即在"整村推进"中"整村推倒",使一个以叶姓为主的、现居住 52 户、拥有 200 多位村民的徽州古村落的世外桃源般的生活成为历史。调查中发现,该村建村历史悠久,距今约有 600 多年的历史,明朝之前就有人居住于此,从此次推进项目毁损的"勅封威灵高庙"遗存的石匾记载的"明万历乙亥年(1599 年)冬月"立的信息中,就可以知道该村历史的悠久。在还未来得及拆除的几栋古代民居建筑上,人们能够从那些朝代痕迹明显的墙壁彩绘、精美的门罩砖雕等装饰中,看出该村悠久的历史文化和民居建筑及其装饰艺术的辉煌。仅仅因为一个乡镇领导对"整村推进"扶贫开发计划粗浅的理解,而做出"上叶古村坐落在山上,交通闭塞,不适宜人居,将他们整体搬迁下山,有助于提高村民的幸福指数"(李阔,2011)这种"断根"式的决定,便造成了对古村落、传统民居及其装饰毁灭性的破坏。当然,这里面或许有更为深层次的经济利益的追逐。

另外,在一项有利于保护传统徽派传统民居建筑的"百村千幢"工程中,因缺乏与此工程相配套的政策和法规以及资金来保护那些未被列入保护工程中的传统民居建筑,避免买卖、人为拆毁和自然毁损的情况发生,而导致在实际操作中,有大量的不在保护名单之列的优秀传统民居建筑的毁损、流失。

上述案例只是在我国新农村建设中出现的问题的冰山一角。借用冯骥才先生的话说:"在被商业文化主导的现代社会里,不存在卖点的东西就会被搁置、抛弃,甚至被摧毁。在我国城市改造 20 年时间里,很多留有深刻记忆和强烈文化色彩的特色城市被无情地毁掉了。中华民族文化的多样性、主要非物质遗产和民族文化的根源都在广大农村,一旦村落文化消失,人的精神情感也会荡然无存。"①如果我国新农村建设中,已经出现的问题和可能出现问题的倾向性得不到高度的重视,"如果新农村建设搞不好,对于土地,对于整个中华民族的可持续发展来说,都将是一场灾难"②,那么,著名北大教授俞孔坚先生这样的担忧或许就会成为现实,中国传统民居装饰图形及其传播的文脉会因此断裂,消失于历史的舞台之上。

二、加强中国传统民居及其装饰保护力度和规章制度的不断完善

中国民间文艺家协会主席冯骥才先生认为:"中华民族最久远绵长的根不在城市中,而是深深扎根在古村里。中国最大的物质文化与非物质文化遗产的复合和总合是古村落。"③的确,在中国大地上,不同地域的传统民居建筑及其装饰总会和当地的自然、社会和传统文化等因素发生联系,在这些因素的矛盾运动中产生与该地域相适应的传统民居建筑及其装饰风格。中国传统民居的发展是以地域性传统民居的发展为基础的,因而地域性特色鲜明的传统民居建筑就构成了中国传统民居的根系,通过植根于中国大地的这些根系,将传统民居及其装饰图形包含的精神、传统文化等进行继承和发展,赋予中国传统民居建筑及其装饰图形以生气和生命力。

显然,在我国现代建筑设计和装饰中,这些优秀的传统不应该被粗鲁地抛弃,而应该从中国传统民居装饰图形及其传播的千百年的历史中,吸取传播、传承的理性,通过立法和制定与完善保护规章制度,以开放的心态,融合中西,古为今用,使其科学价值、美学价值、传统文化价值及生态居住的观念等在中华大地上绵延传播。

(1) 整村推进:是在全国范围内,在中国新农村建设中,以扶贫开发工作中的重点村落为对象,将完善基础设施建设、发展社会公益事业、改善群众生产生活条件作为重点,以促进社会

---

① 新华社专稿:古村落"魂"归何处,新华每日电讯,http://news.xinhuanet.com。
② 俞孔坚.新农村建设宜先做"反规划".http://www.changemr.com。
③ 源于冯骥才先生在 2006 年 4 月 27 号"中国古村落保护",(西塘)国际高峰论坛上发表的题为《中国古村落既不属于文物,也不属于非物质文明。中国古村落究竟在哪里?》的讲话。

经济、文化的全面发展为目标,实施科学规划、规范运作、整合资源、集中投入、分批实施、逐村验收的扶贫开发工作方式。

(2)"百村千幢"工程:是黄山市2009年古代民居保护利用而实施的一项有计划、分步骤的保护工程。即在黄山市境内根据相关条件挑选出101个古村落和1065幢古代民居进行保护性利用,并对每个村落和单体民居逐一编制规划和开发。该工程计划投资60亿元,拟用5年时间、分两期实施,同时打造出具有旅游新业态特色的古村落30个,古民居集中保护地10处。

这些情况说明,在国家、地方各级管理层面对待传统民居保护已经有了觉醒,并且付诸行动。在国家层面制定了《中华人民共和国文物保护法》《中华人民共和国文物保护法实施条例》和新农村现代化建设的《中共中央国务院关于推进社会主义新农村建设的若干意见》,都包括对于传统民居建筑文化保护的内容,地方各级政府也都有相应的保护条例和制度。然而因其制度的不完善和实施力度的乏力,依然存在当下传统民居及其装饰文化遗产流失现象严峻的现实。例如,整村推进中,安徽黄山市徽州区潜口镇上叶古村的消失和未列入古民居保护名册的"承德堂","承德堂""王氏祠堂"等传统民居的买卖和毁损都是很让人遗憾的事情,也是惨痛的教训。

三、提高现代建筑装饰设计师的审美修养和设计水平

在我国经济持续稳定发展的当下,人们的物质生活水平不断提高。尤其是建筑业的快速发展,促进了人们消费结构的升级和居住理念的变化,即人们不再满足于住房基本住居功能的要求,而是转向对居住环境和住居空间的审美文化和个性需求的满足。因此,对传统民居及其装饰保护的意义不仅体现在传统文化上,更重要的在于其优秀的传统在当下具体应用的现实意义。中国著名建筑学家和建筑教育家梁思成认为,中国传统建筑创造应当"中而不古,新而不洋"[①]。这说明中国现代建筑设计及其装饰,在追求设计的现代感、时代感的时候,既不能盲崇洋化,也不能因袭传统,而应该站在中国传统建筑文化的高度,打破传统的束缚,保持传统文化内涵,探索创新的装饰空间以满足人们的需求。这就对现代建筑装饰设计师提出了更高的要求。

其一,应当具有强烈的责任感和中国传统建筑文化的认同感。

这是作为现代优秀建筑装饰设计师的前提条件。在这里,责任感反映为现代建筑装饰设计师对于责任所产生的主观意识。具体反映为在设计工作中对待社会、建筑装饰及客户群体之间的高度责任自觉。对中国传统建筑文化的认同感反映为历史的责任感,这是在现代社会经济发展新形势下,对中国传统民居建筑的优秀文化的继承和发展的强烈使命,这种认同感"包括它的尊重、保护、继承、鉴别和发展等"(楼宇烈,2007),否则会导致中国传统建筑文化逐渐流失。这绝不是危言耸听,这些现象在我们身边发生过而且正在发生着。

---

① 这是梁思成先生在1950年代讨论国庆工程方案时提出的观点。他认为城市规划和建筑设计存在很多诸如"新而中,中而古,西而新,西而古"观点。其中,他把"中而不古,新而不洋"的"新而中",放在具有"中国社会主义的民族风格"的创作道路的首位加以提倡,将"西而古"放在末位以表示反对。

2007 年 12 月,中国青年报社会调查中心曾联合新浪网对 2 563 名青年进行网上调查。调查结果显示,59.2%的青年认为自己周围大多数国人普遍有些崇洋媚外,35.1%的青年认为崇洋媚外的风气存在,但不普遍;55.6%的青年人认为美国人是世界上最自信的人;75.6%的青年人认为一个民族的自信心与其所属国家的经济实力有很大的关系;在面对西方发达国家的公民时,作为中国人,48.7%的青年感觉不自信。[①]

这项调查表明,在我国青年一代身上崇洋媚外心理的普遍存在,说到底是传统文化的缺失而造成的民族精神的迷茫和不自信的现象。诚然,一个民族的自信和它所处的政治、经济、地位等有关联,但人们对自己民族文化和传统的认同感则显得比其他更为重要,离开了这种认同感就不可避免地会丧失民族自信。因此,作为建筑装饰设计师,尤其是青年建筑装饰设计师责任重大。

其二,提高装饰设计的审美修养以传承传统民居建筑及其装饰的文化精神。

现代传统民居装饰已经演变为住宅类型的建筑装饰设计。装饰的目的是为人们的工作、学习、生活和休息创造出优美的生活空间。在这个生活空间里,装饰设计要为人们提供舒适的居住环境。对此,著名建筑设计师勒·柯布西耶认为:"任何空间都存在于环境之中,故提高人造环境的物理素质和艺术性,就成为提高现代生活质量的重要构成因素。"也就是说,在装饰设计中,建筑装饰反映人们现实生活中普遍的文化价值观和审美诉求,美以及装饰的文化意涵成为建筑装饰最具活力的组成部分,也是创造优美生活空间、生活环境,提高生活品质的动因。因而,只有将建筑装饰设计问题同人们的生活紧密联系起来时,住宅的装饰设计才不至于沦落为奢华的堆砌和所谓地位身份的象征,而是真正"以人为本"的审美和功能统一的生活空间。源于这种目的的要求,提高现代社会装饰设计师的审美修养是势在必行的,也只有这样,才能真正在装饰设计中将那些作为信息承载媒介的诸如点、线、面、色彩、灯光、各种建筑材料等,转换成装饰图形符号等视觉语言,以满足人们的物质和精神要求,营造温馨、优美、和谐的生活空间。

其三,提高建筑装饰设计技能水平以创作优秀的建筑装饰作品。

装饰设计是一门综合性很强的学问。早在 20 世纪 20 年代,在法国举办现代工艺装饰艺术国际博览会(Exposition Internationale des Arts Decoratifs Industriels et Modernes)时,装饰艺术一词就出现在人们的生活之中。它将传统艺术与现代造型艺术设计融合在一起,影响到人们生活的方方面面,尤其是在建筑装饰设计方面,表现出很高的艺术成就。

当然,建筑装饰作为一门学问,涉及艺术与技术的结合。对于建筑装饰设计师而言,设计水平体现为一种综合能力,即既要有坚实的专业理论知识,又要有丰富的实践经验;既要在设计中保持同使用者良好的沟通,又要注意设计过程中保持和设计团队的精诚合作;从而实现对建筑空间尺度和使用功能的整体把握。这样,设计师才能够凭借高超的设计能力,在继承传统的基础上,融合东西方文化和现代流行的手法,将现代人的生活理念和先进的工艺技术、新颖的装饰材料等要素进行新的整合和演绎,剔除设计过程中纯粹技巧、形式的炫耀,表现符合人民需要的、个性突出的生活艺术空间,同时又赋予这个空间文化的意蕴和内涵。

① 肖舒楠,周琴.调查显示六成青年感觉国人崇洋媚外:中国青年报,2007-12-14[2017-06-30].http://news.sina.com.cn/c/2007-12-14/030113075895s.shtml.

四、营造现代民居传统装饰文化的消费氛围和消费理性

中国经济改革的成就为现代住宅及其室内装饰带来了物质基础,然而物质文明的发展往往和精神文明的发展史不同步的。在市场经济社会里,没有需求就没有生产。现代传统民居向住宅类型的转变,为中国传统民居及其装饰文化的传播提供了广阔的空间。或者说传统民居及其装饰的居住模式在新时代的适应过程中,对现代住宅的装饰设计产生了重要影响。显然,作为建筑装饰的设计,只有设计师的设计行为是不够的,它必须满足消费使用者的精神和物质要求,需要广泛的消费使用者的参与。这就必须涉及消费使用者在建筑装饰文化、审美修养等方面的培育问题。那么,中国传统民居装饰图形及其传播可以在社会范围内带来人们对于建筑装饰文化、审美鉴赏能力和水平的提高,营造出良好的现代传统民居装饰文化的消费氛围,进而形成现代住宅及室内设计的范式(图7.2)。

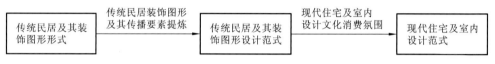

图 7.2 中国传统民居装饰图形及其传播对现代住宅设计的影响流程图

当然,这并不是说在建筑装饰设计中要排斥对外来文化的吸收,而是在住宅装饰洋风盛行的今天,希望通过对传统装饰文化的理性思索和消费市场装饰文化的培育,使我国现代住宅的装饰文化正在做到"中而不古,新而不洋",实现传统民居装饰图形及其传播文化文脉的新的历史拓展。

阿恩海姆,1998a.艺术与视知觉.滕守尧,朱疆源,译.成都:四川人民出版社.

阿恩海姆,1998b.视觉思维.滕守尧,译.成都:四川人民出版社.

阿特休尔,1989.权力的媒介.黄煜,等,译.北京:华夏出版社.

爱门森,2007.国际跨文化传播精华文选.杭州:浙江大学出版社.

艾柯,1990.符号学理论.卢德平,译.北京:中国人民大学出版社.

巴比,2005.社会科学研究方法.邱泽奇,译.10版.北京:华夏出版社.

巴尔特,1999.符号学原理.王东亮,等,译.北京:三联书店.

巴尔特,2002.The Death of the Author//张中载,二十世纪西方文论选读.北京:外语教学
    与研究出版社.

巴尔特,2008a.符号学原理.李幼燕,译.北京:中国人民大学出版社.

巴尔特,2008b.物体语义学.北京:人民大学出版社.

包鹏程,孔正毅,2002.艺术传播概论.合肥:安徽大学出版社.

包亚明,2003.现代性与空间的生产.上海:上海教育出版社.

本雅明,1993.机械复制时代的艺术作品.王才勇,译.杭州:浙江摄影出版社.

本雅明,2002.机械复制时代的艺术作品.王才勇,译.北京:中国城市出版社.

波普诺,1999.社会学.李强,译.10版.北京:中国人民大学出版社.

布莱特,2006.装饰新思维.张惠,等,译.南京:江苏美术出版社.

曹方,乔爽,2008.视觉图式.南京:江苏美术出版社.

曹日昌,1980.普通心理学.北京:人民教育出版社.

曹卫东,2001.交往理性与诗性话语.天津:天津社会科学出版社.

陈登原,1958.国史旧闻(第一分册):巢居与穴居.北京:三联书店.

陈镌,莫天伟,2002.建筑细部设计.上海:同济大学出版社.

陈鸣,2009.艺术传播原理.上海:上海交通大学出版社.

陈平,2002.李格尔与艺术科学.杭州:中国美术学院出版社.

陈望衡,2003.境外谈美.石家庄:花山文艺出版社.

陈阳,2000.符号学方法在大众传播中的应用.国家新闻界,(4):46-50.

程颢,程颐,1981.二程集.上海:中华书局.

戴志坚,2001.培田古民居的建筑文化特色.重庆建筑大学学报,(4):33-37.

单德启,2004.从传统民居到地区建筑.北京:中国建材工业出版社.

单颖,2012.古村落7年锐减2000个 教授感叹:比保护故宫难.文汇报,2012-05-31.

邓波,王昕,2008.建筑师的原始伦理责任:从海德格尔的视域看.华中科技大学学报(社会
    科学版),22(3):119-124.

丁俊清,1997.中国居住文化.上海:同济大学出版社.

丁宁,2005.图像缤纷:视觉艺术的文化维度.北京:中国人民大学出版社.

杜威,2005.艺术即经验.高建平,译.北京:商务印书馆.

恩格斯,1972.在马克思墓前的讲话//马克思恩格斯选集:第3卷.北京:人民出版社.

费思克,1995.传播符号学理论.张锦华,译.台北:远流出版事业股份有限公司.

费思克,2004.传播与文化研究词典.李彬,译.北京:新华出版社.

费孝通,1999.费孝通文集:第14卷.北京:群言出版社.

费孝通,2008.乡土中国.北京:人民出版社.

伽达默尔,2004.真理与方法:上卷.洪汉鼎,译.上海:上海译文出版社.

高阳,2009.中国传统建筑装饰.天津:百花文艺出版社.

戈公振,1995.中国报学史.北京:三联书店.

歌德,1984.关于艺术的格言和感想//朱光潜,西方美学史(下卷).北京:人民文学出版社.

格雷马斯,2001.结构语义学.北京:百花文艺出版社.

贡布里希,1987a.艺术与错觉:图画再现的心理学研究.林夕,等,译.杭州:浙江摄影出版社.

贡布里希,1987b.秩序感:装饰艺术的心理学研究.杨思梁,等,译.杭州:浙江摄影出版社.

贡布里希,2004.艺术与错觉:图画再现的心理学.林夕,等,译.长沙:湖南科技出版社.

顾晓锋,2014.地域文化在高速公路景观设计中的传承与保护:以湖北杭瑞高速公路文化景观设计为例.交通
标准化,2014(3):16-19.

关华山,1989.民居与社会、文化.台北:明文书局.

郭鸿,2008.现代西方符号学纲要.上海:复旦大学出版社.

郭谦,2005.湘赣民系民居建筑与文化研究.北京:中国建筑工业出版社.

郭庆光,1999.传播学教程.北京:中国人民大学出版社.

郭绍虞,1959.中国古典文学理论批评史:上册.北京:人民文学出版社.

郭郁烈,1995.论马克思艺术消费与生产关系的思想.西北民族学院学报(哲学社会科学版),(2):1-8.

哈里斯,1992.文化·人·自然:普通人类学导引.顾建光,高云霞,译.杭州:浙江人民出版社.

哈里斯,2001.建筑的伦理功能.北京:华夏出版社.

海德格尔,1991.诗·语言.彭富春,译.北京:文化艺术出版社.

海德格尔,2004.林中路.孙周兴,译.上海:上海译文出版社.

豪泽尔,1987.艺术社会学.居延安,译.上海:学林出版社.

何慧群,2013.重庆"湖广会馆"建筑装饰艺术探究.重庆:重庆师范大学.

何镜堂,2012.文化传承与建筑创新:何镜堂院士同济大学大师讲坛简介及访谈.时代建筑,2012(2):126-129.

何兆伟,2007.解开网络符号的密码:以符号学观点分析网络文化之表情符号.网路社会学通讯.

黑格尔,1979.美学:第1卷.朱光潜,译.北京:商务印书馆.

洪汉鼎,2001.诠释学:它的历史和当代发展.北京:人民出版社.

胡经之,张首映,1989.西方二十世纪文论选:第3卷.北京:中国社会科学出版社.

黄浩,1996.中国传统民居与文化.北京:中国建筑工业出版社.

霍尔,2000.编码,解码//罗刚,刘象愚.文化研究读本.北京:中国社会科学出版社.

霍尔,2005.表征的运作.徐亮,陆新华,译.北京:商务印书馆.

霍克斯,1987.结构主义与符号学.上海:上海译文出版社.

霍松林,1986.古代文论名篇详注.上海:上海古籍出版社.

基辛,1986.当代文化人类学概要.北晨,编译.杭州:浙江人民出版社.

季羡林,1997.美学的根本转型.文学评论,(5):5-9.

贾内梯,1997.认识电影.胡尧之,等,译.北京:中国电影出版社.

金元浦,2003.范式与阐释.南宁:广西师范大学出版社.

荆雷,1997.设计概论.石家庄:河北美术出版社.

卡岗,1985.美学与系统方法.凌继尧,等,译.北京:中国文联出版公司.

卡西尔,1986.人论.上海:上海译文出版社.

康定斯基,1987.论艺术的精神.查立,译.北京:中国社会科学出版社.

康定斯基,1988.点·线·面.罗世平,译.上海:上海人民美术出版社.

康定斯基,2003.康定斯基论点线面.罗世平,等,译.北京:中国人民大学出版社.

康殷,1979.文字源流浅说.北京:荣宝斋出版社.

库恩,2003.科学革命的结构.金吾伦,胡新,译.北京:北京大学出版社.

莱斯特,2004.视觉传播:形象载动信息.李文广,译.南宁:广西师范大学出版社.

朗格,1986.情感与形式.刘大基,译.北京:中国社会科学出版社.

朗格,2006.艺术问题.滕守尧,译.南京:南京出版社.

雷圭元,1999.中国图案作法初探.上海:上海人民美术出版社.

李彬,2003.符号透视:传播内容的本体诠释.上海:复旦大学出版社.

李仓彦,1991.中国民俗吉祥图案.北京:中国文联出版社.

李逢静,2012.黄山市正实施"百村千幢"古民居保护利用工程.http://www.cnr.cn/2012zt/qglh2012/zwzt/
    visit/abstract/201203/t20120304_509240296.shtml.[2018-1-29].

李格尔,2001a.罗马晚期的工艺美术.陈平,译.长沙:湖南科学技术出版社.

李格尔,2001b.风格问题:装饰艺术史的基础.刘景联,等,译.长沙:湖南科技出版社.

李鸿祥,2005.视觉文化研究:当代视觉文化与中国传统审美文化.上海:东方出版中心.

李阔,2011.徽州:古村村民整体搬迁 古建全部拆除.新安晚报,2011-3-28.

李秋香,罗德胤,贾珺,2010a.北方民居.北京:清华大学出版社.

李秋香,罗德胤,陈志华,等,2010b.浙江民居.北京:清华大学出版社.

李秋香,陈志华,罗德胤,等,2010c.福建民居.北京:清华大学出版社.

李少林,2006.中华民俗文化:中华民居.呼和浩特:内蒙古人民出版社.

李少群,1998.地域文化与经济发展.济南:山东人民出版社.

李特约翰,2009.人类传播理论.北京:清华大学出版社.

李砚祖,1999.工艺美术概论.北京:中国轻工业出版社.

李哲厚,刘纲纪,1984.中国美学史:第1卷.北京:中国社会科学出版社.

利科尔,1987.解释学与人文社会科学.陶运华,等,译.石家庄:河北人民出版社.

梁思成,1962.建筑(社会科学·技术科学·美术).人民日报,1962-04-28.

梁思成,1998.凝动的音乐.天津:百花文艺出版社.

梁思成,2001.梁思成全集:第3卷.北京:中国建筑工业出版社.

列斐伏尔,2003.空间:社会产物与使用价值.王志宏,译//包亚明.现代性与空间生产.上海:上海教育出版社.

林徽因,梁思成,1935.晋汾古建筑预查纪略.中国营造学社汇刊,5(3):?

刘敦愿,1994.《考工记》·梓人为筍虡篇今译及所见雕刻装饰理论.美术考古与古代文明.台北:允晨文化实业
    股份有限公司.

刘建林,2003.艺术生产力的构成与特征.文艺理论与批评(2):68-74.

刘森林,2004.中华装饰:传统民居装饰意匠.上海:上海大学出版社.

刘述杰,2003.中国古代建筑史:第1卷.北京:中国建筑工业出版社.

刘熙载,1978.艺概.上海:上海古籍出版社.

刘先觉,2008.现代建筑理论.第2版.北京:中国建筑工业出版社.

刘勰,1958.文心雕龙·知音·文心雕龙注.范文澜,注.北京:人民文学出版社.

刘叙杰,1997.刘敦桢建筑史论文集1927-1997.北京:中国建筑工业出版社.

刘致平,1944.云南一颗印.中国营造学社汇刊,7(1):63-94.

刘致平,1997.中国居住建筑简史:城市、住宅、园林.北京:中国建筑工业出版社.

龙庆忠,1934.穴居杂考.中国营造学社汇刊,5(1):55-76.

龙湘平,2007.湘西民族工艺文化.沈阳:辽宁美术出版社.

楼庆西,1999.中国传统建筑装饰.北京:中国建筑工业出版社.

楼宇烈,2007.中国的品格.北京:当代中国出版社.

鲁宾斯坦,1963.关于思维和它的研究道路.赵碧如,译.上海:上海人民出版社.

陆元鼎,1992.中国民居装饰装修艺术.上海:上海科学技术出版社.

陆元鼎,2003.中国传统民居建筑.广州:华南理工大学出版社.

陆元鼎,2007.中国民居研究五十年.建筑学报,(11):66-69.

罗小未,2003.外国近现代建筑史(第2版).北京:中国建筑工业出版社.

吕思勉,1982.先秦史.上海:上海古籍出版社.

马克思,1972.路易·波拿马的雾月十八日//中共中央马克思恩格斯列宁斯大林著作编译局.马克思恩格斯选
    集:第1卷.北京:人民出版社.

马克思,1979.1844经济学哲学手稿.北京:人民出版社.

马克思,1983.1844年经济学手稿.刘丕坤,译.北京:人民出版社.

马克思,2000.1844年经济学手稿.刘丕坤,译.北京:人民出版社.

马思克,2004.资本论:第1卷.北京:人民出版社.

麦克卢汉,2005.理解媒介:论人的延伸.何道宽,译.北京:商务印书馆.

麦奎尔,2006.受众分析.刘燕南,等,译.北京:中国人民大学出版社.

麦奎尔,2008.大众传播模式论.祝建华,译.2版.上海:上海译文出版社.

孟建,2002.视觉文化传播:对一种文化形态和传播理念的诠释.现代传播,(3):1-7.

孟建,2005.图象时代:视觉文化传播的理论诠释.上海:复旦大学出版社.

孟威,2001.网络"虚拟世界"的符号意义.新闻与传播研究,(4):33-42.

米尔佐夫,?.什么是视觉文化?//罗刚,刘象愚.文化研究:第3辑.天津:天津社会科学院出版社.

米歇尔,2002.图像转向//罗刚,刘象愚.文化研究:第3辑.天津:天津社会科学院出版社.

米歇尔,2006.图像理论.陈永国,胡文征,译.北京:北京大学出版社.

敏泽,2007.中国美学思想史.北京:中国社会科学出版社.

穆雯瑛,2001.晋商史料研究.太原:山西人民出版社.

瑙曼,1988.接受美学问题.宁瑛,译//世界艺术与美学:第9辑.北京:文化艺术出版社.

瑙曼,1997.作品、文学史与读者.范大灿,编.北京:文化艺术出版社.

倪梁康,2014.现象学及其效应.北京:商务印书馆.

潘谷西,2003.中国建筑史.北京:中国建筑工业出版社.

潘忠党,1996.传播媒介与文化:社会科学与人文科学研究的三个模式(上).现代传播,(4):16-24.

彭亚非,2003.图像社会与文学的未来.文学评论,(5):30-39.

皮亚杰,1981.发生认识论.范祖珠,译.北京:商务印书馆.

普列汉诺夫,1984.普列汉诺夫哲学著作选集:第5卷.北京:三联书店.

齐康,2002.建筑文化现象的态势.建筑与文化论文集.武汉:湖北科学技术出版社.

祁斌,2011.建筑设计的地域性思考.城市建筑,4.

钱家渝,2006.视觉心理学:视觉形式的思维与传播.上海:学林出版社.

钱宁,1987.诗即隐喻.文艺研究,(06):67-71.

秦志希,1996.论中国古代文化传播的基本特性.现代传播,(4):1-7.

日尔蒙斯基,2005.诗学的任务//王薇生.俄国形式主义文论选.郑州:郑州大学出版社.

荣格,1998.论分析心理学与诗歌的关系// 滕守尧.审美心理描述.成都:四川人民出版社.

赛弗林,坦卡德,2000.传播理论:起源、方法与应用.4 版.北京:华夏出版社.

森纳尔,1906.民俗学.波士顿:美国波士顿真纳出版公司.

邵培仁,2004.当代传播学视角下中国传统接受观.中国传媒报告,(6).

沈福煦,沈鸿明,2002.中国建筑装饰艺术文化源流.武汉:湖北教育出版社.

斯特罗克,1998.结构主义以来.渠东,李康,译.沈阳:辽宁教育出版社.

苏恩泽,2002.没有图形就没有思考.解放军报,第 11 版.2002-6-21.

孙周兴,1996.海德格尔选集.上海:上海三联书店.

索绪尔,1980.普通语言教程.北京:商务印书馆.

索绪尔,1996.普通语言学教程.高名凯,译.北京:商务印书馆.

塔塔尔凯维奇,2006.西方六大美学观念史.刘文谭,译.上海:上海译文出版社.

泰勒,1988.原始文化.蔡江浓,编译.杭州:浙江人民出版社.

谭刚毅,2008.两宋时期的中国民居与居住形态.南京:东南大学出版社.

谭继和,2004.巴蜀文化辨思集.成都:四川人民出版社.

唐文浩,唐树梅,2006.环境生态学.北京:中国林业出版社.

王充,1974.论衡·自纪.上海:上海人民出版社.

王东涛,2006.论中国古代建筑的平面与外观形象及其文化特色.河南大学学报·社会科学版,46(3):150-154.

王功龙,2006.中国古代建筑与宇宙观.寻根,(6):25-30.

王景新,2008.新农村建设中传统村落及村落文化保护.人民网,理论频道.2008-3-14.

王立业,2006.洛特曼学术思想研究.哈尔滨:黑龙江人民出版社.

王鲁民,韦峰,2002.从中国的聚落形态演进看里坊的生产.城市规划汇刊,(2):51-53.

王献唐,1985.炎黄氏族文化考.济南:齐鲁书社.

王颖,2011.巴蜀湖广会馆雕饰与传统木版画形式语言的比较研究.重庆:西南大学.

王振复,2001.宫室之魂.上海:复旦大学出版社.

沃尔夫林,2004.艺术风格学.潘耀昌,译.北京:中国人民大学出版社.

沃克,查普林,2004.视觉文化分析模式.新美术,(3):8-24.

沃林格尔,2004.哥特形式论.张坚,周刚,译.杭州:中国美术学院出版社.

吴国平,2003.八百年的村落.福建:海潮摄影艺术出版社.

吴良镛,2002.论中国建筑文化的研究与创造.武汉:湖北教育出版社.

西蒙,1989.现象学与环境行为研究.关华山,译.建筑师,(6):

休斯,1998.文学结构主义.北京:三联书店.

亚里士多德,1957.范畴篇·解释篇.北京:生活·读书·新知三联书店。

亚里士多德,2004.物理学.张竹明,译.北京:商务印书馆.

严文明,1997.聚落考古与史前社会研究.文物,(6):27-35.

杨伯峻,1980.论语译注.上海:中华书局.

杨文虎,1985.创作动机的发生.上海文学,(1):64-71.

尧斯,2006.审美经验与文学解释学.顾建光,等,译.上海:上海译文出版社.

野海弘,1990.装饰与人类文化.陈进海,译.济南:山东美术出版社.

余志鸿,2007.传播符号学.上海:上海交通大学出版社.

袁行霈,陈进玉.2014.中国地域文化通览.北京:中华书局.

詹森,2013.詹森艺术史.艺术史组合翻译实验小组,译.北京:世界图书出版公司.

张春继,2007.白族民居中的避邪文化研究.北京:中央美术学院.

张岱年,程宜山,1990.中国文化与文化论争.北京:中国人民大学出版社.

张国良,2003.二十世纪传播学经典文本.上海:复旦大学出版社.

张坚,2004.视觉形式的革命.杭州:中国美术学院出版社.

张杰,康澄,2004.结构文艺符号学.北京:外语教学与研究出版社.

张晶,2001.审美之思:理的审美化存在.北京:北京广播学院出版社.

张昆,2005.国家形象传播.上海:复旦大学出版社.

张舒予,2003.视觉文化概论.南京:江苏人民出版社.

张彤,2003.整体地区建筑.南京:东南大学出版社.

赵新良,2007.诗意栖居.北京:中国建筑出版社出版.

郑爱东,2014.南北民居色彩运用特点及原因探析:以北京与江浙传统民居用色为例.美与时代旬刊,(8):56-57.

郑玮,2010.解读网络表情符号.青年记者(20):109-110.

郑玄,1990.周礼注疏.上海:上海古籍出版社.

中川作一,1991.视觉艺术的社会心理.上海:上海人民美术出版社.

中共中央 马克思 恩格斯 列宁 斯大林 著作编译局,1972a.马克思恩格斯全集:第2卷.北京:人民出版社.

中共中央 马克思 恩格斯 列宁 斯大林 著作编译局,1972b.马克思恩格斯全集:第13卷.北京:人民出版社.

中共中央 马克思 恩格斯 列宁 斯大林 著作编译局,1972c.马克 思恩格斯全集:第1卷.北京:人民出版社.

中共中央 马克思 恩格斯 列宁 斯大林 著作编译局,1972d.马克思恩格斯选集:第3卷:.北京:人民出版社.

中共中央 马克思 恩格斯 列宁 斯大林 著作编译局,1980.马克思恩格斯全集:第46卷.北京:人民出版社.

中共中央 马克思 恩格斯 列宁 斯大林 著作编译局,1985.马克思恩格斯选集:第2卷.北京:人民出版社.

中共中央 马克思 恩格斯 列宁斯 大林 著作编译局,2002.马克思恩格斯全集:第:3卷.北京:人民出版社.

中国大百科全书出版社编辑部,1992.中国大百科全书:建筑、园林、城市规划.北京:中国大百科全书出版社.

中国社会科学院语言研究所词典编辑室,2002.现代汉语词典.北京:外语教学与研究出版社.

周红,2007.蔡氏红砖厝民居建筑艺术风格与装饰[J].装饰,(3):23-25.

周庆山,2004.传播学概论.北京:北京大学出版社.

周宪,2002.读图、身体、意识形态//罗刚,刘象愚.文化研究:第3辑.天津:天津社会科学院出版社.

朱光潜,1987.朱光潜全集:第5卷.合肥:安徽教育出版社.

朱寰,2010.世界上古中古史.北京:高等教育出版社.

朱启钤,1991.朱启钤自撰年谱—蠖公纪事.北京:中国文史出版社.

朱启钤,1930.中国营造学社开会演词.中国营造学社汇刊1(1):?

朱熹,2002.朱熹书翰文稿.上海:上海书画出版社.

附录一

研究所涉及主要传统民居建筑调查名录

建筑名称	建筑类别	所在地区	家族	年代
棠樾牌坊群	徽派民居	安徽省黄山市歙县郑村	鲍氏家族	明清时期
许村古建群	徽派民居	安徽省黄山市歙县许村	许氏家族	明清时期
桃李园	徽派民居	安徽省黄山市黟县西递	胡元熙	咸丰年间
东园	徽派民居	安徽省黄山市黟县西递	胡尚涛	雍正年间
承志堂	徽派民居	安徽省黄山市黟县宏村	汪定贵	咸丰五年
树人堂	徽派民居	安徽省黄山市黟县宏村	汪星聚	同治元年
木雕楼	徽派民居	安徽省黄山市黟县卢村	卢邦燮	道光年间
天官上卿	徽派民居	江西省婺源沱川乡理坑	余懋衡	天启年间
尚书第	徽派民居	江西省婺源沱川乡理坑	余懋学	万历年间
姬氏老宅	山西民居	山西省高平市陈区镇中庄村	姬氏家族	元代
王家大院	山西民居	山西省灵山县静升镇	王氏家族	康熙至嘉庆
乔家大院	山西民居	山西省祁县东观镇乔家堡村	乔致庸	乾隆至民国初
丁村古建群	山西民居	山西省襄汾县城郊	丁姓聚居	明万历至民国
新叶古建群	浙江民居	浙江省建德市大慈岩镇	叶氏家族	明成化至民国
种德堂	浙江民居	浙江省建德市大慈岩新叶村	叶凤朝	民国初年
有序堂	浙江民居	浙江省建德市大慈岩新叶村	叶克诚叶氏总祠	元朝
崇仁堂	浙江民居	浙江省建德市大慈岩新叶村	崇八公叶氏支祠	明宣德
流坑古建群	赣粤民居	江西抚州市乐安县牛田镇	董氏聚族	明清时期
南华又庐	客家民居	广东省梅县南口镇侨乡村	潘祥初	光绪三十年
德馨堂	客家民居	广东省梅县南口镇侨乡村	潘立斋	光绪二十八年
秋官第	客家民居	广东省恩平市圣堂镇歇马村	梁日蔼	道光年间
绳贻楼	客家民居	广东省梅县南口镇侨乡村	谢足端	清朝末年
济美堂	福建民居	福建省连城县宣和乡培田村	吴昌同	清朝末年
大夫第	福建民居	福建省连城县宣和乡培田村	吴昌同	道光年间
(继述堂)衍庆堂	福建民居	福建省连城县宣和乡培田村	吴郭隆	明朝中期
官厅(大屋)	福建民居	福建省连城县宣和乡培田村	吴氏公堂	明朝末年
承启楼	福建民居	福建省永定县高头乡高北村	江集成	康熙四十八年
洪坑土楼群	福建民居	福建省永定县湖坑镇洪坑村	林氏家族	明清时期
龙脊十三寨	杆栏居宅	广西龙胜和平乡龙脊村	瑶族、壮族	清朝末年
彭家寨	土家山寨	湖北省宣恩沙道沟镇	彭怀伞	清朝末年

附表二 中国传统民居建筑及其装饰情况调查表

中国传统民居建筑：_____ 名称：_____ 建筑类别：_____ 所在地区：_____ 年代：_____

序号	装饰部位	造型特征	材料、结构	装饰色彩	题材内容	象征意义	功能	备注
1	屋顶部分							
2	室内天花							
3	斗拱雀替							
4	门、窗							
5	柱头栏杆							
6	台基柱础							
7	内外墙面							
8	地面部分							
9	备注							

注：

（1）根据中国传统民居建筑装饰的部位来进行调查的序号划分。具体到每一个序号内，调查装饰的建筑部位还可以细分。例如，屋顶部分，可以细化到屋顶造型式样、屋脊、檐口、瓦当等等。功能则显示为装饰在结构和美化这两个方面的作用。

（2）造型特征，材料、结构，装饰色彩是从装饰图形视觉符号形式的角度来进行调查，依据建筑材料的不同而呈现出各种形式的雕刻、彩绘等装饰艺术形式。调查依据具体情况按照类别填写。

（3）传统民居装饰图形的题材内容非常广泛，本研究按照传统民居建筑构造的观念内容体系和民俗生活题材内容体系两个大类进行归类，而非传统装饰图案通常意义上的动物、植物花卉、人物、风景等四类分法。象征意义则是在传统文化基础上，以装饰图形象征的具体意义来进行调查、归纳。

附录二

现代民居室内装饰设计与消费状况调查

现代民居室内装饰设计(设计师)应用状况调查问卷一

1. 您的性别:

□A 男　　　□B 女

2. 您的年龄:_____周岁

3. 您的受教育程度:

□A 小学及以下　□B 初中　□C 中专或高中　□D 专科或本科　□E 硕士及以上

4. 您现在所从事的装饰职业类别:

□A 公共装饰装修　□B 家居装饰　□C 装饰施工　□D 装饰监理

□E 室内外装饰　　□F 装饰园林

5. 您所服务的甲方受教育程度:

□A 小学及以下　□B 初中　□C 中专或高中　□D 专科或本科　□E 硕士及以上

6. 您所从业的设计时间:

□A 1 年　　□B 3 年　　□C 5 年　　□D 5 年以上

7. 下列有关现代民居室内设计师的一些说法,您是否同意(每行选一个打钩)

具体说法	完全同意	比较同意	基本同意	不太同意	不同意
传统文化是现代民居室内设计师的必备素质					
具有较强的沟通能力,可以迅速了解客户的想法、并公司、客户关系融洽					
设计的艺术修养水平高,熟悉各种风格的装饰风格,具有超强的手绘表达能力					
喜欢坚持自己的设计主张,不容易接受旁人的意见					
在装饰设计中主动应用传统装饰元素是国粹主义的表现					

8. 与其他装饰设计风格相比,您是否更喜欢传统风格的装饰设计:

□A 是　　□B 不是　　□C 说不清

9. 您在设计中,是否会优先向客户推荐传统风格的设计:

□A 是　　□B 不是　　□C 依据客户意见而定

10. 你觉得现代室内设计的发展方向是什么:

□A 现代化　□B 复古　□C 古今融合　　□D 说不清

11. 对于融合式的现代装饰设计,您的看法是:

□A 是进步的表现　□B 发展势趋　□C 不伦不类　□D 无所谓

□E 我觉得应该是_____

12. 您认为传统民居装饰风格在民间普及的最好方法是:

□A 提高人民传统文化的认知水平　　□B 现代设计师的传播自觉

□C 相关政策法规的不断完善　　□D 传统设计风格现代装饰需求的需求与满足

13. 中国传统民居装饰风格的现代创新与发展您认为主要要做到事情是:

□A 加强中国传统民居及其装饰的文化宣传

□B 提高现代建筑装饰设计师的审美修养和设计水平

□C 营造现代民居传统装饰文化的消费氛围和消费理性

□D 其他

现代民居室内装饰设计消费状况调查问卷二

一、个人特征

1. 您的性别:

□A 男　　□B 女

2. 您的年龄:＿＿＿＿＿周岁

3. 您的受教育程度:

□A 小学及以下　□B 初中　□C 中专或高中　□D 专科或本科　□E 硕士及以上

4. 您现在所从事的职业:

□A 公务员　□B 公司/企业 高层管理者　□C 公司/企业 中层管理者

□D 科教领域专业技术人员　□E 个体经营者　□F 普通职员　□G 企业员工

□H 务农者　□I 无固定职业者　□J 其他

5. 您所居住的地方:

□A 大城市　　□B 中小城市　　□C 乡镇　　　□D 农村

6. 您的居室成员:

□A 父母　　□B 夫妻　　□C 儿子　　□D 女儿　　□E 孙子

□F 孙女　　□G 保姆　　□H 其他

7. 您孩子的年龄:＿＿＿＿＿周岁

8. 您的收入状况:

□A 1 500 元以内　□B 1 500～3 500　□C 3 500～5 000　□D 5 000 以上

二、您的住房及装饰理念

1. 您的住房使用面积为:＿＿＿＿＿平方米。

2. 您认为最适合的房屋户型是:＿＿＿＿房＿＿＿＿厅＿＿＿＿卫;使用面积是:＿＿＿＿m²。

3. 在购房时,您采取的付款方式是:

□A 一次付清　　□B 分期付款　　□C 银行按揭贷款　　□D 其他

4. 您的住宅使用目的是:

□A 常年居住　　□B 度假居住　　□C 投资　　□D 其他

5. 您的个人爱好:

□A 读书　　□B 运动　　□C 电视　　□D 音乐　　□E 旅游

□F 收藏　　□G 上网　　□H 购物　　□I 其他

6. 您对现代家庭装饰风格了解吗:

□A 了解　□B 比较了解　□C 一般　□D 概念模糊　□E 不了解　□F 其他

7. 您喜欢的家庭装饰风格是：

□A 中式古典风格　　□B 欧式古典风格　　□C 自然乡土风格　　□D 现代简约风格

□E 混搭风格　　　　□F 现代时尚风格　　□G 异域风格　　　　□H 其他

8. 在家庭装饰装修问题上，您倾向：

□A 聘请设计师　　□B 自己设计　　□C 尊重家人意见　　□D 其他

9. 您喜欢家庭的整体色调为：

□A 暖色调　　□B 冷色调　　□C 中性色调　　□D 依据房间功能

10. 您喜欢的室内艺术陈设品是：

书画类

□A 中国画　□B 油画　□C 水彩　□D 版画　□E 装饰画　□F 摄影作品　□G 其他

装饰工艺品类

□A 陶瓷器物　□B 雕塑　□C 玩具　□D 酒具　□E 各类工艺制品　□F 其他

11. 您通过什么方式接受外界信息：

□A 人际交流　□B 报纸　□C 电视　□D 广播　□E 网络　□F 杂志　□G 其他

12. 您最关注的室内装饰设计环节中的那一部分：

□A 设计理念　　□B 工程造价　　□C 装饰的美观度　　□D 装饰样板房

□E 设计效果图　　□F 设计师水平

13. 您认为哪些因素会影响到室内装饰的质量极其使用：

□A 设计师的设计水平　　□B 施工人员素质　　□C 管理人员素质　　□D 装饰材料的价格

□E 自身装饰追求和审美水平　　□F 其他

三、中国传统风格的家庭室内装饰

1. 谈到中国传统民居装饰风格，您同意那些观点（每行选一个格打钩）。

具体观点	完全同意	比较同意	基本同意	不太同意	不同意
简单的传统装饰风格元素的利用					
一般主要是指明清以来逐步形成的中国传统民居装饰风格					
传统风格不可缺少木器、瓷器、红色等象征元素					
具有中国传统民居室内的天棚、挂落、雀替的构成和装饰图形等元素					
以中国传统文化内涵为设计元素，融合古今装饰经典，去掉多余修饰，形成华丽、典雅的新风格。					

2. 在您看来，传统民居装饰风格对你生活的主要影响是：

□A 改变视觉习惯　□B 提升审美品位　□C 身心愉悦　□D 增加知识

□E 寓教其中　□F 提供交流话题　□G 其他

3. 您认为传统民居装饰风格的品位：

□A 很高　□B 比较高　□C 说不清楚　□D 比较低　□E 很低

4. 您最喜欢下列中那些的传统民居装饰图形：

□A 自然宇宙观念题材　□B 价值观念题材　□C 宗教题材　□D 长寿题材

□E 伦理、礼制题材　□F 家庭观念题材　□G 富康题材　□H 民俗生活题材

5. 您喜欢什么类型的传统民居装饰图形：

□A 木雕　□B 砖雕　□C 石雕　□D 彩绘　□E 其他

6. 您喜欢传统民居装饰图形的原因是：

□A 装饰图形制作精美、华丽　　□B 通俗易懂的民俗题材内容　　□C 提升家庭装饰的档次

□D 对传统艺术的极度偏爱　　□E 喜欢的它象征表达的方式　　□F 审美体验

7. 与其他类型的装饰分格相比，您是否更喜欢传统民居装饰风格：

□A 很喜欢　　□B 比较喜欢　　□C 一般　　□无 D 所谓　　□E 不喜欢

8. 关于传统民居装饰图形的下列说法，您是否同意（每行选一个格打钩）。

具体说法	完全同意	比较同意	基本同意	不太同意	不同意
传统民居装饰图形的装饰风格过时了					
传统民居装饰图形装饰工艺过于复杂，不利于普及					
传统民居装饰图形装饰能够和现代其他装饰形式很好融合、相得益彰					
现代室内装饰设计师是唯一可以对传统民居装饰图形进行具体应用的人					
传统民居装饰图形的精神诉求现代社会依然发生作用					
优秀的现代装饰设计的传统民居装饰图形应用，提升设计作品的品格					
没有大众消费的传统民居装饰图形会失去存在的价值和生命力					

四、对于现代民居室内装饰的看法

1. 你觉得室内设计的发展方向是什么：

□A 现代化　　□B 复古　　□C 古今融合　　□D 说不清

2. 对于融合式的现代装饰设计，您的看法是：

□A 是进步的表现　　□B 发展势趋　　□C 不伦不类　　□D 无所谓

□E 我觉得应该是_____

3. 您认为传统民居装饰风格在民间普及的最好方法是：

□A 提高人民传统文化的认知水平　　□B 现代设计师的传播自觉

□C 相关政策法规的不断完善　　□D 传统设计风格现代装饰需求的需求与满足：

4. 中国传统民居装饰风格的现代创新与发展您认为主要要做到事情是：

□A 加强中国传统民居及其装饰的文化宣传　　□B 提高现代建筑装饰设计师的审美修养和设计水平

□C 营造现代民居传统装饰文化的消费氛围和消费理性　　□D 其他